口絵1　水滴のついた葉っぱ（p. 2）

口絵2　ディナーのデザート（p. 2）

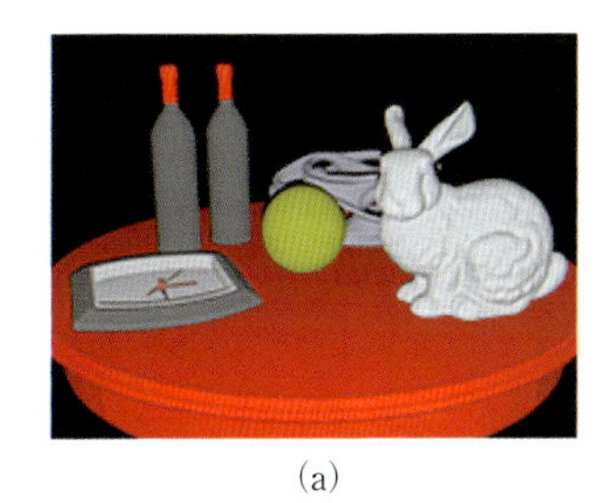

(a)

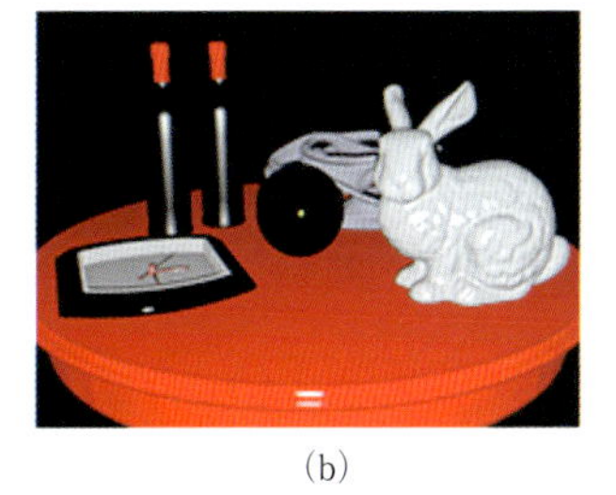

(b)

(c)

(d)

(e)

口絵3　CG に学ぶリアルな映像の基本要素（p. 26）

(a)　表面は拡散（ランバート）反射のみで点光源照明でレンダリングした画像．形・奥行き・色だけではリアルな映像に見えない．

(b)　Ward モデルを用いて各表面に適切な反射特性を与えてレンダリングした画像．照明は点光源．反射特性を現実に近づけただけではあまりリアルに見えない．

(c)(d)　自然の大域照明環境を想定してレンダリングした画像．ここで一気にリアリティが増す．(c) と (d) は異なる照明環境を用いており，画像を画素単位で見れば大きく異なるが，材質は安定してほぼ同じに見える．

(e)　不自然な一様照明環境を想定してレンダリングした映像．質感が大きく変わってしまう．

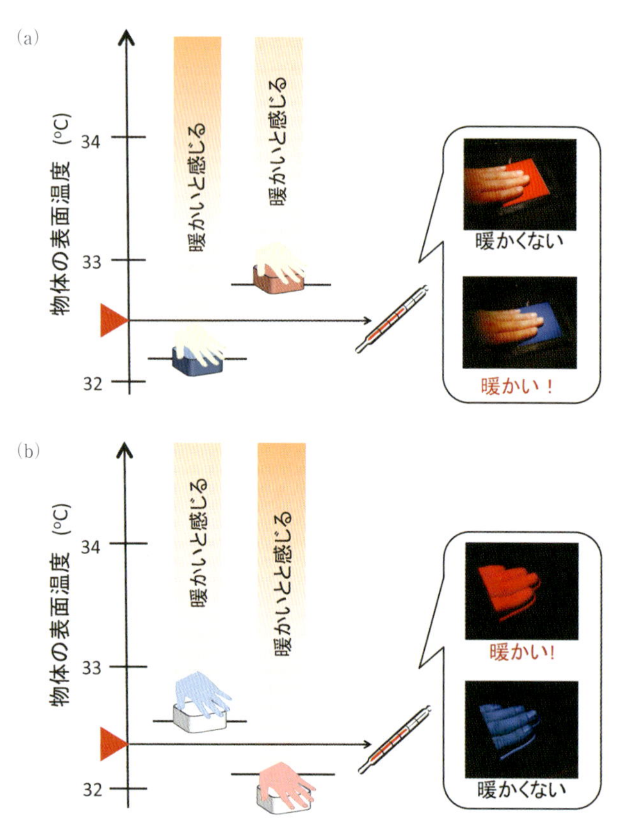

口絵 4　色と温度感覚の相互作用（本文図 2.14, p. 67）

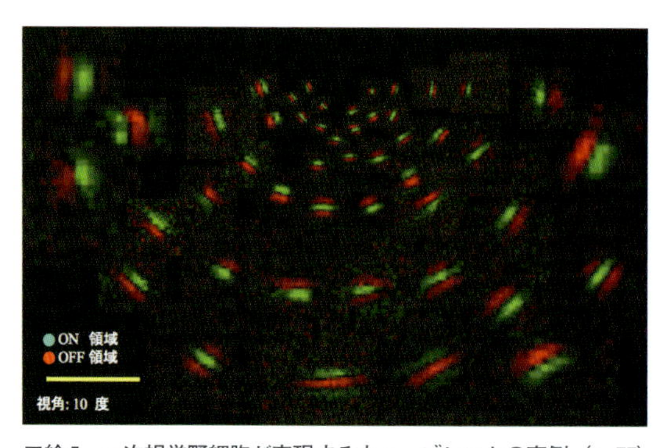

口絵 5　一次視覚野細胞が表現するウェーブレットの実例（p. 77）

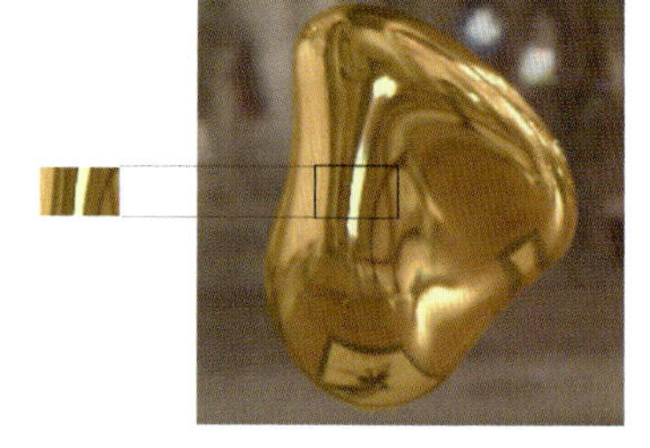
口絵 6　金色の物体 CG 画像（p. 92）
一部を切り取ってくるともはや金色には感じない．

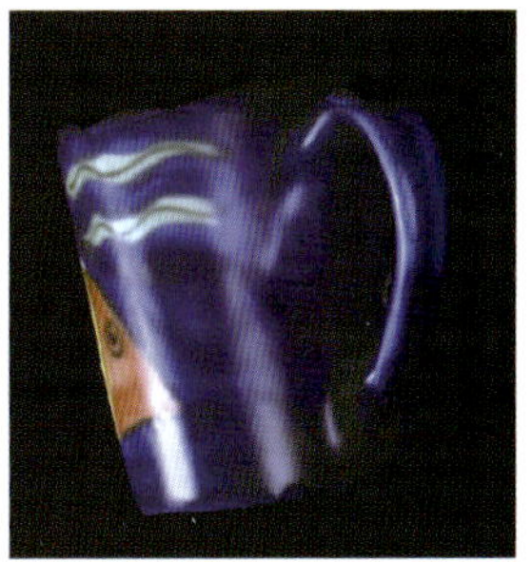

口絵 7　Inverse Reflectometry により求めた反射特性を用いた CG レンダリング結果
（Sato ら，1997）（p. 135）

口絵 8　球面調和関数を用いた反射特性のモデル化に基づくレンダリング結果
（Sato ら，2007）（p. 136）

口絵 9　逐次撮影によるミケランジェロ彫刻のライトフィールド計測
（Levoy & Hanrahan，1996）（p. 139）

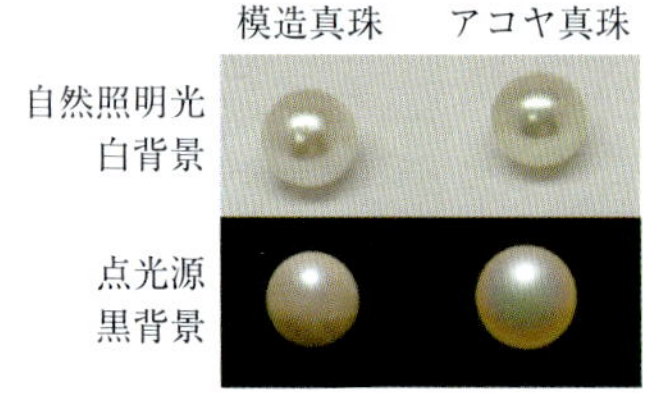

口絵 10　真珠像と照明環境（p. 147）

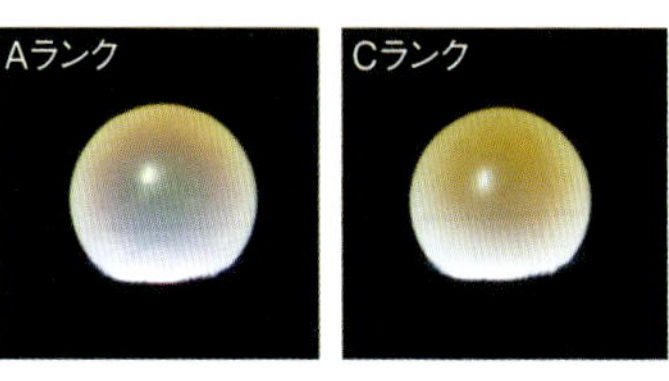

口絵 11　底部から白色光を照射した際の真珠像（p. 147）

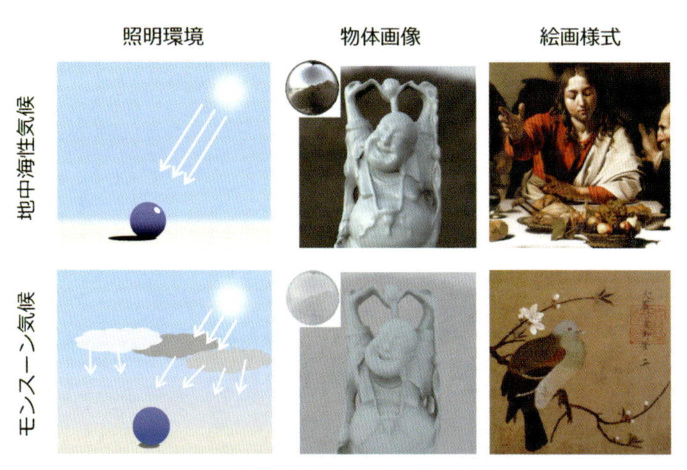

口絵 12　絵画様式の生態光学起源説（p. 192）
物体画像の左上の円はライトフィールド

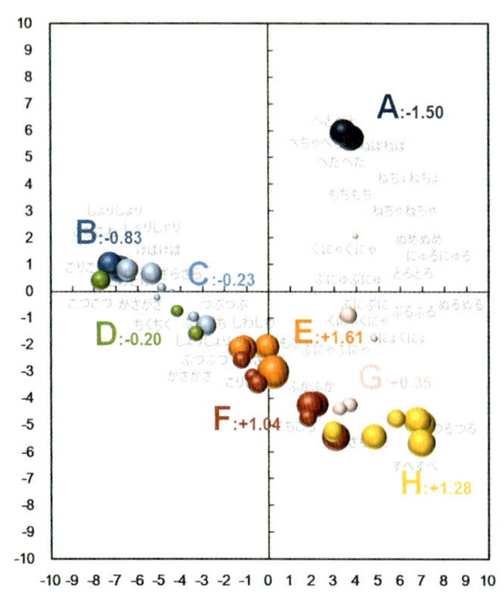

口絵 13　表 5.5 の素材グループごとにバブルの色を変化させた触相図（渡邊ら，2014）（p. 47, p. 207）
グループ名の後ろの数値は快不快の平均値．各バブルは触素材を表し，その面積は評価の絶対値に比例している．暖色のバブル（E, F, G, H）は正の評価値（快），寒色のバブル（A, B, C, D）は負の評価値（不快）を表している．

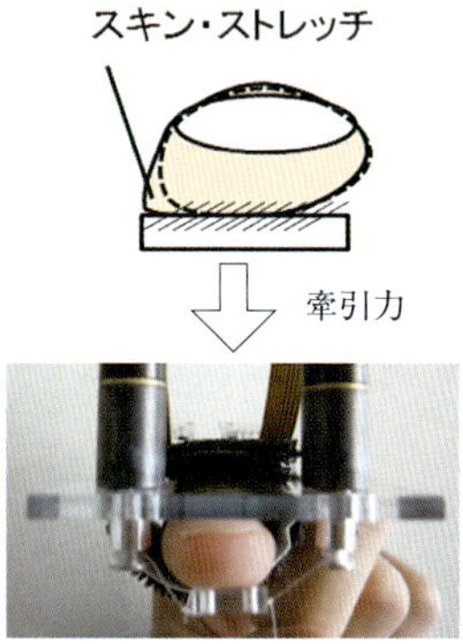

スキン・ストレッチ

牽引力

口絵 14　スキン・ストレッチを用いた摩擦覚ディスプレイ（p. 217）

質感の科学

知覚・認知メカニズムと分析・表現の技術

小松英彦
［編］

朝倉書店

●編著者

小 松 英 彦　自然科学研究機構生理学研究所感覚認知情報研究部門

●執筆者

西 田 眞 也　NTT コミュニケーション科学基礎研究所人間情報研究部感覚表現研究グループ
本 吉　 勇　東京大学大学院総合文化研究科広域科学専攻
澤 山 正 貴　NTT コミュニケーション科学基礎研究所人間情報研究部感覚表現研究グループ
渡 邊 淳 司　NTT コミュニケーション科学基礎研究所人間情報研究部感覚表現研究グループ
黒 木　 忍　NTT コミュニケーション科学基礎研究所人間情報研究部感覚表現研究グループ
藤 崎 和 香　国立研究開発法人 産業技術総合研究所人間情報研究部門感覚知覚情報デザイン研究グループ
大 澤 五 住　大阪大学大学院生命機能研究科視覚神経科学研究室
本 田　 学　国立精神・神経医療研究センター神経研究所疾病研究第七部
日 浦 慎 作　広島市立大学大学院情報科学研究科知能工学専攻
佐藤いまり　国立情報学研究所コンテンツ科学研究系
中 内 茂 樹　豊橋技術科学大学大学院工学研究科情報・知能工学系
岡 谷 貴 之　東北大学大学院情報科学研究科システム情報科学専攻
岩 井 大 輔　大阪大学大学院基礎工学研究科システム創成専攻
坂 本 真 樹　電気通信大学大学院情報理工学研究科情報学専攻
岡 本 正 吾　名古屋大学大学院工学研究科機械システム工学専攻

まえがき

本書は質感を科学的に捉えようとする様々な分野の研究をまとめて紹介する初めての試みです．質感は物を見てその素材を見分けたり，表面がつるつるしているか，ざらざらしているか，あるいは硬そうか，柔らかそうか，といった物の状態を判断する認知機能です．物をつかんで持ち上げる時には，滑りやすい表面か摩擦のある表面か，あるいは軽い素材でできているのか重い素材でできているのかを事前に判断しています．また，質感認知の機能は物の価値判断とも密接に関わっています．たとえば，漆器や陶器やガラス細工を見る時に，見る人なりに素材の質や，塗装や加工の巧拙を表面状態から読み取っています．私達がすぐれた工芸品を見て，質感が良いと感じることの背景には，物の質感を見分ける認知機能が存在しています．また，スーパーマーケットで果物や魚の鮮度を判断する時にも質感認知の機能を使っています．

本書は，そのような様々な行為の背景に，どのような問題が共通して存在するのか，それらの問題はどのような方法を用いれば解明できるのか，そして現在どのようなことがわかっているのか，をサイエンスとして示すものです．科学的にアプローチすることによって，日常生活のあらゆる側面に様々な形で関わってくる質感を，普遍性のある問題として扱うことが可能になるでしょう．

本書の第1部では質感とは何か，そして質感の科学とはどのような科学かについて概説します．第2部では物を見たり触ったりして質感の違いを認知する時に，私達がどのように感覚情報を利用し，脳の中でどのような処理がなされているかについて解説しています．第3部では質感のもとになる世界が持つ情報がどのようなものであり，それを取り出すにはどのようにすれば良いのかを工学的な観点から述べた後，豊かな質感を生み出すためにどのような技術が用いられてきたか，また開発されつつあるのかについて述べています．

質感の科学には様々な学問分野が関わりを持ちます．私達が日常的に行っている質感の判断や認知の仕方について明らかにするためには，知覚・認知機能を客観的な方法を使って解明していく心理物理学が必要です．そこでは，人間やそのモデル動物が，視覚や聴覚や触覚などの感覚刺激に含まれるどのような情報を使って物の質感を判断しているかという問題を取り上げます．一方，環境の中におかれた物体が生み出す刺激の分析もそれに劣らず重要です．たとえば，視覚の質感を考える場合，物の表面で光がどのように反射したり透過するかを客観的に計測し分析する技術が必要です．視覚以外では物に衝撃を与えた時に発生する音の違いや，物体表面を触って生み出される触覚刺激の測定や性質の記述も質感の科学の重要なテーマですが，これらは工学が得意とします．最後に，そのような物理刺激が感覚器を通して生体に取り込まれ，脳神経系での情報処理の結果質感の知覚や認知が生じますが，そのメカニズムの解析には脳科学が必要です．

このように質感を普遍的な科学として捉え，学問分野の垣根を越えた共同作業によって世界で起きている事象から，ヒトの心の中に生み出される質感の印象，そしてそれら両者をつなぐ脳神経系の情報処理，というように質感に関わるすべてのプロセスを系統的に明らかにしていくことが質感の科学の目標です．それらはどれをとっても簡単に解決できる問題ではありませんが，最近次々に重要な発見がなされ，質感の謎が少しずつ解明されつつあります．本書によって，誰もが日常的に何気なく行っている質感認知に隠されている謎を認識していただき，質感の科学がとても面白い知的冒険であることを知ってほしいと願っています．質感の良しあしを見分ける時にどんなことが世界と脳と心の中で起きているのかを考えることで，質感の良い物を生み出すために何かしらのヒントが得られると思います．

本書は文部科学省の科研費新学術領域「質感脳情報学」に関わった人たちの共同作業で生まれました．特に西田眞也，日浦慎作，佐藤いまり，中内茂樹，大澤五住，本田 学の各氏との絶え間ない議論の中から本書が誕生したことに感謝の意を表します．

2016年9月　　小 松 英 彦

目　次

第1部　質感の科学

第2部　質感の知覚と認知

第3部　質感の分析と表現

第 *1* 部

質感の科学

第1章 質感とは何か

1.1 様々な質感

私達の住む世界は様々な質感で満ちている．猫の毛の柔らかい手触りや虫の音，花の香りのように，私達は五感を通して質感を感じ取っている．すべての物が質感を持つが，同じ物でも状態によって質感は変わる．土には土の，石には石の，水には水の質感があり，さらに同じ土でも乾いた状態とぬかるんだ状態では違う質感を持つ．それらの土は足で踏んだ時の感触が異なり，その上を通る時には私達は足の運び方を変える．同じカテゴリの物は似た質感を持つことが多い．木の質感は細かく見ると種類によって様々に変化するが，種類によらず共通した質感があるようだ．そのため，私達は木という言葉から共通したイメージを思い浮かべることができる．花や野菜や果物にもそれぞれの質感がある．これらは比較的短い時間で状態が変化し，新鮮な状態と古びた状態では質感が違って感じられる．草や木の葉にも独自の質感がある．風にそよぐ草や日の光を通す新緑の木の葉のように，風や光の作用で質感は影響を受ける（**口絵 1**）．人間が作り出した物や自然物を加工して作った物にももちろん質感がある．布には布の，ガラスにはガラスの，陶器には陶器の質感がある．その中には私達が心を惹きつけられ高い価値を持つものもある．料理は目から食べると言われるが，自然の食材を加工して作られる食品には，人が食べたくなるような質感を与える工夫がなされる（**口絵 2**）．古い時代から工芸作家や芸術家はすぐれた質感を生み出す技を探し求め創り出してきた．現代でもあらゆる産業で，商品価値を高めるために製品の質感を高める努力がなされている．このように，質感は私達の生活になじみが深い古くて新しい問題だ．これから科学の目を通して質感を考えていきたい．

まず，「質感は物にあるのだろうか，それとも心の中にあるのだろうか」，という問いから始めたい．妙な問いに聞こえるかも知れないが，私達「質感の科学」の研究者は，質感がどこにあるのかという問題に様々な立場から答えようとしている．この問題を考えるとっかかりとして，質感とも関係する色のことを例にあげて考えてみたい．色は物が持つ固有の性質だ．例えば赤いリンゴという場合，リンゴの表面の持つ色について語っている．この場合の色は物体表面がどのような波長の光をよく反射するか，という性質に対応する．しかし，物があってもそれを照らす光がなければ色を感じることはできない．リンゴの表面で跳ね返された照明光には長波長の成分が多いために赤く感じる．すると色は光の波長が持つ性質であるとも言えそうだ．しかし，見かけが全く同じ色を違う波長の光で組み合わせて作ることができる．例えば，赤の単色の光と緑の単色の光を適当な強さで混ぜ合わせると，人間には黄色の単色の光の色と区別できない色を作ることができる．これは，赤と緑の単色光を混ぜ合わせた光と黄色の単色光が目の網膜の光センサーに同じ反応を引き起こしたためだ．それでは色は網膜の光センサーの中にあるのだろうか？ 網膜が正常でも，大脳皮質の奥深くに存在する場所の神経細胞が壊れると色の区別がわからなくなる．逆に大脳皮質に微弱な電流で刺激を与えると実際には目の前にはない色を感じる．このことは，色が脳の働きで心の中に生み出されるものであることを示している．このように色は物が持つ固有の性質であり，光の波長と関係するものであり，網膜のセンサーの働きの中にもあり，そして大脳の奥深くの神経細胞の活動が生み出す心の中にもあるものであり，そのどの答もが正しい．このことから二つのことが言える．一つは「色とは何か」という問いに対して，様々な側面から別の答え方ができるということだ．物の性質についての答と，脳細胞の働きについての答は当然違う．それぞれの答は色の別の側面について語っている．もう一つは，色の全体像を理解しようとすると，それぞれの側面についての答だけでは不十分だということだ．物の固有の反射特性は，物体が作り出す反射光の波長分布と関係しており，光の波長分布は光センサーの応答に関係しており，光センサーの応答は脳細胞の活動とつながっている．色について本当に理解したいと思ったら，そのそれぞれのレベルでの知識が必要であり，それらがどのようにつながっているかを知ることが必要である．最初の問いに戻ると，色は物が持っている性質でもあり，心の中にあるものでもあり，どちらも正しいということだ．質感も全く同じだ．質感は物が持っている性質として理解することもできる．光や音が運ぶ情報として捉えることもできる．さらに，それらの感覚刺激が脳細胞に引き起こす活動として捉えることもできる．それらはそれぞれ質感の別の側面からの理解で，知識を得るためには別の方法論が必要だ．物の性質として理解するためには，工学や物理学の方法論が必要だ．光や音がヒトに伝える情報を理解するためには，心理物理学の方法論が必要だ．脳の働きを知るためには，脳科学の方法論が必要だ．しかし，質感について本当に理解したいと思ったら，それぞれのレベルでの知識がどのようにつながっているかを知ることが必要だ．「質感の科学」は質感を本当に理解するために，工学と心理物理学と脳科学の研究者が一緒になって進めている新しいサイエンスの分野なのである．

質感は物の性質がもとになって心の中に生み出されることを上で述べた．心の中で質感が生み出される時，私達はあたかもその対象物がある質感を持っているというように感じる．例えばきらきらと輝く物体を見ると，きらきらした光沢がその物体の持つ特性であるというように知覚する．物の性質から出発した一連のプロセスが，心の中で生み出される質感の知覚という終着点に到達した時に，まるでぐるっと円を描いて最初の出発点に戻ったかのようだ．図 1.1 を見てほしい．出発点に**物の性質**があり，終着点に心の中で知覚される内容としての**物の質感**がある．しかしこの二つはつながってはいるが別のものであることに注意してほしい．前者は物の物理的な性質だが，後者は心の中の現象だ．このような一連の処理が私達にとって意味があるのは，心の中で認知する物の質感が外界に実在する物の性質を何らかの意味で正しく反映しているからだ．質感を認知する働きは，私達が持つ外界認識の機能の一つだ．私達生物が環境に適応しながら生存して子孫を残していくためには，外界の事物や現象が私達にとってどのような意味があるのかを正しく認識する必要がある．食べられるものなのかそうでないのか，危険か安全か，どんな素材でできているのか，表面はつるつるしているのかざらざ

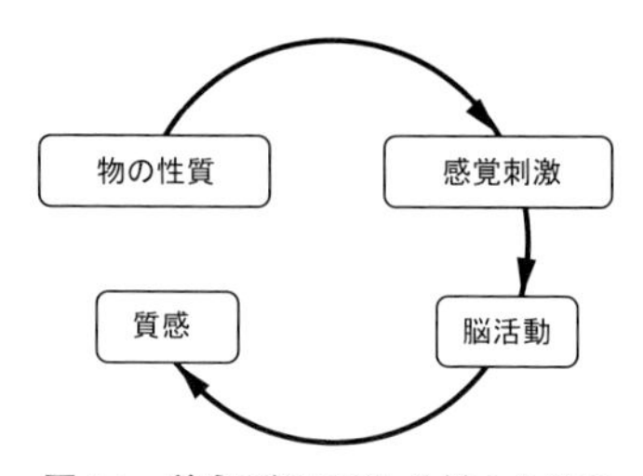

図 1.1　質感理解に関わる様々な側面

らなのか，硬いか柔らかいか，重いか軽いか，乾いているのか湿っているのか，などなど，外界の事物が持つ重要な性質を認識するのが質感の働きだ．しかし，私達は外界の事物の物理的な性質を直接知ることはできないので，図に示した一連のプロセスを通して脳で外界の事物の性質を解釈する．その結果生み出されるのが心の中の質感ということになる．まとめると，**心の中にある質感は感覚情報をもとに脳で解釈された外界の事物の性質**ということになる．脳は事物の持つ生物学的な意味を捉えるために機能しているので，心の中に生み出される質感にも生物学的な価値づけが入り込んでくる．質感には良し悪しや好き嫌いといった価値づけが密接にからんでくるが，それはこのような理由によると考えられる．

本書では，まず第1部で質感の科学の全体像について概要を述べた後，第2部では主に心理物理学と脳科学の立場から，光や音の伝える情報が脳でどのように質感を生み出していくかについて説明する．第3部では主に工学の立場から，質感を生み出す物の性質がどのようなもので，それを計測したり人工的に生み出すためにどのような試みがなされているかについて説明する．私達が心の中で知覚する質感に一番直接に関係するところからスタートするために，図1.1の流れとは順序が逆になっている．質感になじみのない読者にとっては順番に読み進められるのがわかりやすいと思うが，第2部と第3部の各章は独立に作られているので，一番興味をひかれる章から紐解いていただいても構わない．そこで質感の他のプロセスについて気になるところが出てくると思うので，それについて書かれた章を読み進んでいただきたい．ここでは，図1.1の流れにそって「質感の科学」の概要を眺めてみたいと思う．

1.2　質感を作り出す物の性質

まず物の持つどのような物理的な性質が質感と関係しているのかを考えたい．質感は感覚情報をもとに生じるので，視覚による質感には光が関係し，聴覚の質感には音が関係し，触覚による質感には物の表面の凸凹や，硬さ，温度といった触覚に影響を与える物の性質が関係する．ここでは光について考えてみよう．光源から出た光線が物の表面に当たると何が起きるだろうか？（富永，2011）一部の光は空気と物の境界（界面）で跳ね返される．この反射は鏡面反射と呼ばれ，物の表面の法線方向をはさんで入射光とちょうど同じ角度で逆の方向に光は反射

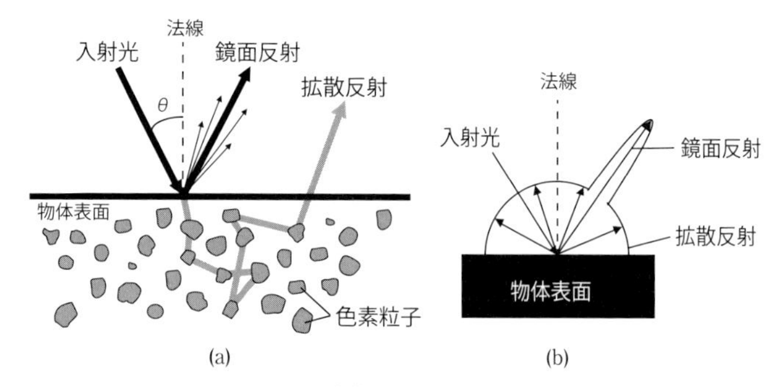

図 1.2　物体表面での光の反射
（a）は鏡面反射と拡散反射がどのようにおきるか，（b）はそれぞれの反射の方向の広がり方．

する．つまり図 1.2（a）で法線方向から θ の角度で入射した光は，$-\theta$ の方向に反射する．ただし，表面が完全に滑らかであれば鏡面反射の光はすべて $-\theta$ の方向に向かうが，現実世界の物体の表面は多かれ少なかれ目に見えない程度の凸凹があり，それに伴って法線方向もある程度ばらつく．そのため鏡面反射光の方向も $-\theta$ を中心にしてある程度広がる．物体に当たった光のうち界面で跳ね返されなかった光は，物体内部に入っていく．透明な物体であれば物体の屈折率に応じて入射した方向から曲げられた向きに物体内を進み，最終的には物体の別の面から再び空気中に出ていく．物体が不透明の場合にはもう少し複雑なことが起こる．物体の内部に進入した光は，物体の表面近くに存在する色素粒子にぶつかり進行方向が変化し，また別の色素粒子にぶつかり進行方向が変化するという過程を繰り返し，最終的に物体の外に出て反射光を作る．物体内部で進行方向が複雑に変化するため，物体の外に出た光の方向は鏡面反射とは異なり特定の方向に向かわず，あらゆる方向に向かう．この反射の成分は拡散反射と呼ばれる（図 1.2（b））．また，色素粒子が特定の波長の光を吸収するので，吸収されなかった波長の光のみが物体外に出ることが起こり，拡散反射には色がつく．一方，物体の界面での反射である鏡面反射の色は，物体の持つ色素との相互作用を持たないので，物体に入射した照明光の色そのものだ．物体の色は通常拡散反射の色であるということになる．ただし，上で述べた鏡面反射と拡散反射の二つの成分で反射を説明するモデルはプラスティックやセラミックなどの絶縁体にはあてはまるが，金属にはあてはまらない．金属は鏡面反射成分しか持たず，その反射率が波長によって変化することにより金属固有の色が生み出されている．

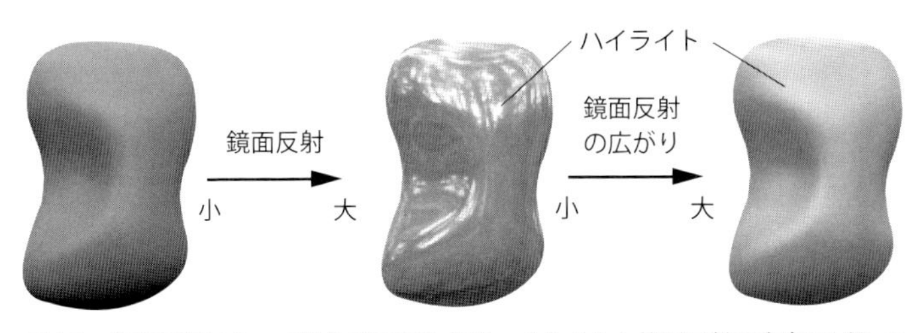

図 1.3　鏡面反射によって物体表面に生じるハイライトと鏡面反射の方向のばらつきによる影響

また，構造色と呼ばれる現象では，物体表面に存在する光の波長かそれ以下の細かさの規則的な構造や，物体表面近くに微小な間隔の層状の構造（多層薄膜）が存在するために，鏡面反射のような強い反射が起きたり，光の干渉によって特定の波長の光のみが反射されて色づいて見えるといったことが起こる．銀色に輝く魚の腹，モルフォ蝶の羽の光沢，真珠の独特の光沢などは構造色で生み出されている（木下，2010）．このように物理的な仕組みは様々だが，入射した光が物体表面に当って反射する仕方は，物の見え方に大きく影響する．拡散反射しか持たない物体では，物体表面の向きの変化につれて観察される輝度は徐々に変化する．一方，鏡面反射は特定の方向に光が反射されるために，物体表面からみて観察者の視線の方向と照明の方向が一定の条件を満たす場所にだけ強い光が観察される．このように鏡面反射によって生じる物体表面上の明るく光る場所はハイライトと呼ばれる（図 1.3）．物体表面にハイライトが存在することにより質感は大きく変化し，つるつるした表面が知覚されるようになる．また物体表面の微細な凸凹によって生じる鏡面反射の方向のばらつき具合も質感に影響する．表面が滑らかでなくなるにつれ，鏡面反射のばらつきが大きくなり，ハイライトの輪郭がぼやけて柔らかい感じの光沢に変化する．

このように物体表面での光の反射は質感に大きく影響するため，光の反射の仕方を正確に測定することは，物の視覚的な質感を物理的に捉えるための重要な手段になる．これには双方向反射率分布関数（Bi-directional Reflectance Distribution Function：BRDF）が使われる．BRDF は物体表面にある方向から光が入射した時に，どのような方向にどれだけの強さで光が反射するかを表すデータである（4.1 節参照）．BRDF のデータがあれば，ある照明環境にその物体が置かれた時の光線の振る舞いをシミュレーションして，画像を生成するコンピュータグラフィクスのプログラムを用いて，リアルな物体の見えを再現することができる(2.1節参照).

しかし，BRDFには限界がある．上で述べた拡散反射は物体の内部に入った光による反射だが，内部で光が移動する距離はごくわずかで巨視的には入射した場所と反射する場所は同じとみなせる．つまりBRDFは物体表面の微小な面に入射した光が，同じ微小な面からどのように反射するかを表すデータということになる．しかし，現実に存在する物体の多くは，多かれ少なかれ光を通す性質を持つ．例えば，ヒトの肌にしても大理石にしても石鹸にしても，ある場所に入射した光は同じ場所だけでなく物体内部を通って別の場所からも出て，それらの全体が反射光を作る．このような半透明な質感を捉えるためにはBRDFでは不十分で，入った場所と離れた場所から出ていく光の強さまで含めて表す双方向散乱面反射率分布関数（Bi-directional Scattering Surface Reflectance Distribution Function：BSSRDF）というデータを得る必要がある（4.1節参照)．BRDFのもう一つの限界は，表面に微細な立体構造を持つ物体の反射特性を捉えるのが難しいことだ．BRDFにしてもBSSRDFにしても，物体表面の法線方向が正確にわかっていないと光の方向を決めることができないので，通常は平面のサンプルを用いるかあるいは表面形状が正確にわかっているサンプルを用いて計測を行う．しかし様々な質感の中には，表面の微細な立体構造によって生み出されているものがたくさんある．布を例にとって考えると，布は繊維が撚り合わされてできたたくさんの糸を規則的に織ることによって2次元的に広がった面を作り出している．そのため布の表面を細かく見ると，立体的な構造を持つ糸が複雑に配置されていて，ミクロなレベルでは法線方向が複雑に変化している．このような場合でも，ミクロな構造を無視して布を平面とみなしてBRDFを測定すれば，布が巨視的にはどのような反射特性を持つかを捉えることは可能である．しかし，糸の構造まで考慮したミクロのレベルでは同様の方法で反射特性を測定することは難しい．このような場合には，1本1本の糸の光学的特性（反射，屈折，透過など）のデータをもとにして，それらが組み合わされた布の反射をモデル化することが必要になる．

このようにミクロな構造を理解することは，ある物が持つ反射特性を理解する上で重要だ．表面が金属で覆われた製品の中には，ヘアライン加工と呼ばれる表面加工が施されているものをよく見かける（図1.4)．これらは金属の表面に髪の

図 1.4 ヘアライン加工の例

毛ほどの微小な傷が単一方向につけてある．そのため同じ照明環境でも法線方向を軸にして回転して見る向きを変えると光沢が大きく変化する．このような反射は異方性反射と呼ばれるが，ヘアライン加工の場合にはヘアラインが方向性を持つ構造であるために，その構造がのびる方向と光が当たる方向の関係によって，光の反射の仕方が変化する．また異なる反射特性を持つ物質が組み合わさって形作られている物も多くある．例えば石材としてよく用いられる花崗岩（御影石）は，石英と長石と雲母などの鉱物が組み合わさって出来上っている．それぞれ反射特性の異なるこれらの鉱物が組み合わさることによって，花崗岩の独特な質感が生み出されている．

ここまで視覚的な質感には物の反射特性（より一般的には光学的特性）が関係していることを述べてきた．それでは反射特性以外の要因は視覚的な質感には関係ないのだろうか？ 物が見えることに関係する要因には物の形（3 次元形状）と反射特性と照明の三つがある．時間軸も含めて考えると，形の変化や位置の変化による動きの要因も入ってくる．動きも質感にとって大事な情報を与える（2.1 節参照）が，ここでは静止したシーンだけを考えることにする．物体の表面に照明が当たると，形と反射特性に依存して物体から反射する光線のパターンが決まり，それらの光線の一部が目に入って網膜に像を結ぶことで物が見える（図 1.5）．これら三つの要因のうち質感には主に反射特性が関係するが，形や照明によっても質感は様々な影響を受ける．例えば，艶のある塗料または艶のない塗料で塗られた平らな板と玉があったとしよう．どちらの玉が艶のある塗料で塗られているか

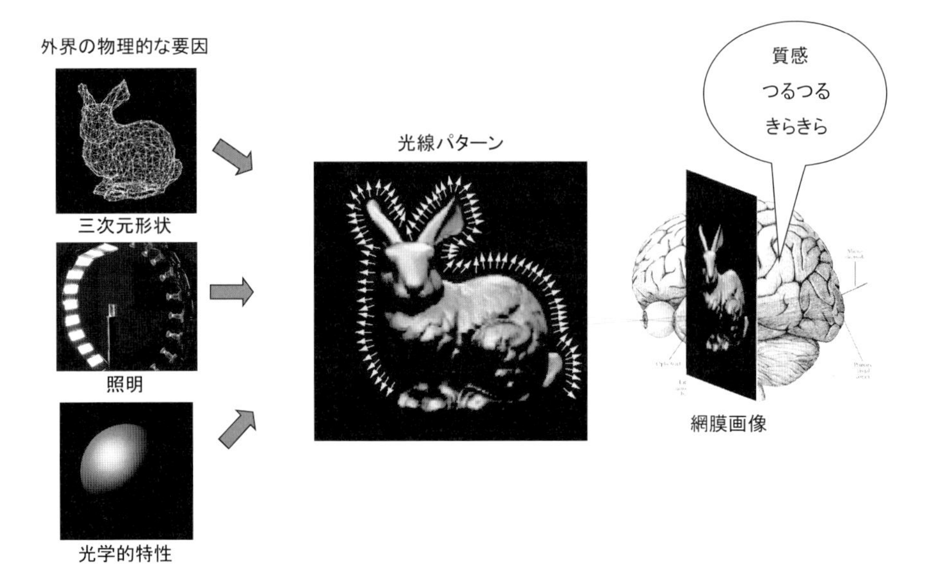

図 1.5　物が見えることに関係する三つの要因．質感は光学的特性が特に関係する．

は一目見ただけですぐにわかる．しかし，平らな板の方は向きを色々変えてみないと区別がつかない．平らな板には法線方向が一つしかないために，鏡面反射がうまく目に入る方向を探す必要があるからだ．また，様々な物性は物がとりうる形と関係している．例えば，布が鋭く曲がっていたり立っていたりすると硬そうな布だと感じるし，丸く盛り上がった流体は粘性が高そうだと感じるなど，形そのものが質感の手がかりを与えることもある．もう一つの要因である照明も質感に大きな影響を与える．物の質感を十分感じるためには，方向によって照明の強さが複雑に変化することが必要であることが知られている（2.1 節参照）．そのために，例えば宝飾店ではたくさんのランプが配置され，方向による照明の変化を強調して宝飾品の輝きの質感を演出している．

音が関係する聴覚による質感は 2.3 節を，物を触って触覚によって得られる質感については 2.2 節，5.4 節をご覧いただきたい．

1.3　質感を生み出す感覚情報

質感を作り出す感覚情報の出発点は，それぞれの感覚のセンサー（感覚受容器）

である．それぞれの感覚のもとになる光や音や皮膚にかかる力や振動などが，対応した感覚受容器で捉えられ，生体内部での信号が生み出される．視覚の質感に関わる感覚情報について考えてみよう．前節で述べたように，照明光が物と相互作用して生み出された光線のパターンの一部が目に入って網膜像を作る．光線のパターンにすべての情報が含まれているので，光線のパターンそのものを解析してその性質やそこに含まれる有用な情報がどのように利用できるかという方向をめざした研究も進められている．このような研究分野はコンピュテーショナルフォトグラフィと呼ばれ（4.1 節参照），質感の科学においても大きな可能性を持つ．しかし，ここでは光線のパターンそのものではなく画像を出発点として考えることにする．

生体での視覚情報の出発点は網膜像だが，同様に光線パターンの一部をレンズで 2 次元の画像に結像する人工的な装置がカメラである．デジタルカメラでは 2 次元に配列した撮像素子で画像をデジタルデータとして取得する．実際の生体での画像処理は次節の「質感を生み出す脳の働き」で考えることにして，ここでは生体の制約を離れて画像に含まれる質感の情報について考えてみよう．そのため，目で取得したのかカメラで取得したのかにはこだわらず画像を出発点にして考えることにする．

質感を作り出す画像の情報について考えることは，画像に対してどのような処理を行えば質感の情報が取り出されるかを考えるということにほかならない．ここで図 1.5 をもう一度ながめていただきたい．図 1.5 では物体に光が当たって網膜像が作られる過程を示している．この過程は通常世界で起こる光学の過程そのものなので順光学過程と呼ぶことができる．順光学過程には物の形と反射特性と照明の三つの要因が関係しており，そのうち反射特性が特に質感と強く関係することを上で述べた．それに対してここで考えようとしている問題はこれとは逆に画像を出発点にして，そのもとになる要因を分離しようとする過程と捉えることができる．この過程は物理的な光学の過程を逆向きにたどることになるため逆光学過程と呼ばれる．質感について考えると，反射特性の要因を画像から分離して取り出す逆光学過程を扱うことになる．逆光学の問題を解こうとすると，原理的に難しい壁にぶつかる．画像は物の形，反射特性，照明の三つの要因が相互作用して作り出されるが，原理的にはこれら三つの要因を適当に組み合わせれば全く同じ画像をいくらでも作ることができる．このように，逆光学を解く問題は解が一意に定まらない不良設定問題である．コンピュータビジョンの様々な研究分野のうち，画像に関わる要因を分離して取り出す研究分野はインバースレンダリングと呼ばれる（佐藤ら，2004）．インバースレンダリングの従来の研究では，形や照明などの要因がすでにわかっているものとして，残りの反射特性を推定するといった形での研究が行われてきたが，自然照明が持つ特性を制約として用いることで反射特性を推定するなど，事前に与える制約をできるだけ緩めた条件下で画像に関わる要因を分離する研究も進められている．

それでは画像から質感をどのように取り出せばよいのだろうか？ これまでコンピュータビジョンで行われてきた画像から対象物を見つけ出したり，どんな情景の画像かを判断する画像認識の研究では，対象物や情景についての手がかりを使っている．手がかりは画像の中身について何らかの情報を与える画像の成分で「画像特徴」と呼ばれる．画像特徴としてはこれまで様々なものが用いられてきた．それぞれの画素が持つ色と明るさ，近傍の画素の色や明るさの変化の仕方やそれらの変化が配置して作るエッジや角，広がりを持つ画像の領域に現れる繰り返しの構造など，画像中に何を探し求めているかによって使いやすい特徴は変わる．また，一つだけの特徴ではなく，たくさんの特徴を組み合わせた方が対象物を見つけたり情景を判断しやすくなるために，普通は様々な画像特徴を組み合わせて用いる．画像を認識するためには，まず目的に応じた画像特徴の組み合せが画像中にどの程度含まれているか，あるいは画像のどこに含まれているか，といったことを調べる（特徴抽出）．次にその結果に基づいて目的とする対象物が含まれているか，あるいはどんな情景の画像なのかといったことを識別する．画像から顔の部分を見つけ出したり，誰の顔かを認識したり，画像中に含まれる物体のカテゴリを認識するといったことについては，かなり高い精度で行えるところまでコンピュータビジョンは進んできている．しかし，画像中の対象物の質感をコンピュータで自動的にうまく認識することには今のところまだ壁があるようだ．質感に関わる物の性質は非常に多岐にわたるので，それぞれの性質についての情報を与える画像特徴も多岐にわたることが想像される．おそらくどのような質感を対象とするかによって関係する画像特徴は変化し，質感を認識するための特徴抽出や識別の仕方も違っているものと思われる．近年，大規模な画像データを用いてコンピュータ上に構築した多層のニューラルネットを学習させると，物体認識で高い識別能力を示すことが見出されている（岡谷，2015）．同様の方法を質感認識に応用することができれば，学習後のニューラルネットの中間層を調べることで，質感の識別に有効な画像特徴についての情報が得られることが期待される（4.3 節参照）.

ヒトは形や照明についての情報を与えられなくても，質感を知覚しておおよそどのような反射特性の物体かを正しく推定できているように見える．しかし，詳しく調べてみると質感の知覚は形や照明に影響されて変化することがわかる．このことは，質感の知覚においては逆問題が正確に解かれているわけではないことを意味している．感覚刺激に影響を与える他の要因の変化にかかわらず同じ知覚が得られる場合，知覚に恒常性があると言われるが，上のことが示すのは質感の知覚には厳密な意味では恒常性は成り立っていないということだ．このことは，ヒトが感じる質感を再現したり記録したり演出する時には，対象物の形や照明環境に十分注意を払って行う必要があることを意味している.

質感の知覚においては対象物の物理的な特性そのものを推定しているとは考えにくいため，質感の知覚について調べる心理学的な研究では知覚される質感の内容そのものを取り上げて，感覚刺激と知覚される質感の関係を調べる研究が行われている．質感の心理学的研究で多く取り上げられてきた光沢知覚を例にとってこのことをみてみよう．光沢知覚には鏡面反射によって生じるハイライトが重要な役割を果たすことがよく知られている．しかし，鏡面反射率（鏡面反射の強さ）が同じ物体どうしでも光沢を感じる強さは物体の形や照明によって変化する．このことを利用して，光沢感に関係する特徴を調べることが行われている．もし，ある画像特徴あるいは特徴の組み合わせの変化の仕方が光沢感の変化の仕方と一致していたら，それらの画像特徴が光沢感に寄与している可能性がある．このようなことを調べた実験の結果，ハイライトのコントラスト，ハイライトの輪郭のシャープさ（くっきりしている程度），ハイライトが表面のうちで占める面積の割合などが光沢感に影響を与えることが示されている（Marlow ら，2012）．物理的な反射特性と光沢感の関係を調べた別の研究によると，鏡面反射率と拡散反射率（拡散反射の強さ）を非線形に組み合わせた量と，物体表面の微細な凸凹によって生じる鏡面反射の方向のばらつき方の二つのパラメータが光沢感に関係することが示されている（Ferwerda ら，2001）．このうち前者の量はハイライトのコントラストに，後者はハイライトの輪郭のシャープさに対応すると考えられるので，これらのパラメータが光沢感に関係することは間違いないようだ．しかし光沢感

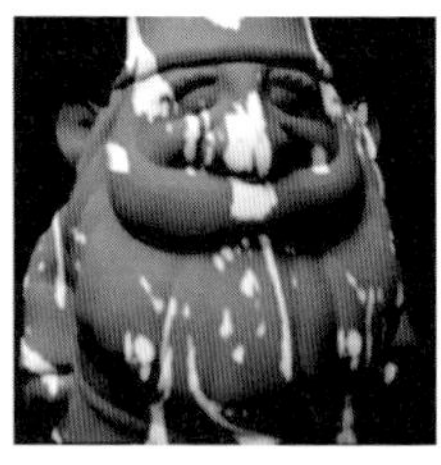

図 1.6 (左) 光沢のある人形．白く明るい部分がハイライトに見える．(中) 艶消しの人形．(右) 艶消しの表面に白いインクがかかったように見える人形(Yang ら，2011 より)

にはこれら以外にも色，動き，両眼視差（両眼を使って奥行を判断する手がかり）など様々な特徴が影響することが示されている．また光沢のある物体の画像は，画素ごとの明るさの分布が非対称に歪む傾向があり，その歪み方の情報も光沢を判断する手がかりとして使われていることが示されている（Motoyoshi ら，2007）．ハイライトは光沢感に影響を与える主要な手がかりだが，それ以外の様々な手がかりを用いてヒトは光沢感を判断しているものと考えられる（2.1 節参照）．

ところで画像の中に明るい部分があれば，それはハイライトと判断されるのだろうか？ 物体の中には表面の場所によって表面反射率の違う素材が組み合わさっていたり，明るさの違う塗料で塗り分けられていたりして表面に模様を持つものも多くある．そのような模様の明るい部分とハイライトは，どのように見分けられているのだろう？ ハイライトを持つ物体画像からハイライトだけを切り抜いて位置をずらしたり，回転して貼り付けるような操作を画像に対して行うと，物体の光沢感が低下する．これは物体の 3 次元形状の手がかりである陰影や輪郭の形とハイライトがうまく合っているかどうかという情報を，視覚系を使ってハイライトと模様を区別していることを示している．このような能力はヒトの生後かなり早い時期に現れることが見出されている．乳児にくっきりしたハイライトを持つ光沢のある物体の画像（図 1.6 左）と，同じ形で光沢のない物体の画像（図 1.6 中）を見せると，生後 7 ～ 8 か月の乳児は光沢のある方の画像を好んで見る傾向がある．ところが，物体表面の明るい部分がハイライトに見えない画像（図 1.6 右）ではそのような傾向は見られなくなる（Yang ら，2011）．

物が持つ質感の中には様々な性質が含まれる．光沢はその一つにすぎない．光沢以外にも透明な感じ，ざらざらした感じ，べとついた感じ，柔らかい感じ，冷たい感じなど様々な性質があげられる．それらの性質の中には視覚によって得られる性質もあれば，触覚によって得られる性質も含まれる．質感は見ただけで触った感じがわかるといったように，感覚の種類をまたいで知覚が生じる（クロスモーダルな知覚という）興味深い性質を備えている．視覚に関わる性質は，光沢について上で見てきたように視覚が関係する画像上の特徴によって取り出され，触覚に関わる性質は触覚の感覚特徴を処理することによって取り出されるはずだ．すると見ただけで触った感じがわかるというように感覚の種類をまたいで質感の知覚が生じる仕組みはどのように考えればよいのだろうか．これについては様々な可能性を考えることができる．物を見た時に，視覚的な特徴が関係する質感の情報は直接得ることができるが，それとともに様々な視覚の特徴を組み合わせてどのような対象物であるかが認識される．すると，その対象物に結びついている様々な性質が呼び起こされる．その中には視覚以外の感覚による質感の性質も含まれている．その結果，物を見ただけで触った感じがわかるといったクロスモーダルな質感の知覚が生じることが考えられる．

一方，対象物を認識することを介さず，視覚特徴と触覚特徴の統計的な関係が学習され，視覚特徴と同時に起こる触覚特徴が呼び起こされて，クロスモーダルな質感が生じる可能性も考えられる．特定の物性を持つ素材は特有の光学的な特性とともに，特有の触覚的な性質を持つことが多い．例えば，金属でできた物は一般に視覚的には光沢を帯びており，触覚的には硬く冷たい性質を持つ．その場合，素材が持つ視覚的な質感と触覚的な質感の間にはもともと統計的な対応関係が内在しているということになる．異なる感覚種の情報の結びつけは，目で見た物に触れたり発する音を聞くといった生後の経験を通して上のような統計的な対応関係が学習されることにより起こる可能性が大きいと考えられる．一方，多感覚的な対応関係がもともと素材に内在した性質だとすると，外界の持つ自然な性質としての多感覚的な質感の情報が何らかの形で脳の中に生得的に埋め込まれている可能性も考えられるかも知れない．

1.4　質感を生み出す脳の働き

質感は感覚情報をもとに脳で解釈された外界の事物の性質として捉えられることを最初に述べた．外界の事物の情報は光線のパターンや空気の振動，あるいは

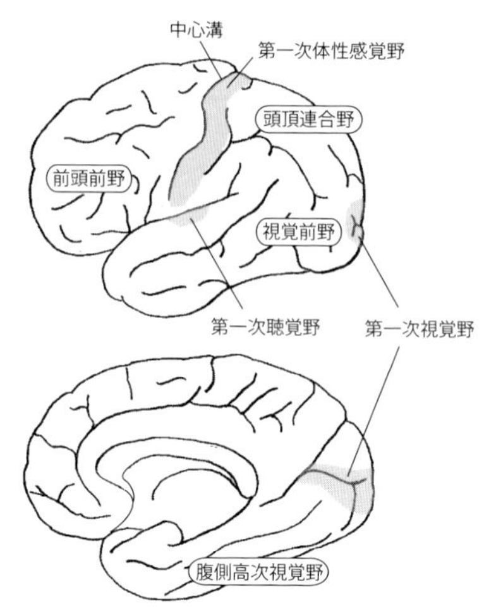

図 1.7 大脳皮質外側面（上）と内側面（下）にいくつかの脳部位のおおよその場所を示したもの（一次感覚野を灰色で示す）

体表面に直接与えられる振動や熱を通して視覚，聴覚，触覚の感覚センサーに捉えられる．感覚センサーで捉えられた信号は神経インパルスに変換され脳に送られる．感覚情報は脳の中の視床（ししょう）と呼ばれる場所で中継された後，大脳皮質に伝えられる．大脳皮質は厚さ 2 ～ 3 mm の神経細胞のシートで，大脳の表面を覆っている．大脳皮質は領野と呼ばれるたくさんの場所に区別されていて，それぞれの領野は働きが異なっている．感覚情報が最初に伝えられる大脳皮質の場所は一次感覚野と呼ばれる領野で，視覚は脳の一番うしろにある第一次視覚野と呼ばれる場所が，聴覚は脳の側面の中央部付近にある第一次聴覚野が，触覚は脳の上部にある中心溝という溝の後ろに広がる第一次体性感覚野がこれにあたる（図 1.7）．感覚野は何段階にも分かれて構成されている．一次感覚野で感覚刺激から比較的単純な特徴が取り出され，段階を追うに従って複雑な特徴が取り出される．そして，高次の感覚野で取り出された複雑な刺激の情報が対象物についての記憶として蓄えられる．一方，注意や行動の選択に関わる前頭前野や頭頂連合野と，高次の感覚野は双方向的に結合しており情報をやり取りしている．それらの結合を通して，高次の感覚野で処理された刺激についての情報が前頭前野や頭頂連合野に送られて，刺激に対してどのような行動を選択するかを判断することに使われる．

逆にこれらの領野から高次の感覚野には，個体が置かれた状況や刺激が現れた文脈についての情報が送られ，特定の刺激の特徴や特定の空間の場所に注意を向けてより効率的に処理が行われることを助ける（トップダウンの処理）．質感についての感覚情報処理もこのような枠組みで捉えられると考えられる．

視覚における質感の処理を例にとって脳内の処理をながめてみよう．視覚の場合すべての情報はまず網膜に存在する光受容細胞が受け取る．光受容細胞は暗いところで働く桿体と明るいところで働く錐体の2種類が存在し，錐体にはさらにL錐体，M錐体，S錐体の3種類が存在する．L，M，S錐体はそれぞれ感度の高い波長が異なっている．質感を含むすべての視覚刺激についての情報は網膜に2次元に配置されたこれら4種類（桿体とL，M，S錐体）の光受容細胞の活動として生体に取り込まれる．そこから視覚刺激に含まれる様々な情報が分かれて取り出されていくが，その情報処理についてはサルやネコをヒトのモデル動物として用いた生理学の研究で詳細に調べられている．視覚神経系の細胞はそれぞれ視野の特定の場所を担当しており，その場所を受容野と呼ぶ．受容野の中に刺激が入ると適当な性質を備えた刺激の場合には活動して，別の刺激では活動しないというように，細胞は刺激に対する選択性を持つ．このような刺激選択性とそれを生み出す仕組みが，脳の中で画像特徴が取り出される処理の基礎になっている（佐藤ら，2000）．

網膜から第一次視覚野に向けて信号を送り出す細胞の多くは同心円状の構造の受容野を持ち，中心部と周辺部の視覚入力の引き算を行って明暗のコントラストを計算している．これらの細胞は画像中で明暗コントラストの存在する場所が受容野に入ると強く応答するが，明暗コントラストが作るエッジの向きや動いている方向には応答は依存しない．ところが，第一次視覚野の細胞はエッジの向きや動いている方向に選択性を示し，特定の向きのエッジが受容野に入った時にだけ反応する細胞が多く見られる．また色相や彩度，両眼視差による奥行など，様々な画像の特徴に対する選択性がこの段階で見られるようになる．またエッジの向きに応答する細胞は，視野上で明暗の変化する幅の広さに対しても選択性を示す．これらの細胞の受容野は特定の向きと空間周波数を組み合わせたガボール関数を用いてモデル化することができるので，第一次視覚野では画像の持つ明暗のパターンを，局所ごとに様々な向きと空間周波数の波の集まりに分解して分析していると考えることができる（3.1節参照）．

第一次視覚野で処理された視覚情報は，その前方に広がる視覚前野で中継され さらに処理を受けた後，高次の視覚野に伝えられる．この過程で，第一次視覚野で取り出された画像の特徴が組み合わされてより複雑な特徴が取り出される．例えば，腹側の高次視覚野では顔の向きや特定の人の顔に選択的に応答する細胞が見出される．また，様々な物体カテゴリを区別する特徴も腹側の高次視覚野のニューロンが表現していると考えられている．近年，脳活動の解析技術の進歩でヒトの脳活動計測データをもとにヒトが見ている物体カテゴリをある程度推定できるようになっている（Naselaris ら，2009）．

質感に関係した視覚の特徴も，第一次視覚野から高次視覚野への階層的な処理で取り出されるものと考えられる．第一次視覚野から高次視覚野への階層的な処理の流れは，背側経路と腹側経路の大きく二つの経路に分けることができる．このうち背側経路は頭頂連合野に向かう経路で，主に空間や動きの知覚に関係している．一方，腹側経路は大脳腹側の高次視覚野（サルでは下側頭皮質）に向かう経路で物体認識に関係している．これまでにサルやヒトを用いて光沢や素材の識別に関係した脳部位を調べる研究が行われているが，いずれも腹側の高次視覚野でそれらの質感の識別が行われていることを示す結果が得られている．また脳の特定の部位に損傷を持つ患者の臨床的な観察からも，腹側の高次視覚野が素材の識別に関係しているようである（3.2 節参照）．

質感は感覚情報をもとに脳で解釈された外界の事物の性質であるが，質感には良し悪しや好き嫌いといった価値づけが密接にからんでくる．私達は物を見てその質感を知覚する時に，良い質感を持っているとか好きな質感をしているといった価値づけをしばしば同時に行っている．例えば器を手にとって選ぶ時に，光沢の具合を判断すると同時に，光沢が柔らかく落ち着いて好ましいと感じたり，あるいはスーパーマーケットで果物を選ぶ時に，光沢が弱くて水気が少ない感じがしてあまり新鮮ではなく美味しそうではないと判断するといったことを日常的に行っている．客観的に素材や表面の状態を判断する心の働きを単に質感認知と呼ぶのに対して，後者の価値づけや感情の変化を伴う場合には感性的質感認知と呼んで区別する．感性的質感認知では感情の変化も生じるので，その仕組みを考える時には，感情の変化を生み出す脳の働きも視野に入れる必要がある．

感情の動き，すなわち情動には対象物の認識だけでなく表情や姿勢の変化といった行動，自律神経の活動変化やホルモン分泌など様々な生理的反応を伴う．そ

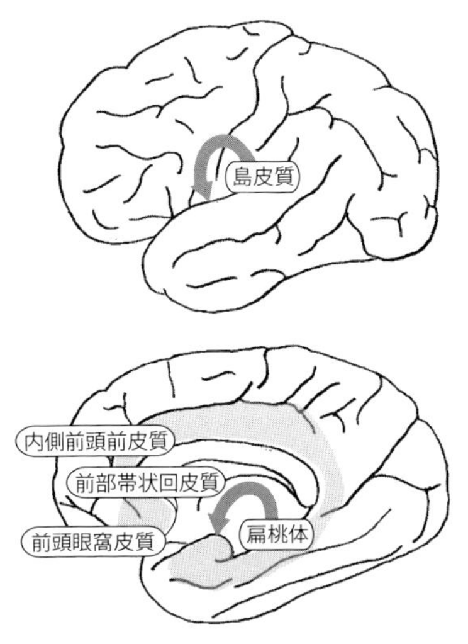

図 1.8　情動に関係する脳部位
下の灰色の領域は辺縁系のおおよその場所を示す．矢印で示した領域は脳の内側にあり表面から見えないことを示す．

れらのパターンをもとに，喜び，恐れ，怒り，嫌悪，悲しみなどの基本的な感情に分類することが行われている（濱治世ら，2001）．それらの感情が生じる時にヒトの脳のどのような部位が活動するかを調べた研究では，それぞれ前部帯状皮質，扁桃体，前頭眼窩皮質，島皮質，内側前頭前皮質といった領域，あるいはそれらのいくつかで活動が見られることが報告されている（Hamann，2012）（図 1.8）．これらの多くは大脳辺縁系と呼ばれる脳領域に属している．しかし，これらの基本的とされる情動は急激に変化する強い感情や生理的反応を伴うものである．それに対し，感性的質感認知で問題になるのはもっと微妙な心の動きだ．複雑で多様な感情を上のように少数の基本的な感情にカテゴリ分けするのではなく，2～3 の次元から成り立っているとする別の考え方もある．図 1.9 はそのような例であるが，快－不快と覚醒－眠気という二つの次元（軸）で構成される感情の空間に，様々な感情が円環状に配列している．二つの軸が交わる原点からの距離が感情の強さに対応するので，微妙な心の動きは原点からある方向にわずかにずれた状態として理解できるかもしれない．情動や価値判断には脳幹の神経核で作られ脳内の様々な部位に投射する神経で運ばれるドーパミンやセロトニンといったモノア

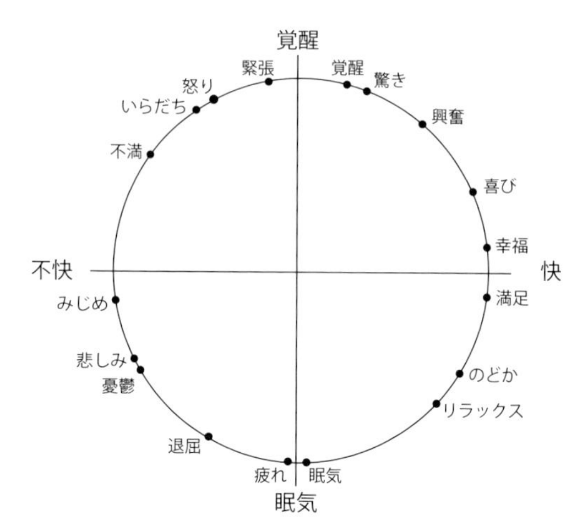

図 1.9 円環状に様々な感情が配置されているという情動のモデル（Russell, 1980 を改変）

ミンも，関係することが知られている．感性的質感認知を生み出す脳の仕組みにおいては，感覚情報とこれらのモノアミンの相互作用も重要な役割を果たしているものと考えられる（3.3 節参照）．

最後に，感性的質感認知における個人差について考えてみたい．基本的な感情を研究するために用いられてきた感覚刺激は，個人間で情動の種類に大きな違いがないような強い情動を引き起こす刺激である．しかし，同じ物を見てもある人は良いと感じるのに他の人はあまり感じないというように，感性的質感認知においては個人差が見られることが少なくない．このことは，上で述べたように感情の空間の原点からのわずかなずれが感性的質感認知に関係していると考えると理解できる．経験や学習の効果あるいは状況によって感情の空間の原点がずれたり，バイアスが生じたりすることが考えられる．強い情動を引き起こす刺激は感情の空間内で大きな状態の変化を生じるので，多少の原点のずれやバイアスの影響は受けにくい．しかし，感性的質感認知に関係する刺激はもっと小さい状態の変化しか生じないので，感情の変化に個人差が生じると考えられる．小さい状態の変化しか生じない刺激では，原点のずれやバイアスによって情動が生じたり生じなかったりすると考えられるからである．

1.5　質感を感じ取る私達の心

心の中に起きる質感の知覚やそれとともに生じる感情の動きを科学的に扱うためには，客観的な方法を用いて心の中に生じている出来事を調べる必要がある．心理学では，そのような問題にアプローチするための様々な方法が開発され用いられてきた．刺激と知覚を対応づけるためには，それぞれを定量化しその対応関係を測る様々な心理物理学的測定法が工夫されている．一方，心を直接見ることはできないので言葉に置き換えて心の動きを測ることが感性や情動の研究では重要な方法になる．特に，形容詞やオノマトペは物の印象を表すため感性に関係が深いと考えられる．反対の意味の形容詞やオノマトペ（つるつる—ざらざら，など）を対にして組み合わせたものを多数用意して，被験者に刺激の印象を評価させ，その結果を多変量解析によって分析して感性の空間がどのような構造を持っているかを調べるSD（semantic differential）法と呼ばれる方法を用いた研究が広く行われている（一川，2010）．SD法を用いて解析すると，ある対象についての印象を表現する空間の軸が得られる．情緒に結びつきの深い形容詞を用いてSD法を行うと，前節で述べた感情の空間と同様の軸が出てくることが知られている．このことは，感情の空間の基本的な次元が，言語的な表現か非言語的な表現かにはよらない，より生物学的な基礎を持つものであることを示唆している（5.3節参照）．

一般に，言語を構成する単語は音と意味が恣意的に結びついて出来上っており，

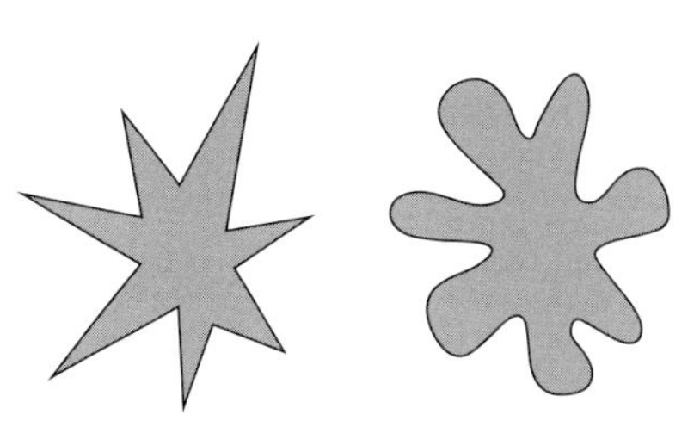

図1.10　音象徴の例
二つの図形を見せてどちらがブーバでどちらがキキかと聞くと，多くの人で一致した答えが得られる（右がブーバ，左がキキという答えが多い）．

同じ対象を指し示す単語は言語間で異なっている．しかし，言語を音の集まりとしてみた場合，音韻そのものが対象についての性質とつながりを持ち，共通した感覚イメージを引き起こす音象徴（おんしょうちょう）性と呼ばれる現象が知られている（図 1.10）．特に音韻を単純に組み合わせて対象の印象を表現するオノマトペでは，音象徴性が強く表れる．このことを利用して，オノマトペを構成する音韻と対象の印象の関係を定量的に表し，質感を表現する空間を，オノマトペを通して描き出したり，その空間を利用して普通の形容詞では表現しにくい質感をうまく表すオノマトペを提案するといった試みも行われている．

陶磁器の柔らかい光沢やガラス細工のきらめき，あるいは春風にそよぐ鮮やかな緑の木の葉や澄明な小川のせせらぎといったものに私は心を動かされる．このような感性的質感認知における心の動かされ方は前節の最後で述べたように人や文化によって大きさも方向も異なり，各個人や文化によって鋭い感性が見られるところや，鈍いところがある．また感性の鋭さは経験やその人の状態によっても変わってくることだろう．しかし，私達人類が大昔から物の質感に心を動かされてきたことは間違いないように思われる．少なくとも人類にとっては，物の質感を感じる心のあり方は普遍的なもので，人類の歴史にとっても大きな意味を持ってきたことは間違いない．世界の様々な古代の遺跡から見つかる金製の装飾品の輝きや，ガラスの器の柔らかい光沢は，当時の人が感じたであろう美しい質感を今日の私達にも想像させる．また，日本列島でも 5000 年前の縄文時代中期から数千年にわたって翡翠の玉がきわめて重要な価値を持っていたと考えられている（小林，2006）．翡翠は非常に硬く細工が困難な素材だが，そのような素材を苦労して加工したものが主産地の糸魚川から遠く沖縄まで流通していたことが知られている．素材に特有の魅力と，その魅力を引き出す加工技術が合わさることにより高い価値を帯びることになり，人類の歴史の中で高度な質感を持つ様々な物が生み出されてきたのだろう．

ものづくりにおいては本物感を求めるという言葉をよく耳にする．私は素材の持つ特性をうまく引き出すような加工が本物感を生み出すのではないかと考えている．もしそうだとすると，質感を生み出すことに関係する物の性質や，質感につながる感覚情報をよく理解することは，本物を生み出すためにきっと役に立つことだろう．一方，絵に描かれた物の方が実物よりもよりリアルに感じられるということもある．そのような絵の中には，実物から質感を感じ取る手がかりのエッセンスのようなものが凝集されているに違いない．そのような芸術家の技の秘密に色々な角度から光を当ててみることで，私達がどのように質感を知覚しているかという問題へのヒントが手に入るかも知れない．

質感の科学では，質感のもとになる物理現象と，それによって心の中に生み出される質感の特性の両方を客観的な方法で示し，それらをつなぐ脳内情報処理の仕組みを明らかにすることで，質感というものを一貫した論理で理解することをめざしている．自然界の多様な事物が生み出す変化にとんだ質感や，人類がものづくりの長い歴史の中で追求してきたすぐれた質感は，私達の心を豊かにしてくれる．質感の科学を進めていくことにより，世界の持つ豊かさの源泉に少しでも近づき，人々が世界をより深く知ることにつながることを期待している．［小松英彦］

文　献

Ferwerda J, Pellacini F & Greenberg D（2001）A psychophysically-based model of surface gloss perception. *Proc SPIE*, **4299**：291-301.

濱治世，鈴木直人，濱保久（2001）感情心理学への招待，サイエンス社.

Hamann S（2012）Mapping discrete and dimensional emotions onto the brain：controversies and consensus. *Trends Cogn Sci*, **16**：458-466.

一川　誠（2010）感性研究の方法論（三浦佳世 編）．現代の認知心理学 1 知覚と感性，北大路書房，pp. 101-129.

木下修一（2010）生物ナノフォトニクス－構造色入門，朝倉書店.

小林達夫 編（2006）古代翡翠文化の謎を探る，学生社.

Marlow PJ, Kim K & Anderson BL（2012）The perception and misperception of specular surface reflectance. *Curr Biol*, **23**；**22**(20)：1909-1913.

Motoyoshi I, Nishida S, Sharan L et al.（2007）Image statistics and the perception of surface qualities. *Nature*, **447**：206-209.

Naselaris T, Prenger RJ, Kay KN et al.（2009）Baysian reconstruction of natural images from human brain activity. *Neuron*, **63**：902-915.

岡谷貴之（2015）深層学習，講談社.

Russell JA（1980）A circumplex model of affect. *J Per Soc Psychol*, **39**：1161-1178.

佐藤宏道，小松英彦，三上章允ほか（2000）第 2 章 視覚系生理の基礎．視覚情報処理ハンドブック（日本視覚学会編），朝倉書店，pp.53-95.

佐藤洋一，向川康博（2004）インバースレンダリング，情報処理学会研究報告コンピュータビジョンとイメージメディア（CVIM），**91**：65-76.

富永昌治（2011）光と色の計測と表現―コンピュータビジョンの観点から（八木康史，斉藤英雄 編）．コンピュータビジョン最先端ガイド 4 ― CVIM チュートリアルシリーズ，アドコム・メディア社，pp. 85-119.

Yang J, Otsuka Y, Kanazawa S et al.（2011）Perception of surface glossiness by infants aged 5 to 8 months. *Perception*, **40**：1491-1502.

第 2 部

質感の知覚と認知

第2章 質感の知覚

2.1 見て感じる質感

脳は網膜に映った映像を，基本的な感覚属性ごとに別々に分析し，その結果を統合して世界を認識する．視覚科学の書籍にはだいたいそう書いてある．その基本属性は何かというと，形，色，位置である．色は明るさを含み，位置は奥行や動きを含む．近年の目覚ましい脳科学の進歩により，それぞれの属性をどのような計算に基づいて分析しているのか，そしてその分析にどのような神経機構が関与しているのかについてかなりわかってきた．

しかし，我々が物を見るというのは，形と色と位置を見ることで語り尽くせるものではない．**口絵3**（a）を見てほしい．テーブルの上に，いくつかの物が並んでいる．それらは特定の位置にあり，特定の形や色を持っている．両眼視差や運動視差はないけれど，シェーディングや透視図的変形などの奥行の手がかりは備えている．つまり，視覚の基本属性に関しては，十分な情報を持った画像といってよい．しかし，これは日頃我々が見ている視覚世界とはほど遠い仮想世界である．

次に一つ飛ばして**口絵3**（c）や（d）を見てほしい．今度は，現実場面と相当近い画像になっている．中央の球は表面がつるつるの金属に見えるし，ボトルやテーブルも本物っぽく見える．**口絵3**（c），（d）の見た目は図（a）の見た目と何が異なるのか．一言でそれを言うと，物の質感がうまく表現されているということであろう．

この比較から，我々が現実世界を見ている際に，質感知覚は不可欠かつ本質的な役割を果たしているということがわかる．また，視覚科学において形・色・位置といった基本属性の処理の理解が進んでも，質感知覚は未解明の問題として残されているということもわかる．まさにここに，質感を研究する意義がある．

a. 現実的な表面質感再現

口絵 3 はすべてコンピュータグラフィックス（Computer Graphics，CG）を使って製作したものである．遠い昔から，絵画芸術や服飾やデザインの世界において，物の質感の表現は重要なテーマであった．しかし，科学的に質感を考えるという観点からすると，CG の出現は革命的だった．本物と見分けのつかない映像が生成されるプロセスを，客観的に記述できるからである．どうやって CG が質感を再現するかを考えることで，質感知覚の原理に迫ることができる．

CG は光の物理シミュレーションをしている．計算を簡略化するところはあるが，基本的にはできるだけ正しく光の動きをシミュレーションすることで現実的な映像を再現する．CG が物体の映像をレンダリングする時，大きく分けて三つの要因を考えてシミュレーションする．物体の持つ幾何学的構造，物体表面の光の反射や吸収の特性，そして物体の置かれている照明環境である．**口絵 3**（a）と（c），（d）は，物体の幾何学的な構造は同じである．そこだけ見れば相当現実的なシーンが再現されている．しかし，表面の反射特性と照明環境の設定が違う．そこに質感再現の違いの秘密がある．それぞれの要因について簡単に見ていこう（より詳しい解説は第 3 部を参照願いたい）．

CG で表面反射特性を操作する場合は，表面反射モデルのパラメータを操作することが多い．基本的な表面反射モデルの場合，拡散反射と鏡面反射の二つの成分の和で表面反射特性を表現する．

拡散反射とは，目に見えない細かなスケールでラフな表面の光の反射である．反射強度が入射角のみに依存し，面の法線方向から照明が当たると反射光が一番強くなり，角度がつくほど暗くなる．1 つの面の明るさはどの方向から観察しても同じになる．

一方，鏡面反射とは，鏡のように正反射する成分であり，反射強度は入射角と出射角の両方に依存する．つまり，拡散成分と違って観察者が頭を動かすと鏡面反射強度は変化する．光源が正反射する方向から観察すると最も明るくなる．鏡面反射成分の広がり方も質感を表す重要なパラメータである．

この二つの反射成分のパラメータを変えると表面の質感が変化する．鏡面反射なしで拡散反射成分のみにすると石膏のようなランバート反射面になる．拡散反射に対して鏡面反射の強度を上げれば光沢が強くなる．鏡面反射の広がりを狭くして光沢をシャープにすればきれいに磨いた鏡のようになる．

こういう表面反射モデルに基づいて，物体やそのパーツごとに反射特性を持たせてレンダリングして作ったのが**口絵3**（b）である．なるほど，**口絵3**（a）に比べて素材の違いが表現できるようになっている．しかし，あまり本物らしくない．いかにも昔のCGといった趣のチープな質感である．

口絵3（b）が（c），（d）と異なるのは照明である．**口絵3**（b）は（a）と同様，一つの点光源で照らされている．これは，暗黒中に一点だけが光っている状況であり，通常の環境では滅多にお目にかからない．自然環境では，物体を照明する光はその物体を取り囲むすべての方向からやってくる．天井に設置された照明しかない部屋の中でも，その光が直接物体を照らすだけでなく，周りの壁や床で反射して物体を照らす．物体の位置に眼を持ってきて全方位見渡した時，そこで見えるシーンすべてがその物体の照明環境なのである．

この点を考慮に入れ，大域照明法（global illumination）と呼ばれる手法（Debevec，1998）で，自然シーンの照明環境に基づいてレンダリングしたのが**口絵3**（c），（d）なのである．この画を見ればわかるように，現実的で複雑な幾何学的な構造，現実的で複雑な表面反射特性，そして現実的で複雑な照明環境が組み合わされた時に，現実的な質感が再現される．これが写真と区別がつかない映像を作るフォトリアリスティック・レンダリングの成果である．

b. 表面質感知覚の分析

口絵3の観察から，人間の質感知覚の研究戦略に関して，いくつかの重要な示唆が得られる．光沢感などの光学的な質感を生み出す物理的原因は反射特性である．しかし，だからといって，照明環境や形状を一番簡単な条件に固定して質感知覚を研究するのはあまり意味がない．つまり，異なる反射特性を持つ平面を単純照明したものを観察してその時の質感を調べても，質感知覚の本質はわからない．反射特性が複雑な照明環境や形状と相互作用して初めて現実的な質感が知覚されることの意味を考える必要がある．

また，質感知覚の計算過程を逆光学（Marr，1980）として理解するのは難しい．逆光学とは，物に光が反射して網膜に像を造るまでの変換過程が光学であることから，その逆向きの変換を求めて，画像から物の特性を推定するという考え方である．質感知覚の場合は，網膜像から照明環境や表面形状を推定した上で，表面反射特性を推定するということになる．これは非常に困難な課題である．まず，反射特性そのものが大変複雑である．拡散反射と鏡面反射に分解し比較的単純な数式で記述する表面反射モデルは，それ自身十分複雑であるが，現実の物体の反射関数（双方向反射率分布関数，Bidirectional Reflectance Distribution Function：BRDF）はさらに複雑である．照明環境と表面形状が事前にわかっていればある程度表面反射特性は推定できるが，それらも画像から推定しなければならない状況だと，反射特性を逆光学的に推定することは強力な仮定をおかない限り理論的に不可能である．

物理的に正しく解くことができないとすれば，人間はどうやって質感を知覚しているのだろうか．その点を考える場合にも，形状が表面反射の知覚とどのように関係するかが，重要な手がかりを与えてくれる．

先に述べたように，点光源より自然の複雑な照明環境において，光沢などの光学的質感の知覚が促進される．この一見複雑な事実も，光沢が鏡面反射，つまり鏡の性質であることを考えると，すんなり理解できる（図 2.1）．鏡の特性とは，映す前後で画像がどのように変換されるかである．強度が何％低下するのか，どれだけの映像ぼけが加わるのか，どのように画像が空間的に歪むのか，という変換関数である．この変換関数を推定するには入力画像が必要である．点光源のような乏しい入力よりも，自然の照明環境のような情報が豊かな入力の方が，変換関数のよい推定ができるのは当然である（Adelson，2001）．

ただし，反射の変換関数を知るためには，反射した映像が反射する前に比べて

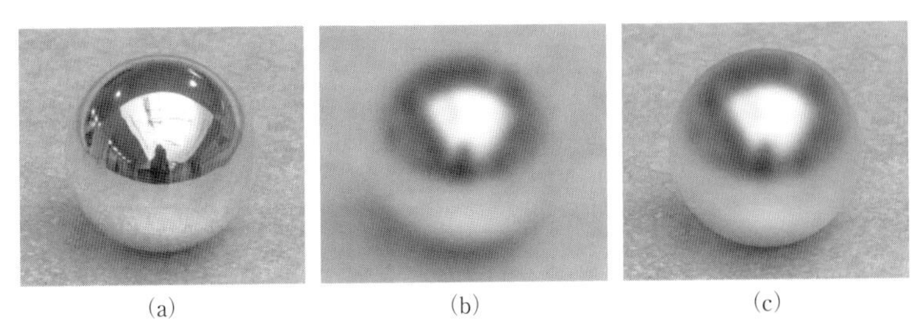

(a)　(b)　(c)

図 2.1　画像変換が質感の手がかり

ぴかぴかの金属球の写真（a）に対して，球の部分だけ低域通過フィルタを使ってぼかすと，（c）のように球の質感が変わってしまったように見える．この画像変換フィルタの推定が表面質感の知覚と結びついている．

どれだけ変わっているかを判断する必要がある．反射した映像は観察することができるものの，反射する前の映像は通常わからない．しかし，反射する前の照明環境マップがどういう性質を持っているかを知っていれば，ある程度変換関数が推定できる．つまり，表面に映り込んでいる映像において，物体の境界が明瞭で，日頃見かける自然な環境の光景と区別がつかなかったら，それはぼけや歪みのない鏡だと判断できるだろう．映り込んでいる映像がぼやけていれば，表面の反射によってぼけが生じたと判断できるだろう．理論的には照明環境の側ですでにぼけが発生しているかもしれないけれど，自然環境ではそんな可能性は低い．このような仕方で，一般的な照明環境の画像的な特性に関する仮定をおき，表面画像の統計的な性質を調べることで，変換関数としての表面反射特性を推定することができる．

この考え方によれば，統計的な性質が類似した自然な照明環境においては，同じような質感が安定して知覚されることが予想される．実際に，**口絵3**（c）と（d）は異なる照明環境であり，鏡面反射に映り込むパターンは画像としては変わってしまうが，どちらも自然な環境照明なので同じような表面質感が知覚される．ただ，自然照明でも，照明の影響が全くないわけではなく，それも上述の考え方に一致する．一方，不自然な照明環境においては正しい光沢感が感じられなくなる．点光源は相当不自然な照明環境であり，光沢感が弱くなる．もっと不自然な例は全方位一様な照明で，そのような環境では金属は光沢を失い，金属にはもはや見えなくなる．**口絵3**（e）はそういう環境照明でレンダリングした図である．そのほか，ランダムノイズなどで作った人工的な照明環境だと光沢感が消失することも知られている（Fleming ら，2003）．人間の脳は自然の照明環境を想定して反射特性を推定しているのである．

次に，もう一つの基本要因である表面の幾何学な構造，つまり面の法線方向や曲率について考える．この場合も，単純な平面よりもある程度複雑な幾何学的な構造を持った物体の方が質感知覚は簡単である．これは，表面の法線方向が変化した時に反射光がどのように変化するかが表面反射特性（BRDF）であることを考えれば理解しやすい．表面がフラットだと鏡面反射に拡散反射成分が加わっていても両者の分離は難しい．面の角度によって鏡面成分が強いところ，拡散成分が強いところができてはじめて，この二つの反射成分の分離が可能となる場合も多い．さらに，反射面がフラットだと，環境世界が映り込んだ鏡面反射を見てい

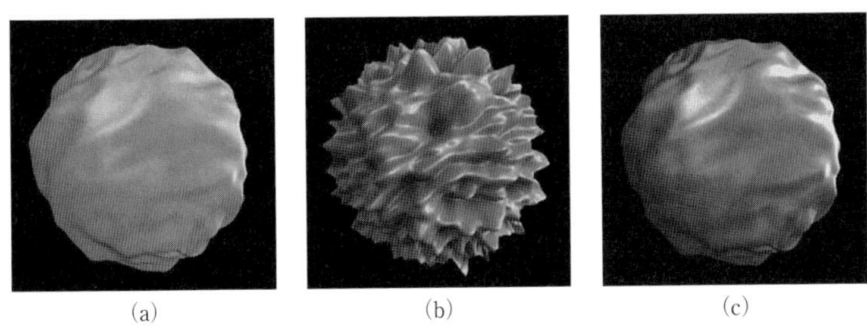

図 2.2 (a) と (b) は同じ表面反射パラメータ，同じ大域照明を用いてレンダリングされており，物理的には同じ質感に知覚されるべきだが，明るさも光沢感も違って見える．(c) は (a) の画像に (b) の輝度ヒストグラムを移し替えて作った画像．(b) と (c) はよく似た質感に見えることから，輝度ヒストグラムに質感の重要な情報が含まれていることが示唆される．

るのか環境世界そのものを見ているのかを区別することが難しい．鏡面反射成分は物体表面の曲率に応じて独特の変形をするので，それが光沢分離の重要な手がかりとなる．

このように，面の向きに変動を与えるような形状が表面反射特性の知覚に有益である一方で，人間の表面反射特性の知覚は形状の影響を正しく考慮できない．すなわち，同じ反射特性を持った二つの物体は，スケールや曲率などの形状パラメータが大きく違うと同じ反射特性にはもはや見えなくなる (Nishida & Shinya, 1998)．その例を図 2.2 (a)，(b) に示す．

c. 光沢知覚とヒストグラム統計量

照明環境や形状が表面反射の推定に影響する仕方を見ていくと，光沢を代表とする表面反射特性の知覚がどのような画像特徴を利用しているのかが見えてきた．それは輝度ヒストグラムの統計量である．輝度ヒストグラムとはどの輝度がどれくらいの頻度で分布するかを示したものである．

図 2.2 の例で，形状の違う物体の間で輝度ヒストグラムを揃えてみる．図 2.2 (c) は (a) の映像が (b) の輝度ヒストグラムを持つようにしたものである．すると，表面反射特性が同じように見える (Nishida & Shinya, 1998)．

次に図 2.3 (a) を見てほしい．右と左の物体を比べると左は光沢感があまりないのに，右は光沢感があるように見える．両者の主な違いは明るさの分布である．図の下に輝度（ピクセル強度）のヒストグラムを示す．左右の輝度分布の違いは

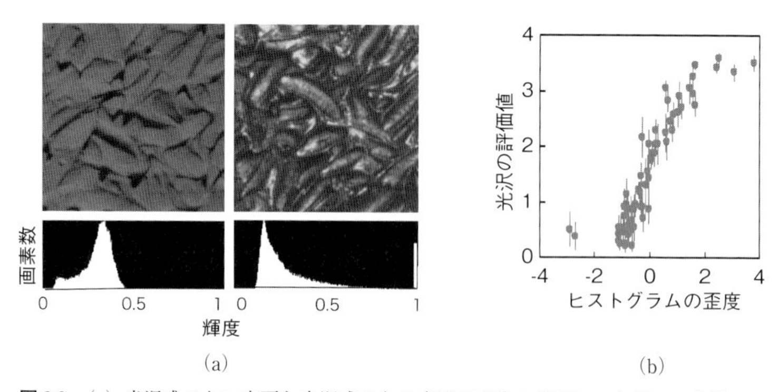

図2.3　(a) 光沢感のない表面と光沢感のある表面の画像の輝度ヒストグラムを比べると，形が違う．歪度という指標を使ってこの違いを評価すると，光沢感のある表面は歪度が高い．
(b) 輝度ヒストグラムの歪度と光沢感の関係を調べると，両者に高い相関がある（Motoyoshi ら，2007 の図2をもとに作成）．

このヒストグラムに現れる．光沢がある場合は右側の強い強度のところにだらだらと広がっているのに対して，光沢がない場合は右側の広がりがない．この違いは輝度ヒストグラムの歪みの指標である歪度で表現することができる．一般に，歪度が正になればなるほど，光沢感は強くなる傾向がある（図2.3（b））．強制的に輝度ヒストグラムの歪度を変更すると，光沢感を操作することができる．このことから，人間は輝度ヒストグラムの歪度，またはそれに相関する画像統計量を用いて，光沢を判断していることが示唆される（Motoyoshi ら，2007）．

視覚系が輝度ヒストグラムの特徴を抽出することはそれほど簡単ではない．なぜなら，視覚系は入力画像を強度分布としてではなく，様々な空間周波数や方位の帯域（サブバンド）に分けて処理するからである．しかし，サブバンドのヒストクラムにアクセスするのは可能である．かつ，サブバンドのヒストグラムは輝度ヒストグラムと相関があり，ときに輝度ヒストグラム以上に光沢感と相関がある．

さらに，脳内のサブバンドヒストグラムの歪みを順応という手法で変化させると，光沢感が変化することがわかった．つまり，強い正の歪度を持つ画像をしばらく見た後では光沢感は弱まり，強い負の歪度を持つ画像をしばらく見た後では光沢感は強まるのである（Motoyoshi ら，2007）．異なる照明下で体験される反射特性の違いも，サブバンドヒストグラムである程度説明できる（Motoyoshi & Matoba，2012）．光沢の知覚は複雑で輝度やサブバンドの画像統計量だけでそのすべてを説明することはできないが，少なくとも光沢処理のどこかの段階で輝度やサブバンドのヒストグラムの特徴を利用していると考えられる．

どうして，輝度やサブバンドのヒストグラムの形，とくに歪度が反射特性に関係するのだろうか．その原因の一つは，先に述べたように，自然の照明環境の特性である．自然環境は高輝度の直接照明が占める範囲が比較的狭いためその輝度ヒストグラムは正方向に歪んでいるケースが多い（Fleming ら，2001）．鏡面反射成分は鏡のようにその輝度分布を保持したまま反射するので，物体表面パターンの輝度ヒストグラムを正に歪ませる．そこに，拡散反射成分がその鏡面反射成分に加算される．弱く一様に環境光を反射するこの成分に由来する輝度ヒストグラムは正に歪んでいない．輝度ヒストグラムを正方向に引っ張る鏡面反射ともとに戻す拡散反射の相対量に応じて，輝度ヒストグラムの歪度が変化する．

別の見方をすれば，輝度ヒストグラムの形状は BRDF の性質を継承している．拡散反射面の BRDF は光の入射角の変化に対してゆっくり変化する．一方，鏡面反射面の BRDF は入射角と出射角に対して鋭敏に変化し，狭い範囲に強い反射がある．それが，特定の表面方位分布を持つ物体表面に貼り付けられて，グローバルな自然光照明環境の中に置かれる．物体内の表面方位分布が適当に広がっていて偏りがない場合，つまり，いろいろな方位のサンプルが画像内に適当に散らばっているような場合は，拡散反射と鏡面反射の角度依存性の違いが輝度ヒストグラムの形状の違いを生む．このように考えれば，輝度ヒストグラムの歪度のような画像統計量は，凸凹を持つ複雑な幾何学的構造を持つ表面に対しては適確に働くが，表面方位が分布していないようなフラットな面ではうまく働かないことが理解できる．

輝度やサブバンドのヒストグラムの形状は光沢によっても変化するが，同様の変化は，光源の傾きや表面反射率の変化などの他の要因によっても生じる．ヒストグラム変化を生んだ物理的原因を判別するためには，ある程度形状情報を利用する必要がある．ハイライトにはしかるべき位置，しかるべき形があり，それは表面形状に依存する．輝度ヒストグラムを変えなくても，ハイライトの位置をずらしたり，形を変えたりすると光沢感が消失したりする（Beck & Prazdny, 1981；Anderson & Kim，2009）．また，表面の 3 次元方位の知覚の変化がドラマティックな光沢感の違いを生むという現象も知られている（Marlow ら，2015）．ハイライトの表面形状との整合性は重要である．しかし，知覚される形状が反射特性の知覚に影響するとしても，サブバンドヒストグラムのような画像特徴量の解釈に含まれる曖昧性の解消に形状情報が関与すると考えれば，画像統計量が光沢知覚に利用されているという主張は否定されない．

画像特徴量の利点は，画像から知覚を説明する道が開けることである．物理的な画像統計量より知覚されるハイライトの広がりなどの知覚的な特徴の方が光沢知覚をよりよく説明するという議論があるが（Marlow ら，2012），知覚的な特徴抽出が形状を考慮した光沢判別処理を経ているので，ある意味で当然の結果である．知覚特徴は画像から直接計算できないので，機械認識にも応用できない．

理想的には，表面反射特性と表面形状の両方を画像から推定する脳の仕組みを特定した上で，表面反射特性処理における表面形状の影響を理解したい．これは，光沢研究のみならず，視覚研究の大きな目標である．

d. 光沢知覚のその他の手がかり

光沢知覚は複雑で，これまで見てきた要因以外に，物体と観察者の位置関係が変化した時に生じる反射パターンの変化も光沢感の重要な手がかりになる．とくに鏡面反射成分は，表面に描かれた模様（反射率変化）とは全く違う独特の動きをする（Doerschner ら，2011）．同じ原理で，両眼視差に関しても，鏡面反射の視差は，物体表面の視差とは異なる．また，面の凹凸で視差の方向が変わる（Blake & Bülthoff, 1990）．人間はこのような運動や両眼視差情報を利用して鏡面成分を切り出し，光沢感を得ている．

また，光沢知覚には色も重要な働きをしている．リンゴやオレンジなど物体そのものに色がついていても，ハイライトは白い場合がほとんどである．というのは，拡散反射と鏡面反射の二つの成分を持つ不透明誘電体物体においては，鏡面反射成分が照明をそのまま反射するからである．たいていの場合には照明は白色なのでハイライトも白色になるが，照明に色がついていればハイライトにもその色がつく．ちなみに金属光沢には色があり，映り込みの色の違いが金，銀，銅を区別する手がかりを与える．さて，誘電体の反射特性から，ほとんどあり得ない色の組み合せがある．例えば，拡散成分が白なのにハイライトが赤というようなケースである．なぜなら，狭い波長の赤い照明下で広い波長の白が反射することはないからである．そのような場合は，自然な光沢感が得られない．つまり，人間の視覚系はハイライトの持つ色の性質を理解して，明るいところがハイライトかどうか判断しているのである（Nishida ら，2008）．

e.　目に見えない細かな構造の知覚

紙や粗いやすりで仕上げた金属表面はざらざらしているように見える．そのざらざら感は，必ずしも空間的な変動そのものが知覚されているとは限らない．ざらざらの表面が持つ角度依存的な反射特性，つまり BRDF をシミュレーションすると，輝度のパターンとしてはスムーズでも，ざらざらが感じられるのである．鏡面反射が含まれるつるつるの面（図 2.4（a））に比べ，拡散反射だけのランバート面（図 2.4（b））は素焼きの陶器のようでなんとなく表面がざらざらして見える．鏡面反射が鈍い光沢を放っていると表面仕上げが粗い金属のような気がする．また，ベルベットや桃の表面など，細かい起毛のせいで遮蔽輪郭に近くて浅いすれすれの角度で見るところが明るくなる．これは通常の拡散反射とは逆であるが，そういう材質の BRDF をシミュレーションした画像は，細かい起毛が描かれているわけではないのにベルベットっぽく見える（図 2.4（c））．

これらの例は，目に見えない微細構造の凸凹を光の反射のパターンから推論して知覚している例である．人間は BRDF そのものが推定できるわけではないが，そういう BRDF を持った表面がつくる特有の画像特徴を視覚的に検知すると，人間は微細構造のざらつきを感じると考えられる．

また，もう少し粗いスケールの構造，例えば髪の毛などの細さについても同じようなことは起こっている．人間は，髪の毛 1 本 1 本が視覚系の解像度以下に細

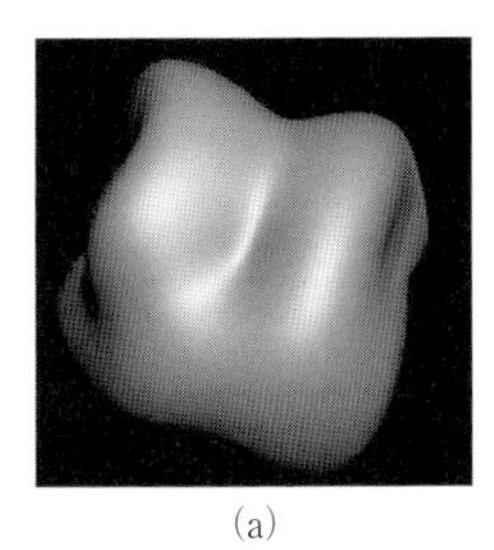
(a)

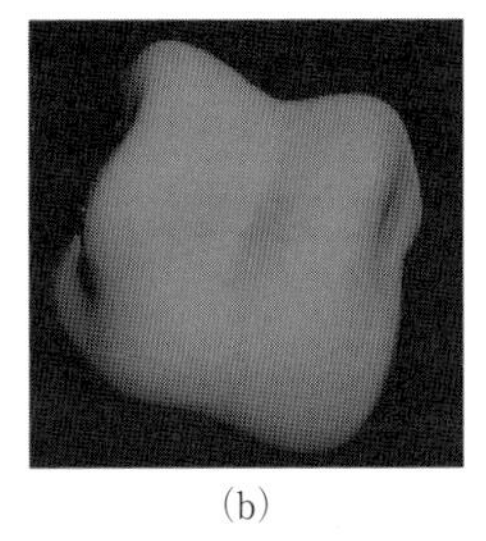
(b)

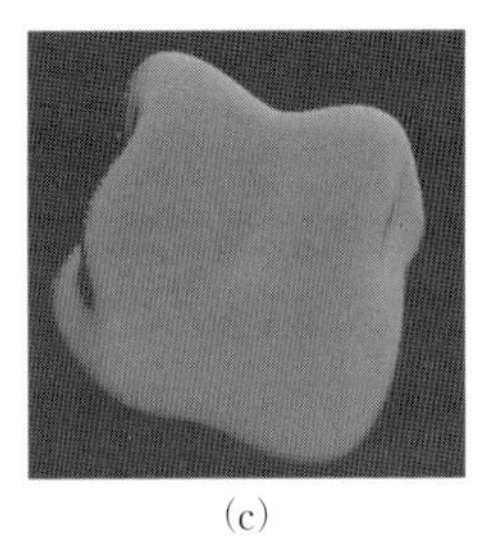
(c)

図 2.4　BRDF による表面粗さの操作

(a) の表面はツルツルしているが，鏡面反射成分をなくして拡散反射だけにすると，(b) のように少しざらついているように見える．ベルベットのような表面反射特性をシミュレートすると，(c) のように表面に細かな起毛があるように見えるが，実際の画像は滑らかに変化している．

くても，髪の毛の束を見ると髪の毛の細さが判断できるのである．その時に利用しているのが，髪の毛が作るテクスチャの輝度コントラストである．髪の毛が細くなると視覚系で解像できる最小の点（または画素）に含まれる髪の毛の数が増える．すると空間的な点間の輝度のゆらぎが小さくなる．その結果，髪の毛が作るテクスチャの輝度コントラストが低下する．その物理法則を視覚系は利用して輝度コントラストが低いと髪の毛が細いと知覚する．この原理を逆手にとると，細かいテクスチャの輝度コントラストを下げるだけで，テクスチャの細かさ感をさらに上昇させることができる（新谷・西田，2012）．

f. 半透明感

BRDF は物体の表面で反射する光についてのみ考えている．しかし，大理石や人の肌など我々の周りの多くの材質は半透明で，入射光の一部は材質の物体内部に入り込んで少し離れたところから出てくる．これを表面下散乱と呼び，それを考慮に入れた反射特性関数を双方向散乱面反射率分布関数（BSSRDF）と呼ぶ．そういう複雑な光の性質を考慮してレンダリングすると，半透明物体の質感を CG

(a)

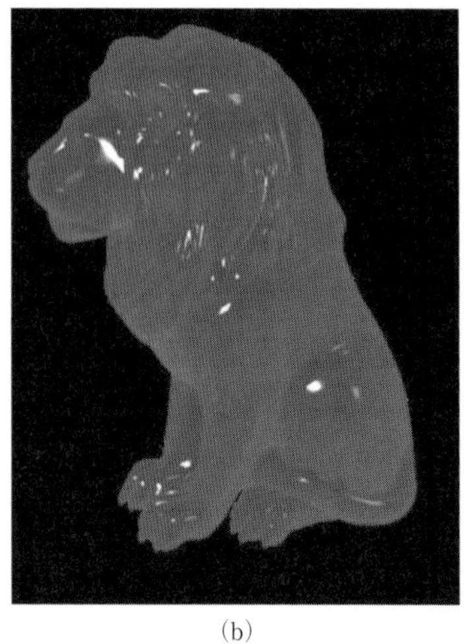

(b)

図 2.5　リマッピング手法による半透明感の生成

(a) の拡散反射＋鏡面反射の不透明な物体の画像のうち，拡散反射成分のコントラストを操作し，操作していない鏡面反射成分と合成すると (b) のような半透明感を持った物体の画像ができあがる．

でうまく再現することができる（Jensen ら，2011）．

こういう難しい物理シミュレーションをしなくても，半透明感を作る方法がある（Motoyoshi ら，2005；Motoyoshi，2010）．まず，拡散反射と鏡面反射の組み合せで物体をレンダリングする．ここでは BRDF の近似モデルしか使っていない．次に拡散反射成分の輝度コントラストを弱める，または反転する．そして，それを操作していない鏡面成分と足し合わせる．すると，半透明感を持った映像ができあがる（図 2.5）．拡散反射成分と鏡面反射成分が分かれていなくても，鏡面反射成分が高輝度になることを利用して，高輝度部以外のコントラストを操作することで同様の効果を得ることができる．

表面下散乱は鏡面反射成分には影響しない．拡散反射成分には，それをぼかしてコントラストを弱めるような効果を持つ．その光学的な特性を近似しているので，この方法は表面下散乱そのものを計算せずに半透明感を作ることができるのである．

半透明感の画像手がかりという観点からこのテクニックの意味を考えると，不透明な表面の反射においては，拡散反射成分と鏡面反射成分が通常持つ輝度変化関係が崩壊し，その結果，光沢が浮いているように見えることが半透明感を生んでいると考えられる．

g.　液体と粘性

ここまでは，物体の光学的な特性に基づく質感知覚を問題にしてきた．だが，もっと一般的に質感を物の物性や材質の知覚と考えた場合，光学的な特性以外に機械的な特性によって物の質感が生まれる場合もある．ここで機械的といっているのは，材質の柔らかさや粘性のことをさす．次に人間が液体の粘性をどのように知覚しているのかを見ていこう．

液体粘性を判断する一つの手がかりは形態情報にある．そのことは図 2.6 を見ればわかってもらえるだろう．水や蜂蜜が流れる時には，それぞれ特有の形の特徴を示す．液体は机や人の顔のような物体と違って特定の形を持たないのでテンプレートマッチングのような発想でこの形の認識を理解することは難しいが，輪郭や液体の広がり具合に関する形態特徴を統計的に捉えることで液体の粘性が判断できるかもしれない．実際，そのような特徴を組み合わせると人間の粘性知覚の特性がうまく説明できることが実験的に示されている（Paulun ら，2015）．

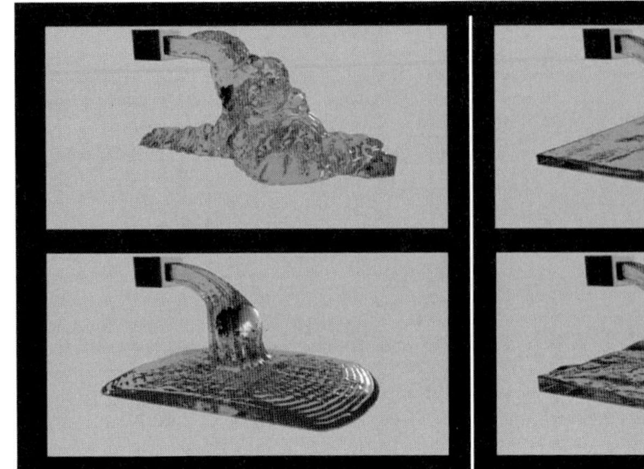
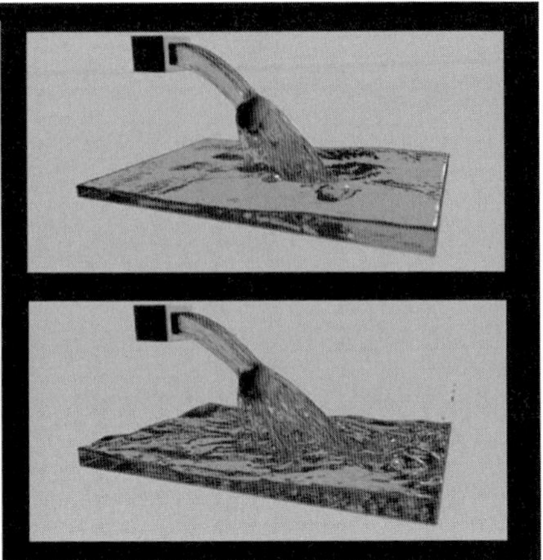

図 2.6　液体の粘性は形の情報だけからでも判断できる（Paulun ら，2015 の図 2 をもとに作図）

運動情報にも液体やその粘性を判断する手がかりが含まれている．形態情報を排除した純粋な運動刺激で液体の運動を表現した場合に，それを見た人間は液体らしさや粘性が判断できる．このことは，純粋に運動情報だけに基づいて液体粘性の判断ができることを意味している．粘性の判断には局所的な運動の速度の平均が用いられている．つまり，人間は全体的な運動速度が遅いほど粘性が高いと判断し，速くなると粘性が低いと判断する．ただし，それは運動のパターンが液体によるものであると知覚されないと成り立たない．液体らしく見せるためには，物理的に正しい液体のシミュレーションは必要なくて，空間的に滑らかな運動であれば液体らしさを感じることもわかった（Kawabe ら，2015a；2015b）．

このように液体粘性の手がかりは形と動きである．色・形・運動の基本視覚属性のうち，光沢などの光学的な質感が色知覚の延長上にあるのに対して，機械的な質感知覚は形や運動処理の延長上にある．質感知覚は利用可能な情報を総動員しているのである．

おわりに

本節では，視覚的質感を人間の視覚系がどのように処理するのかを紹介した．光沢，細かさ，半透明感，液体粘性などの質感の背後にある物理は複雑で多次元である．画像から物理特性を正確に推定することはほぼ不可能であり，また視覚系が行う質感判断には物理特性の完全復元はおそらく必要ない．画像に含まれる統計的な特徴量を利用して，環境と適切に関わっていくのに十分な質感情報を復元している脳の情報処理の理解は，エキサイティングでチャレンジングな視覚科学のテーマである．

［西田眞也・本吉　勇・澤山正貴］

文　　献

Adelson E（2001）On seeing stuff：The perception of materials by humans and machines. *Proc. SPIE*, **4299**（Human Vision and Electronic Imaging VI）：1-12.

Anderson B & Kim J（2009）Image statistics do not explain the perception of gloss and lightness. *J Vis*, **9**(11)：10, 1-17.

Beck J & Prazdny S（1981）Highlights and the perception of glossiness. *Percept Psychophys*, **30**：407-410.

Blake A & Bülthoff H（1990）Does the brain know the physics of specular reflection? *Nature*, **343**：165-168.

Debevec P（1998）Rendering synthetic objects into real scenes：bridging traditional and image-based graphics with global illumination and high dynamic range photography. *Proc ACM SIGGRAPH '98*：189-198.

Doerschner K, Fleming RW, Yilmaz O et al.（2011）Visual motion and the perception of surface material. *Curr Biol*, **21**：2010-2016.

Marr D（1982）Vision：A Computational Investigation into the Human Representation and Processing of Visual Information, MIT Press. 乾敏郎ほか訳（1987）ビジョン―視覚の計算理論と脳内表現，産業図書．

Fleming RW, Dror RO & Adelson EH（2003）Real-world illumination and the perception of surface reflectance properties. *J Vis*, **3**：347-368.

Jensen H, Marschner S, Levoy M et al.（2001）A practical model for subsurface light transport. *Proc ACM SIGGRAPH '01*：511-518.

Kawabe T, Maruya K, Fleming RW & Nishida S（2015a）Seeing liquids from visual motion. *Vision Res*, **109**：125-138.

Kawabe T, Maruya K & Nishida S（2015b）Perceptual transparency from image deformation. *Proc Natl Acad Sci USA*, **112**：E4620-E4627.

Marlow PJ, Kim J & Anderson BL（2012）The Perception and Misperception of Specular Surface Reflectance. *Curr Biol*, **22**：1909-1913.

Marlow PJ, Todorović D & Anderson BL（2015）Coupled computations of three-dimensional shape and material. *Curr Biol*, **25**：R221-R222.

Motoyoshi I（2010）Highlight-shading relationship as a cue for the perception of translucent and transparent materials. *J Vis*, **10**(9)：6, 1-11.

Motoyoshi I & Matoba H（2012）Variability in constancy of the perceived surface reflectance across different illumination statistics. *Vision Res*, **53**：30-39.

Motoyoshi I, Nishida S & Adelson EH（2005）Luminance re-mapping for the control of apparent material. *Proc APGV '05*：165.

Motoyoshi I, Nishida S, Sharan L et al.（2007）Image statistics and the perception of surface

qualities. *Nature*, **447**：206-209.
Nishida S, Motoyoshi I, Nakano L et al. (2008) Do colored highlights look like highlights? *J Vis*, **8**(6)：339.
Nishida S & Shinya M (1998) Use of image-based information in judgments of surface-reflectance properties. *J Opt Soc Am A*, **15**：2951-2965.
Paulun VC, Kawabe T, Nishida S et al. (2015) Seeing liquids from snapshots. *Vision Res*, **115**：163-174.
新谷幹夫，西田眞也（2012）人間の「細かさ」視知覚の基本特性，映像情報メディア学会予稿集：7-4-1.

2.2　触れて感じる質感

私達は，知覚を通して目の前にある対象の材質や，その表面・内部の状態を認知することができる．ここで「知覚（perception)」とは，「今，ここ」にある対象の存在を視覚，触覚，聴覚などの感覚によって捉える働きや，その処理過程のことをいう．そして，「認知（recognition)」とは，ある知覚情報が入力された時に，それが記憶内の何らかの表象（知覚情報を抽象化することで記憶内に保持し，意識的に操作することを可能にしたもの）と同じものであると同定する過程をさしている（浅野・渡邊，2014）．この時，特に，知覚対象の材質やその表面・内部の状態，およびそれに対する感性判断・価値判断に関連する表象を総称して「質感」ということができる．本節では，特に触覚の質感認知について述べる．

a.　触覚と質感認知

触覚の質感認知の研究は，風合い（川端，1994）と呼ばれるような布の触り心地に関する分野や，触感塗装と呼ばれる金属やプラスティック表面に細かい凹凸を施す表面加工技術やプロダクトデザインの分野，家具や内装の素材選択の指針となるインテリアの分野，また，肌触りが重要な化粧品の分野というようにいくつかの特定の分野で，その素材に合わせて研究が進められてきた（例えば，Schifferstein，2006；Nakatani ら，2013）．しかし，近年は，その感性的な影響の大きさからも，人間が触れるあらゆるものの設計項目の一つとして考えられるようになった．そのため，今後，様々な物の触り心地を設計するための基本原理として，「人間は，触覚を通してどのように質感を認知しているのか」，その統一的なメカニズムを明らかにすることが重要な課題となるであろう．本節は，このような「触質感の科学」のための見取り図となることをめざすものである．

私達は，触覚においてどのような質感を，どうやって認知しているのであろうか．初めに，私達が普段何気なく行っている「目の前にある物体に手を伸ばして触れる」という行為を考えてみよう．例えば，スーパーで野菜を買う時や，電器店で携帯電話を買う時を思い起こすと，まず，触れる前にその対象を見て，その対象の手触りや材質を予想しつつ，手を伸ばすであろう．そして，手を伸ばすにしても，それ以前に得られる視覚や聴覚，嗅覚からの情報や，事前に持っているそれに関する知識（言語情報）によって，接触のための指や腕の動きが調整されたり，認知の枠組（認知される質感に関する事前の推測）が構成される．そして，実際に指先が対象に触れた時に，「粗さ」や「硬さ」「温かさ」といった対象の材質の物理的性質に関する質感や，「金属らしさ」「自然らしさ」といった材質のカテゴリに関する質感，さらには，「心地よさ」「高級さ」「新鮮さ」といった対象への感性判断・価値判断に関する質感の認知が行われる．

私達が何かに触れる時の指や腕の動きは，毎回わずかに異なっている．そして，温度や湿度といった環境の状態も全く同じということはない．そのため，同じ対象に触れたとしても，皮膚に生じる物理的な変形や振動，さらにはそこから生じる知覚も多かれ少なかれ変化する．しかし，私達は，ある一定の範囲の知覚を引き起こすものを「粗い」と認知したり，「金属らしい」と感じることができる．これは質感認知の過程が，「今，ここ」で生じた知覚そのものではなく，知覚情報に備わる何らかの性質を抽象化し，記憶に保持された表象と対応づける過程であるためである．また，ある対象に対して，材質の物理的性質やカテゴリ，感性判断・価値判断など，どのような質感を優先的に感じるかは，対象の見た目や事前知識によっても大きく異なる．

このように，質感認知のメカニズムを理解するためには，知覚がどのように抽象化され，記憶され，他の情報と統合されるのか，それぞれのプロセスを理解することから始める必要がある．まず，b 項において，触覚の質感にはどのような性質に関するものが存在するのか，特に「粗さ」や「硬さ」「温かさ」といった材質感（材質の物理的性質に関する質感）に関する知覚処理とその抽象化の過程について述べる．続いて c 項では，触覚の知覚情報の記憶メカニズムについて，これまでの研究事例を紹介する．そして，d 項では，特に，他の感覚からの情報や言語による事前情報が触覚の質感認知に与える原理について考察する．

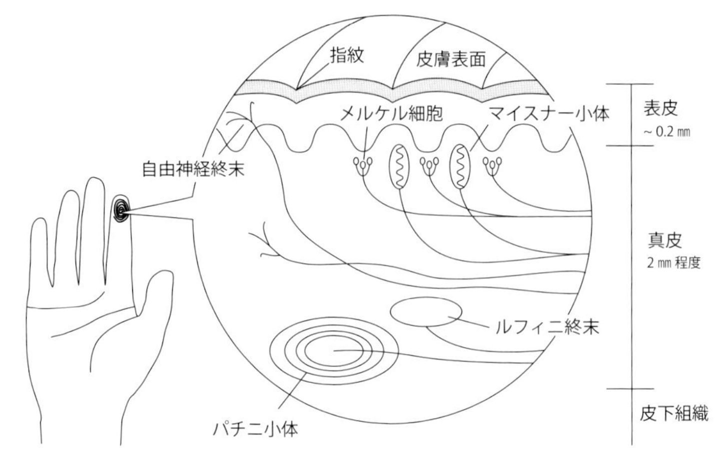

図 2.7　メルケル細胞は圧力に反応する系（Slowly Adapting I（SAI）もしくは NP III 系と呼ばれる）とつながり，ルフィニ終末は皮膚の横ずれに反応するとされる系（SAII もしくは NP II 系），マイスナー小体は低周波振動に反応する系（Fast Adapting I（FAI）もしくは RA 系，NP I 系），パチニ小体は 100 ヘルツ以上の高周波振動に反応する系（FAII もしくは PC 系，P 系）とつながる．冷・温覚，痛覚は，自由神経終末から伝達される．

b.　材質の触質感認知

触覚の知覚処理は，皮膚の中に存在する性質の異なる複数のセンサ系（受容器あるいは神経終末と，それに繋がる神経線維）の処理から始まる（図 2.7）．例えば，皮膚の変形に応答するセンサ系は，数種類の受容器が皮膚表面から深部にかけて分布しており，それぞれの系の反応特性の違いから圧力に反応する系，皮膚の横ずれに反応するとされる系，数ヘルツ～数十ヘルツの低周波振動に反応する系，100 ヘルツ以上の高周波振動に反応する系に分類される．また，温冷に反応するセンサ系は，冷覚と温覚の受容器がそれぞれ別に存在し，冷受容器は 5 ～ 40 度，温受容器は 30 ～ 45 度の温度に応答する．その範囲外の温度は侵害受容器を刺激して痛みを生じさせる．その他，毛の動きに反応する系，快不快に強く関与する系，さらには筋肉や腱に存在する位置や力に関連する自己受容感覚に関連する系など，様々な系が存在する（詳細は岩村，2001 などを参照）．

これらのセンサ系を通じて得られる神経発火パターンおよびそれらに基づく脳での知覚処理の結果，「粗い」「硬い」といった材質の物理的性質に関する質感や，「金属らしさ」「自然らしさ」といった材質のカテゴリに関する質感，「心地よさ」「高級さ」といった材質に対する感性判断・価値判断に関する質感認知が生じる．

図 2.8 触素材に触れる実験の様子

これまで，特にこれらの中で材質の物理的性質に関する質感認知の研究が多く行われてきた．そこで行われてきた実験は，「粗い—滑らか」「硬い—軟らかい」「すべる—粘つく」「温かい—冷たい」「凹凸な—平らな」「快適な—不快な」などの，対になった触覚の質感に関する評価語を用意し，被験者に様々な触素材（布，紙，皮，木，金属，樹脂，ゴムなど）に触れた時にどのように感じるか，その評価語の観点から点数をつけてもらい（Semantic Differential 法：SD 法），その点数を分析することで，人間が材質の特性を把握する上でどのような質感が基本的なものであるか調べるものであった．具体的には，それぞれの評価語に関して，+3から−3までの得点を，+3を「とても粗い」，+2を「粗い」，+1を「やや粗い」，0を「どちらでもない」，−1を「やや滑らか」，−2を「滑らか」，−3を「とても滑らか」のように割り当て（他の評価語も同様），被験者に素材に触れた後に得点を選んでもらう．触覚の質感に関する実験を行う場合には，聴覚や視覚からの情報によって素材の評価をしないように耳栓をしたり，さらに，素材が見えないようにアイマスクをしたりして，箱の中に手を入れて素材に触れる（図2.8）．そして，得られた得点を因子分析もしくは主成分分析によって，データの分布をよく説明する評価軸を抽出し，対象の材質を把握する上で基本的な質感を特定することが行われてきた．ただし，この方法は，実験を設計する側があらかじめ用意した評価語によって感覚を分析するため，原理的には事前に用意されていない評価語に関する質感を抽出することはできないことになる．そのため，用意する評価語，触素材に十分なバリエーションがあることが求められる．

また，触素材の評価に評価語を使用せず，触素材を任意の数のグループに分けたり，もしくは二つの素材の類似度に点数をつけ，多次元尺度構成法（Multi-Dimensional Scaling：MDS）によって素材間の関係性を定量化する方法も知られている．この方法では，被験者はあらかじめ与えられた評価語の基準ではなく，触素材から受ける感覚全体として素材どうしが似ているかを評価するため，被験者が認知している質感全体の関係性を捉えることができる．MDSによって分類された関係性に対して，SD法の評価値を対応づけることで主たる質感を特定することもできる（例えば，Hollinsら，1993）．つまり，MDSによって，どのような基準にせよ，似た質感を持つ素材が近くに集まるように算出された軸に対して，SD法によって得られた評価値のどれが相関が高いかを計算することができる．

このように，触覚の材質に関する主要な質感を特定する実験方法はいくつか存在しており，これまでの研究では，異なる実験方法というだけでなく，異なる評価語，異なる触素材を使用して実験が行われ，研究ごとに異なる結果が報告され，統一的な見解には至っていなかった．しかし，近年，いくつかの研究の実験結果を総合した分析が行われ，材質の物理的性質に関しては，「凹凸感」「粗さ感」「摩擦感」「硬軟感」「温度感」の五つが基本的な質感だと結論づけている（永野ら，2011；Okamotoら，2013）．以下，それぞれの質感について述べていく．

「凹凸感」は，凸と凸の間が100 μm程度以上，すなわち0.1 mm程度以上の凸間距離を持つ形状に関する質感をさし，眼でも見えるマクロの凹凸構造に関連する．凹凸感は，指を動かさずとも，対象に触れたことによる皮膚の変形からある程度認知可能であり，主に前述の圧力に反応する系からの情報によって決定される（Connorら，1990）．

「粗さ感」は，刺激の凸間距離が数μm～数十μm程度の対象に対して，指でなぞることによって生じる質感である．数ヘルツ～数十ヘルツの低周波振動に反応する系と，100ヘルツ以上の高周波振動に反応する系の両方のセンサ系が関与するが，特に高周波振動に反応する系が主たる役割を担っている（Miyaokaら，1999）．

「摩擦感」は，皮膚という弾性体と接触対象が滑り合う時に生じる固着と滑りに関連するもので，低周波と高周波の両方の系が関連するといわれている．

これら三つの物体表面テクスチャに関する質感は，主に皮膚の歪みや振動に起因するものであるが，皮膚の物理変形パターンと認知される質感の内容は必ずしも1対1に対応するわけではない．例えば，指を横になぞって動かした時に，皮膚に生じる振動は，物理的には物体表面の凹凸の周期と指を動かすスピードの関係によって決定されるが，必ずしも，それだけで「粗さ感」が決定されるわけではない．ある表面の「粗さ感」を認知する時に，手を動かす速度を倍にすると，皮膚が振動する頻度，すなわち皮膚への刺激周波数も倍になる．ところが，人間は同じ素材に対して，手を動かす速度を変えても同程度の粗さを感じることが知られている（Lederman & Taylor，1972）．脳は皮膚振動の周波数を何らかの情報を使って補正し，「粗さ感」を認知していると考えられる．このような，手の動かし方によらない「粗さ感」の質感認知は「粗さの恒常性（perceptual constancy of roughness）」と呼ばれ，自分で手を動かして素材に触れた場合，もしくは，手を外部から動かされて素材に触れた場合には生じるが，手を静止させて接触対象を動かすという触れ方では生じないことが知られている（Yoshioka ら，2011）．これは，「粗さ感」の質感認知は，皮膚の振動の情報だけではなく，筋肉や骨格からの手の動きに関する情報と組み合わされて決定されることを意味している．

「硬軟感」の質感認知は，一般に，指で力をかけて対象を押し込むことによって生じるため，皮膚の圧力に反応するセンサ系からの情報と手の動きに関するセンサ系からの情報が必要だと考えられる．手（身体）の動きに関する情報は筋，腱，関節にある受容器からの信号をもとに生成されている．例えば，筋の場合，筋線維の中の筋紡錘が筋の長さの変化および振動を検出し，自身の姿勢や力の情報を作り出している．ただし，「硬軟感」の認知は，指を動かさず対象の側を動かして触れた場合にも生じることや，皮膚を麻痺させて対象に触れた場合には対象の硬さの弁別がほとんどできないことから，圧力に反応する系が主要な役割を果たすと考えられている（Srinivasan & LaMotte，1995）．「温度感」の質感認知は，温冷のセンサ系の時間変化，つまりは皮膚と接触対象との熱エネルギーの移動速度と関連する（Ho & Jones，2006）．

「温度感」の特徴として，時間的にすぐに順応が生じ，空間的にも解像度が低いことがあげられる．例えば，30 ～ 36℃程度の刺激に対しては一定時間で感覚が消失する．また，接触情報を含まない熱輻射刺激を前腕に与えた時，二つの刺激が 15 cm 離れていても二つに感じないという研究結果が報告されている（Cain，1973）．

これら五つの質感について，それぞれ認知が生じやすい手の運動が報告されている（Lederman & Klatzky，1987）．「凹凸感」「粗さ感」「摩擦感」という表面テクスチャに関する質感（図 2.9 ではまとめて「テクスチャ感」と記す）は，対象の表面に沿ってなぞる手の運動と関連が深い．「凹凸感」は凸間距離がある程度

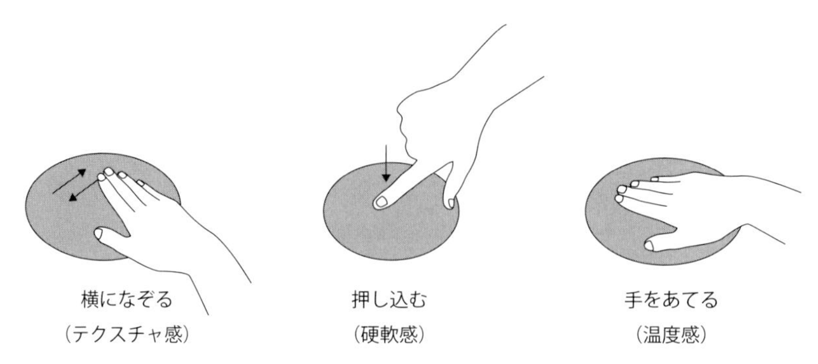

図 2.9　異なる材質の質感に関連の深い手の動かし方

大きければ（mm オーダー），指を動かさなくとも指の皮膚表面に生じる凹凸の空間的な情報から認知可能であるが，指を動かした方がより効率的に情報が得られる．「硬軟感」は，対象表面に垂直方向に力をかける押し込む運動と関係が深く，それに対してどのような反力が生じるかが認知内容を決める重要な手掛かりとなる．「温度感」に関しては，指と対象の間の熱エネルギーの移動が主要な要因であるため，対象と指の間に温度差があれば，指が触れるだけでその認知が生じる．

また，これらの質感は，脳の中でも異なる部位で処理されている．振動と関連する皮膚の受容器からの信号は脳内の頭頂葉（頭頂部ややうしろ）にある初期体性感覚野の 3b 野，1 野と呼ばれる領野に入力される（脳内の処理としては 3b 野が先）．これらの部位では，受容器からの情報によって「粗さ感」や「摩擦感」といった指先の局部的な振動や，「凹凸感」という空間的な関係性によって規定される質感の初期的な処理が行われる．また，指先の筋や腱に関する信号は同じく初期体性感覚野の 3a 野，1 野，2 野と呼ばれる領野に入力されている（脳内の処理としては 3a，1 野，2 野の順）．このことは，1 野や 2 野で初めて，皮膚の情報と筋や腱の情報の統合が可能となることを意味する．そのため，「硬軟感」の初期的な処理はこれらの部位以降で生じると考えられる．さらに，脳内の処理は，5 野，7 野と呼ばれる領野を通り，後頭葉（頭部後方）の視覚野からの入力と統合され，マルチモーダルな情報処理が行われる．また，「温度感」は，初期体性感覚野ではなく，脳の中心部に近い島皮質と呼ばれる領域によって処理されている．

このように，触覚の材質に関する五つの基本的な質感は，異なるセンサ系の働きと，その組み合せで処理されており，ある程度独立したものといえる．また，前述のように，それぞれの質感に対応する手の動き方があり（別の言い方をすると，すべての質感を認知することができる手の動きはなく），すべての質感が同時に認知されることはほとんどない．ただし，これらの質感の間でどちらの性質が認知されやすいなど，優先度には違いがあるかもしれない．これまで，質感の認知されやすさの関係性を，触素材を分類するという方法で調べた研究が存在する（Klatzky ら，1987）．この研究では，素材の「大きさ」「形状」「テクスチャ」「硬さ」を各 3 種類ずつ組み合わせ，総計 81 種類の触素材を用意し，被験者に目をつぶって自由に触れてもらい，それらを類似度に基づいて分類してもらった．ある触素材と別の触素材が似ていると判断する時に，優先的に認知される質感がその分類の第 1 の基準になるという仮定の下で行われた実験であるが，その結果は，「テクスチャ」や「硬さ」が分類の第 1 基準となるものであった．すなわち，何かに触れた時に，「テクスチャ」や「硬さ」が異なれば，その触素材は異なると考える可能性が高いということである．これは，前述の触覚の代表的な五つの質感とも整合性があるものである（「温度感」に関しては，この実験で操作されていない）．また，目を開けて視覚を利用して同様の分類をした場合には，「形状」が優先されることが報告されており，触覚における質感認知では，触覚でしか取得できない性質，つまり，なぞり動作を行うことで初めて得られる「テクスチャ感（凹凸感，粗さ感，摩擦感）」や，力を入れて指で押すことで初めて得られる「硬軟感」が優先されるということになる．

最後に，材質の質感に関連して，その快不快（感性的質感）との関連について簡単に述べる．触覚の快不快に関しては，そのコミュニケーションとの関わりもあり，幅広い分野で研究が行われているが，ここでは材質に関する主な質感との関連について述べたい．これまで，触覚の快不快を材質の質感と合わせて評価する研究はいくつか存在し，「摩擦」や「粗さ」「硬さ」と関連が深いことが示されている（例えば，Chen ら，2009；Kitada ら，2012）．また，触覚の質感の関係性をオノマトペによって可視化した図（早川ら，2010）を利用して，触素材をオノマトペ分布図上に配置し，あわせてその触素材に快不快の評価を行うことで，快不快と触覚の材質感の関係性を 2 次元平面上に可視化する研究も行われている（渡邊ら，2014；**口絵 13**）．その結果，快をもたらす素材は，スベスベした滑らかで硬い物からフワフワした柔らかい物まで連続した分布を示した一方，不快な素材は，粗くて乾いたザラザラした素材であるか，もしくは，軟らかく湿り気を伴うネチョネチョした素材の二つに大きく分けられた．ただし，感性的質感の認知は，個人によって大きな違いがあり，その材質感との関係は，今後より詳細な研究が求められる．

c. 触質感の記憶メカニズム

触覚の質感を認知するためには，知覚情報を記憶の中の表象と比較し，同定する必要がある．そして，この比較，同定を行うためには，知覚情報をある一定の時間（長くても数秒ではあるが）保持する必要がある．そこで，触覚の知覚情報の記憶メカニズムについて，これまでの研究事例を紹介する．

触覚の知覚情報は，視覚や聴覚と同様に，刺激が「なに」であるかという刺激の属性の情報と，「いつ」「どこ」に加えられたかという時空間の情報に大きく分けられる．初めに，「なに」の記憶に関する研究について紹介する．「なに」の記憶は主に，手や体を動かさずに，外部から複数の身体部位に同時に（あるいは短い時間内に）刺激を加え，どの程度正確にそれらを記憶，回答できるかという課題によって調べられている．振動刺激の周波数知覚に着目した研究（Harris ら，2001）では，被験者の指先に対して逐次的に二つの振動を提示し，刺激提示位置や刺激提示の時間間隔を変えて，初めに提示された振動と次に提示された振動の周波数が同じであるかを回答する実験が行われた．刺激提示の時間間隔（すなわち一つ目の振動周波数を記憶しておく必要のある時間）が1秒以内の場合では，二つの振動が同じ指に加えられた場合の方が，別々の指に加えられた場合に比べ，周波数の同異を正確に回答することができた．ところが，二刺激の時間間隔が1秒を超えると，刺激を同じ指に加えることの優位性は失われ，刺激を左右の手に分けて加えた時と変わらなくなってしまった．このことは，触覚の知覚情報の記憶メカニズムは，短い時間保持される短期記憶のメカニズムと，1秒を超えて比較的長い時間保持される長期記憶のメカニズムに分けられ，前者は刺激の入力部位の影響を受け，後者は刺激の入力部位の影響を受けないことを示唆している．さらに，この結果に基づくと，それぞれの記憶メカニズムが関連する脳部位について考えることができる．触覚の知覚情報処理の初期段階を担当している一次体性感覚野では，指は指，顔は顔，といったように身体部位ごとに情報が別の場所で処理されており（体部位局在性），処理が進むにつれ，より広い身体部位の情報を扱うようになる．短期記憶によって達成される課題では，刺激される部位に依存して成績が向上する傾向があるため，触覚の短期記憶には一次体性感覚野での処理が主要な役割を果たしていると考えられる．一方，長期記憶によって達成される課題では，右手と左手で刺激に触れた場合でも，同じ手で触れた場合と成績が変わらない場合が多く，これはより高次の脳部位で処理がなされていることを意味する．つまり，異なる時空間的性質を持つ触覚の記憶のメカニズムが，脳内の異なる領野で機能しているということである．

次に，触覚の知覚情報の「どこ」に関する記憶について述べる．「どこ」の記憶についての実験では，複数の刺激を複数の部位に提示し，被験者は，それがどこに加えられたのかを回答する．例えば，被験者に複数の触刺激を加え，刺激後20～5000 ms 経ってから視覚情報（身体の図）で部位を指し示し，そこに触刺激があったか否かを回答させる実験が行われた（Gallace ら，2008）．その結果，回答のための視覚刺激の提示を遅らせるほど，回答が困難になった．また，刺激の個数を増やすほど，記憶の保持される時間が短くなる傾向も明らかになった．また，こうした「どこ」を記憶する課題の成績は，刺激部位にも依存することが知られている．触覚の空間の感度を示す指標として，二点弁別閾（ある一定の距離を持って提示された二つの刺激が二点として認知される最少距離）があるが，二点弁別閾が大きい，つまりは触覚の空間解像度が低い身体部位では，触覚の「どこ」に関する記憶が早く失われることが示された（Murray ら，1975）．この結果は，触覚の基礎的な能力である刺激検出の能力が，触覚の知覚の記憶処理とも関連がある可能性を示している．また，興味深いことに，同じ空間的な対象に関する記憶であっても，被験者が手を動かして探索する「能動触」時の記憶は長期記憶と関係が深いことが知られている．例えば，角度をつけた棒を提示し，その棒の角度を自身の手を動かすことで記憶し，一定時間後に棒の傾きを再現させる課題を行うと，記憶から再現までの時間が5秒でも30秒でも成績に変化がなかった（Gentaz ら，1999）．これは能動触における角度の記憶，つまりは，身体感覚まで含めた記憶は短期記憶ではなく，より高次の長期記憶のメカニズムに支えられている可能性を示唆している．

また別の観点として，記憶のメカニズムが触覚独自のものであるのか，視覚や聴覚といった他の感覚と関連するものであるのかについての研究も行われている．具体的には，視覚に障害を持つ被験者の触覚の記憶能力を調べることで，視覚経験と触覚の記憶メカニズムの関係を調べた研究が存在する（Arnold ら，2002）．

この研究では，目隠しをした目の見える被験者と，生まれつき目の見えない被験者とで，複雑な形状の物体やドミノなどを記憶する課題や，触覚のテクスチャの空間位置を記憶する神経衰弱のような課題について，その成績が比較された．その結果によると，日頃から触覚による探索を行う機会が多い目の見えない被験者の方が探索にかかる時間は短いが，成績そのものに関しては被験者群間で差が見られなかった．これは，少なくとも，このような触覚の記憶課題の成績は，視覚経験の有無や触覚による探索の経験に左右されないということを意味している．

最後に，触覚の知覚情報の記憶メカニズム，特に表面テクスチャや形状の記憶に関して，その発達の側面を調べた研究（Catherwood，1993）を紹介する．生後8か月の幼児に，滑らかな（もしくは粗い）テクスチャと，球体（ないし立方体）を組み合わせた刺激に触れて慣れてもらい（順応フェーズ），その後，別の刺激とともに前に提示した刺激を与え（テストフェーズ），どちらの刺激に多くの時間触れるかということを調べる実験が行われた．幼児は，新しい刺激を長く探索する傾向があるため，もし，初めに慣れた刺激を記憶できていたら，次に触れる時には，別の刺激を長く触れることが予測される．その結果は，二つ目の刺激に触れるまでの時間によって異なる傾向を示した．順応フェーズの直後に次の刺激に触れると，テクスチャ，形状ともに正しく記憶できていた（テストフェーズで新しい刺激に長く触れた）．ところが，順応フェーズの後5分ほど時間をあけてテストフェーズを行うと，形状は正しく記憶できていたが，テクスチャはあまり記憶できていなかった．このことは，生後たった8か月の幼児であっても，テクスチャや形状に関する触覚の記憶が存在すること，さらに，テクスチャと形状は異なるメカニズムで記憶されていることを示唆する．

d. 事前情報と触質感認知

ここまで，人が対象に触れた時にどのような質感を感じるのか，さらに，その記憶がどのように保持されるのかについて，皮膚から得られる情報を中心に述べてきた．しかし，本節冒頭でも述べたように，日常における触覚の質感認知は，必ず視聴覚の情報（主に視覚情報）が事前にもたらされ，また，前もって触れる対象の情報を知識として知っていることもある．そして，これらの事前情報は，接触のための運動に影響を及ぼし，さらには，認知される質感自体を変容させることもある．本項では，触覚の質感が視覚情報や言語による事前の枠組によってどのような影響を受けるのか，その原理について考察する．

私達は，物体に触れなくても，これは粗そうだ，これは金属だと，その表面を見ただけで物体の物理的性質やその材質カテゴリを判断することができる．視覚のみによる質感の評価と触覚のみによる質感の評価は，特別な素材（例えば，食品サンプル）でなければよく相関し（Baumgartner ら，2013），そのカテゴリ分類も類似している（Gaissert & Wallraven，2012）．また，材質を特徴づける視覚情報は，それに対応する触覚の質感に注意を集める．表面が粗そうな物体の視覚情報は，その粗さを感じやすい指の動きを引き起こすであろうし，軟らかそうな物体の視覚情報は，弱い力で押す指の動きを引き起こすであろう（Nagano ら，2014）．また，表面の凹凸や滑らかさといった特定の視覚情報が「触りたくなる」という，触覚に関する衝動を喚起することも知られている（Klatzky & Peck，2012）．このように，事前の視覚情報は，触れた時の触覚の質感を推測させ，観察者の触れる行為を変容させると考えられる．

そして，触れている時に他の感覚に情報が加えられると，触覚の質感自体に変化が生じることもある．バーチャルリアリティ技術によって，視覚情報を実際に触れる対象よりも粗いものとして見せて触覚で判断させると，被験者は対象をより粗いと判断し，逆に，滑らかなものとして視覚情報を提示すると，より滑らかだと判断することが知られている（家崎ら，2008；図 2.10）．また，視覚だけでなく，聴覚においても，指で研磨紙をなぞる際に，なぞった時に生じる音を変調してフィードバックを与える（自分の触れた音を加工して聞く）ことで，その「粗さ感」の認知が変化することが知られている（Guest ら，2002）．具体的には，細かい粗さと関連するような高周波成分の音を増幅するとより粗いと感じ，逆に，

図 2.10　視覚情報に影響を受ける質感認知

高周波成分を減衰させるとより滑らかに感じることが知られている．このように，何かに触れている時に，同時に他の感覚に加えられた情報は，それらが合成されるように統合されて触覚の質感認知が生じる．

一方で，他の感覚の情報が，触覚の質感認知に逆向きの影響を与えることがある．例えば，一般に，赤い色は温かさと，青い色は冷たさと概念的に関係づけられるが，青い色の物体の方が，赤い色の物体よりも低い温度で「温かい」と判断されることが知られている（Ho ら，2014）．この現象は，物体に触れる前の視覚的な温度に関する期待と，実際に対象に触れた時の温度とを，両者の対比を強調する形で脳が統合し，質感の認知が生じていることを示唆している（詳細は2.3節参照）．以上をまとめると，他の感覚から得られる情報は，それが触覚の質感に関連するものとして同時に，もしくは，行為の結果として即座に加えられた場合には合成的に統合される．一方で，触覚の質感の事前情報として与えられた場合には，対比的に統合されると考えられる．

ここまで，視覚をはじめとする触覚以外の感覚からの事前情報によって，触覚の質感認知がどのように変化するかについて述べた．一方で，質感の多くは言語記号によって指し示され，あらかじめ言語情報が与えられることで，触れる前から特定の質感に対して注意が向けられることも多い．そもそも，これまで行われてきた触覚の質感に関する多くの実験では，「この粗さはどのくらいですか？」「この素材は前に触れた素材より硬いですか？」というように，あらかじめ実験の設計者が，被験者の回答する触覚の質感を決定していた．「粗さ感」を問われて対象に触れる時には，対象表面を水平方向になぞる動作が多く観察されるであろうし，「硬軟感」を問われて対象に触れる時には，対象を垂直方向に押す動きが観察されるであろう．さらに，「デコボコ」かと問われれば，手全体で包むように感じようとし，「スベスベ」かと問われれば指腹を意識しながらなぞるであろう．また，「これは100円」と言われて対象に触れる時と，「これは100万円」と言われて対象に触れる時では，触れ方や認知の仕方が変わるだろう．つまり，実験者がどのように問うか，被験者がどのように答えるかによって，その情報を得るための指や腕を動かす触動作に変化が生じ，さらには，意識されやすい質感にも変化が生じる可能性がある．

また，どんな語彙体系を使用して質感を表現するかによっても注目する質感が変化する．例えば，日本語においては，触れたものを表現する場合，「硬い」「粗い」といった形容詞によって表現する場合もあれば，「コチコチ」「ザラザラ」といったオノマトペによって表現することもある．どちらの語彙体系も，b項で述べた主要な質感（凹凸感，粗さ感，摩擦感，硬軟感，温度感）を表現する語彙を有しているが，使用する体系によって注目しやすい質感が異なるかもしれない．実際，触れた素材を形容詞で表現する場合と，オノマトペで表現する場合では，形容詞を使用した場合は「硬軟感」に関する語彙を使用しやすく，オノマトペを使用した場合は「粗さ感」に関する語彙を使用しやすいという報告も存在する(坂本・渡邊，2013)．これは，触覚の質感を言語によって表現する場合，どのような語彙体系を使用するかによって，第一に注目される質感が異なるということを意味する（詳細は5.3節参照）．

ここまで，触覚以外の感覚からの事前情報と言語による事前情報は，それぞれ触覚の質感認知に影響を与えるということを述べた．感覚からの事前情報は知覚入力によるボトムアップ的処理によって触覚の質感認知に影響を与え，言語からの事前情報は概念的な記号処理を通じてトップダウン的処理によって質感認知に影響を与えると考えられる．日常においては，何かの対象を見ただけでも，知覚処理と同時に「それは○○だ」と言語的な認知が半自動的に生じると考えられ，そのような言語処理は，今度はトップダウン的に質感認知に影響を与えるだろう．このような再帰的な関係が感覚と言語と質感認知の間には存在していると考えられる（Lupyan，2012）．

おわりに

本節は，触質感の科学の研究を進めていく見取り図となることをめざし，触覚の質感認知における知覚処理，記憶，感覚的・言語的事前情報との統合について述べた．私達は，無意識に触れた物であっても，その質感を自然に認知することができる．しかし触覚の質感認知は，環境から得られる視覚的な情報やあらかじめ持つ言語的な情報，さらには，触れることで生じた質感がさらなる手の動きの変容をもたらすなど，様々な情報との統合やフィードバックが存在する複雑な過程である．今後の触覚の質感の科学においては，その認知過程をすべて要素還元的に切り離すのではなく，全体を見つつ，一方で，科学的な厳密性も失うことがない，バランスを持ったアプローチが必要になってくるであろう．

［渡邊淳司・黒木　忍］

文　　献

Arnold P & Heiron K (2002) Tactile memory of deaf-blind adults on four tasks. *Scand J Psychol*, **43**：73-79.

Baumgartner E, Wiebel C B & Gegenfurtner KR (2013) Visual and haptic representations of material properties. *Multisens Res*, **26**：429-455

浅野倫子，渡邊淳司（2014）第3章 言語と記号，岩波講座コミュニケーションの科学1巻 言語と身体性（安西佑一郎ほか編），岩波書店.

Cain WS (1973) Spatial discrimination of cutaneous warmth. *Am J Psychol*, **86**：169-181.

Catherwood D (1993) The robustness of infant haptic memory：Testingits capacity to withstand delay and haptic interference. *Chid Dev*, **64**：702-710.

Chen X, Shao F, Barnes C et al. (2009) Exploring relationships between touch perception and surface physical properties. *International Journal of Design*, **3**：67-77.

Connor CE, Hsiao SS, Phillips JR et al. (1990) Tactile roughness：neural codes that account for psychophysical magnitude estimates. *J Neurosci*, **10**：3823-36.

Gaissert N & Wallraven C (2012) Categorizing natural objects：a comparison of the visual and the haptic modalities. *Exp Brain Res*, **216**：123-34.

Gallace A & Spence C (2008) The cognitive and neural correlates of "tactile consciousness"：A multisensory perspective. *Conscious Cogn*, **17**：370-407.

Gentaz E & Hatwell Y (1999) Role of memorization conditions in the haptic processing of orientations and the "oblique effect". *Br J Psychol*, **90**：373-388.

Guest S, Catmur C, Lloyd D et al. (2002) Audiotactile interactions in roughness perception. *Exp Brain Res*, **146**：161-71

Harris JA, Harris I M & Diamond ME (2001) The topography of tactile working memory. *J Neurosci*, **21**：8262-8269.

早川智彦，松井　茂，渡邊淳司（2010）オノマトペを利用した触り心地の分類手法．日本バーチャルリアリティ学会論文誌，**15**：487-490.

Hollins M, Faldowski R, Rao S et al. (1993) Perceptual dimensions of tactile surface texture：A multidimensional scaling analysis. *Percept Psychophys*, **54**(6)：697-705.

Ho HN, Iwai D, Yoshikawa Y et al. (2014) Combining color and temperature：A blue object is more likely to be judged as warm than a red object. *Sci Rep*, 5527.

Ho HN & Jones LA (2006) Contribution of thermal cues to material discrimination and localization. *Percept Psychophys*, **68**：118-128.

家崎明子，杣田明弘，木村朝子ほか（2008）複合現実型視覚刺激による触印象への影響．日本バーチャルリアリティ学会論文誌，**13**：129-139.

岩村吉晃（2001）タッチ（神経心理学コレクション），医学書院.

川端季雄（1994）布風合いの客観評価システム．シミュレーション，**13**：20-24.

Kitada R, Sadato N & Lederman SJ (2012) Tactile perception of nonpainful unpleasantness in relation to perceived roughness：Effects of inter-element spacing and speed of relative motion of rigid 2-D raised-dot patterns at two body loci. *Perception*, **41**：204-220.

Klatzky RL & Peck J (2012) Please touch：Object properties that invite touch. *IEEE Trans Haptics*, **5**：139-147.

Klatzky RL, Lederman S & Reed C (1987) There's more to touch than meets the eye：The salience of object attributes for haptics with and without vision. *J Exp Psychol Gen*, **116**：

356–369.
Lederman SJ & Klatzky RL (1987) Hand movements : a window into haptic object recognition. *Cognit Psychol*, **19** : 342–368.
Lederman SJ & Taylor MM (1972) Fingertip force, surface geometry, and the perception of roughness by active touch. *Percept Psychophys*, **12** : 401–408.
Lupyan G (2012) Linguistically modulated perception and cognition : the label-feedback hypothesis. *Front Psychol*, **3** : Article 54.
Miyaoka T, Mano T & Ohka M (1999) Mechanisms of fine-surface-texture discrimination in human tactile sensation. *J Acoust Soc Am*, **105** : 2485–2492.
Murray WH (1975) Tactile short-term memory in relation to the two-point threshold. *Q J Exp Psychol*, **27** : 303–312.
永野 光，岡本正吾，山田陽滋 (2011) 触覚的テクスチャの材質感次元構成に関する研究動向. 日本バーチャルリアリティ学会誌，**16** : 343–353.
Nagano H, Okamoto S & Yamada Y (2014) Haptic invitation of textures : Perceptually prominent properties of materials determine human touch motions. *IEEE Trans Haptics*, **7** : 345–355.
Nakatani M, Fukuda T, Sasamoto H et al. (2013) Relationship between perceived softness of bilayered skin models and their mechanical properties measured with a dual-sensor probe. *Int J Cosmet Sci*, **35** : 84–88.
Okamoto S, Nagano H & Yamada Y (2013) Psychophysical dimensions of tactile perception of textures. *IEEE Trans Haptics*, **6** : 81–93.
坂本真樹，渡邊淳司 (2013) 手触りの質を表すオノマトペの有効性—感性語との比較を通して. 認知言語学会論文集 第 13 巻，pp. 473–485.
Schifferstein HNJ (2006) The perceived importance of sensory modalities in product usage. A study of self-reports. *Acta Psychologica*, **121** : 41–64.
Srinivasan MA & LaMotte RH (1995) Tactual discrimination of softness. *J Neurophys*, **73** : 88–101.
渡邊淳司，加納有梨紗，坂本真樹 (2014) オノマトペ分布図を利用した触素材感性評価傾向の可視化. 日本感性工学会論文誌，**13** : 353–359.
Yoshioka T, Craig JC, Beck GC et al. (2011) Perceptual Constancy of Texture Roughness in the Tactile System. *J Neurosci*, **31** : 17603–17611.

2.3 多感覚の接点としての質感

店に行って何かの商品を購入しようとする時，目の前にある商品が何の素材でできているかという判断を行う機会は少なくない．例えば，食器を購入する場合を考えてみる．この時食器の地肌が見えていれば，光沢の具合が素材判断の重要な手がかりとして利用できる．例えば，金属の表面反射は，鏡面反射成分だけで構成されているのに対して，プラスティックなどの素材の表面反射は，拡散反射成分と鏡面反射成分の両方から構成されている．そのため，素材が金属なのかどうかを，見た目から比較的簡単に判断することができる．このように，表面反射の状態から視覚的に材質を判断する能力は，それ自体が驚くべきものである．しかしながら，表面に塗装が施されていると，見た目から材質を判断することがとたんに困難になる．金属でありながら拡散反射成分と鏡面反射成分の両方を含むようになってしまったり，逆にプラスティックでありながら金属光沢を放ってしまったりするのである．また，透明な器の素材判断に関しては，屈折率からガラスかプラスティックかを見破ることは原理的には可能かもしれないが，実際にはかなり難しい．

このように視覚だけで素材を区別することは容易ではない．しかしながら視覚以外の感覚も駆使すれば，素材判断はかなり簡単になる．まず触ったり持ち上げたりしてみると，表面のざらつきや冷温感，やわらかさ，重さなどがわかる．触ってみてあまり冷たく感じなければプラスティックである可能性が高く，逆に冷たければガラスである可能性が高いといった具合である．さらに叩いて音を聞いてみると，素材内部の状態がわかる．音がよく響けば，ガラスや陶器や金属でできている可能性が高く，音があまり響かなければ，プラスティックや木材でできている可能性が高いといった具合である．

このように質感知覚は複数の感覚モダリティで行われ，多感覚の情報を統合することでより豊かに精緻になる．本節ではこのような多感覚の質感知覚を扱う．

質感知覚の多感覚統合を考えるにあたって，質感知覚を二つのタイプに分けて考える．一つは，上述の例で示したような素材の知覚，すなわち，対象が金属なのか，プラスティックなのか，ガラスなのかといった知覚である．もう一つは，質感に関わる感覚属性の知覚，すなわち光沢，音の高さ，温度，ラフネス，硬度，粘性，乾燥度，汚れ，古さなど，対象素材の物理的な性質や状態に関する属性の知覚である．質感に関わる感覚属性の知覚は，さらに光沢や音の高さ，温度のように特定のモダリティでしか知覚できないものと，ラフネスや摩擦，硬度などのように複数のモダリティで捉えられるものとに分けることができる．

次項では，複数のモダリティで捉えることができる質感属性情報のクロスモダリティ統合について，主にラフネスを例として述べる．

a. 質感感覚属性の多感覚知覚

表面がざらざらしている，すべすべしている，といった表面テクスチャの情報のことをラフネス（roughness，粗さ感）と呼ぶ．

ラフネスは，触覚で捉えることのできる代表的な感覚属性である．指を滑らせながら物体の表面を触ることで，我々はその物体表面のラフネスを感じることができる．最小 0.001 mm の凸凹があればスムース（すべすべ）な表面との区別ができると言われている（Srinivasan & LaMotte，1991）．類似性判断を多次元尺度構成法で分析して触覚的テクスチャの知覚空間を推定すると，ラフネスが主要な次元として現れる（Hollins ら，2000）（2.2.b 項も参照）．

しかし，ラフネスは触覚だけでしか捉えられないわけではない．視覚でもラフネスは判断できる．粗いスケールの凹凸の場合には，見た目の凹凸を直接検出することができるし，細かいマイクロスケールの凹凸の場合には，光の反射特性が手がかりとなる．例えば，表面が鏡のように非常にスムースである（ラフネスがない，もしくは少ない）と，鋭い光沢感が生じる．スムースさが減ってラフネスが増えてくると，鏡面反射成分がだんだんぼけてくる．そして鏡面反射成分がなくなって拡散反射成分だけになると，かなり印象が粗くなる．また，ベルベットのような布には独特の表面反射特性があり，それもまたラフネスを生じさせる．

聴覚でもラフネスは判断できる．表面を指でなぞると，機械的な相互作用の結果として音が発生する．その情報が表面のテクスチャ判断に重要だということは，かなり以前から指摘されていた（Katz，1989；1925）．Lederman（1979）は，金属表面の溝の間隔を様々に変化させた実験素材を用いて，それらを実験者の指でなぞった時の音を実験参加者に聞かせて，聴覚でもラフネスの判断がある程度可能であることを示した．しかしながら，触覚の判断に比べると物理的な変化に対するラフネス評定の変化が少なかったと報告している．その後 Lederman ら（2002）が指の代わりに道具（硬いプラスティックの棒）を使って追試を行ったところ，聴覚情報の明瞭性が上がり，その結果，触覚と聴覚の両方が利用可能な条件におけるラフネス判断の重みづけが，触覚 62%，聴覚 38% となったと報告している。

上記のように，ラフネスは触覚だけでなく視覚でも聴覚でも捉えることができる．では，異なる感覚モダリティで捉えられた表面ラフネス情報はどのように統合されて最終的なラフネス判断が成立するのだろうか．ラフネス知覚のクロスモーダル統合に関しては Lederman を中心に，多くの研究が行われてきた（Lederman & Klatzky，2004；Klatzky & Lederman，2010）．ラフネス知覚のクロスモーダル統合は，基本的には各感覚で捉えられた情報の重み付け平均でうまく説明できると考えられている．

Lederman & Abbot（1981）は，テーブルに貼り付けてあるサンドペーパーのラフネスを観察者に判断させた（図2.11）．ペーパーの上半分が視覚的に観察できるが，下半分は手で触ることができるが布で隠されていて見ることはできないという刺激を用いて実験が行われた．観察者は同じサンドペーパーが上下につながっていると思っているが，実は上下で粒度が違っている．そういう状況で観察者が報告したラフネスは，触覚だけで判断されたものと，視覚だけで判断されたもののほぼ中間になった．つまり，重み付け50：50の平均である．

ただし，常に50：50の重み付けになるというわけではなく，どちらの感覚モダリティに重きをおくかは，例えば，観察者に表面テクスチャのどういう側面を判断させるかによっても変わってくる．視覚と触覚の例を考えてみると，視覚は，

1 "visual" curtain
2 black background cloth
3 visual stimulus
4 tactual stimulus
5 hand of subject
6 "tactual" curtain
7 wooden screen
8 screen window

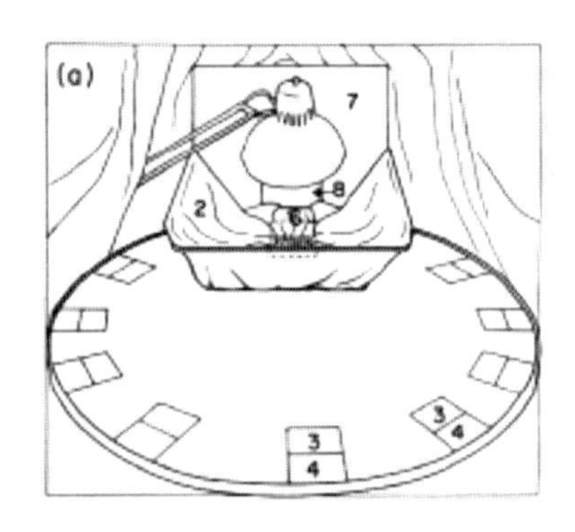

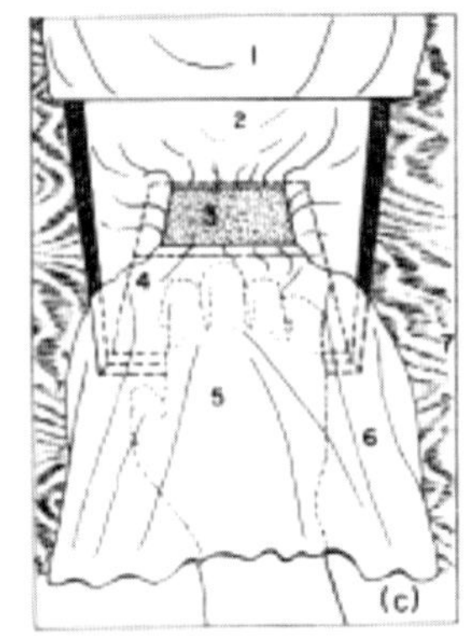

図2.11 Lederman と Abbot（1981）の実験

瞬時に全体的で粗いスケールのラフネスを知覚するのに優れている．一方で，触覚は一度に判断できる面積が限られており，逐次的で遅いが，表面の非常に細かなラフネスを知覚することに優れている（Whitaker ら，2008；Baumgatner ら，2013）（図 2.12）．実際に，Lederman ら（1986）は，全く同一の表面テクスチャを持つ刺激について，空間密度に注目させるとより視覚に重きをおいた判断となり，ラフネスに注目させるとより触覚に重きをおいた判断になることを示している．

Jousmaki & Hari（1998）が報告した「肌が羊皮紙になる錯覚（parchment-skin illusion）」は，触覚と聴覚の間にも類似の平均化が起こることを示している．まず，観察者に自分の両手をこすり合わせてもらう．その音をマイクで拾って観察者の耳にヘッドフォンを通じてリアルタイムでフィードバックする．その時，観察者にフィードバックする音を操作する．ハイパスフィルタをかけて 2kHz 以上の周波数の比率を増加させたり，全体の音量を増加させたりすると，観察者は自分の手の平がまるで紙になったかのような，スムースで乾いた触感を感じる．この錯覚が起きるためには，触覚と聴覚の信号が同期していることが重要である．音のフィードバックに遅れが挿入されると，この錯覚は減弱する．

ラフネスからは少し話が外れるが，この錯覚のバリエーションとして，ポテトチップスを歯で噛んだ音に同じような操作をしてフィードバックすると，よりパリパリ（crisp）に，より新鮮に感じるというものもある（Zampini & Spence,

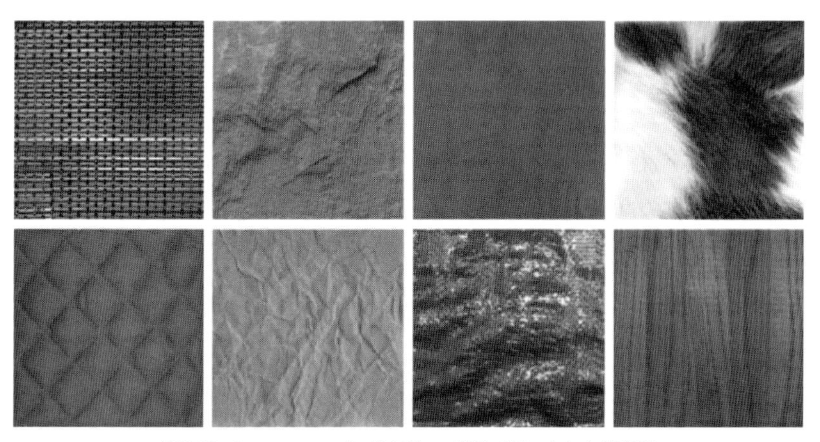

図 2.12　Baumgatner ら（2013）の実験で用いられた刺激例

2004)．食品はクロスモーダル錯覚の宝庫である．例えば，白ワインを赤く着色すると，専門の訓練を受けたワイン醸造学科の学生であっても，赤ワインと錯覚するという（Morrot ら，2001)．また，「高速道路のトンネルに入ったらパーキングで買ったイチゴ味のかき氷が緑色になってメロン味になった」という錯覚は，朝日放送探偵ナイトスクープで有名になった（2006/08/11 放送『トンネルで味が変る⁉』)．

次に，重み付け平均の意味を考えてみる．複数のモジュールで並列かつ独立に同一対象を測定して，それぞれの推定結果を統合して一つの推定値を得るという状況で，重み付け平均はベイズ理論に基づいた最尤推定という枠組みにおいて最適な方法となる（Clark & Yuille，1990)．その際，重み付けは各モジュールの推定の信頼性に応じて高くなる．このような情報統合のメカニズムは，まず視覚的な奥行き手がかりの統合のモデルとして広く認知されるようになった（Landy ら，1995)．これは両眼視差や運動視差，テクスチャやシェーディングといった奥行き手がかりを別個に処理し，各推定値を重み付け平均して最終的に知覚される奥行きが決まるという考え方で，「弱くリンクした統合（Weakly coupled fusion)」を想定している．一つのモジュールの推定値がほかのモジュールの推定値に影響するという「強くリンクした統合（weakly coupled fusion)」とは異なっているという点が重要である．

Ernst と Banks（2002）はこの概念をクロスモーダル統合に導入した．彼らの実験では，視覚的なサイズと触覚的なサイズを統合するタスクを用いて，視覚的な情報の信頼度をノイズを加えることによって変化させた．この時，視覚の相対的な重みは信頼性が下がるほど小さくなった．さらに，その重みは，サイズ判断の弁別閾値から推定された各モダリティの信頼度から予想される値にほぼ一致した．この研究以降，クロスモーダル相互作用に関するものはまずはベイズ統合で説明してみようという流れができあがった．

従来，クロスモーダル統合においてはそのタスクに適切なモダリティが支配的になるというモダリティ適切性仮説（modality appropriate hypothesis）があった（Welch & Warren，1980)．表面形状の幾何学的な特徴を判断する時は視覚が優位となり，より細かい構造に由来するラフネスの判断には触覚の重みが高まるというのは，この考え方と符合している．ベイズ統合の考え方によれば，より適切というのはより信頼度が高いということである．モダリティ適切性仮説とベイズ統合の考え方はよく似ているようであるが，ベイズ統合の考え方では，信頼性は刺激場面によって変化するので，ある特定のモダリティがあるタスクにおいて常に優位になるとは限らない．質感知覚のコンテキストからは外れるが，有名な視聴覚相互作用の一つに「腹話術師錯覚（ventriloquist effect）」と呼ばれる錯覚がある．これは，聴覚刺激と視覚刺激が異なる位置から提示された時に，聴覚刺激が視覚刺激の影響を受けて実際とは異なった位置に知覚される錯覚である（Howard & Templeton，1966）．一般に，空間領域の視聴覚相互作用では視覚が優位になることが多く，一方で時間領域の視聴覚相互作用では，聴覚が優位になることが多いと言われている．しかしながら，実は必ずしも空間領域では視覚，時間領域では聴覚というように，優位になる感覚モダリティが固定しているわけではなく，Alais と Burr（2004）は，視覚刺激の空間位置が定位しにくい時には，逆に聴覚の音源位置が視覚の定位を引っ張る「逆腹話術師効果」とでも呼ぶべき現象が起きることを報告している．つまり，モダリティにかかわらず，より信頼性の高い情報がその時々で高い重み付けを得るのである．

以上をまとめると，次のようになる．ほかの感覚属性と同様に，質感に関わる感覚属性の統合は，基本的には重み付け平均で記述できることが多い．その際，当該の判断に適したモダリティの重み付けが相対的に高くなる．

b. 素材の多感覚知覚

では，金属であるとかプラスティックであるといったような，素材カテゴリー情報の多感覚統合はどうなっているのだろうか．

目の前にある物の材質を推定する時に我々が自然にとる行動の一つは，叩いてその音を聞く，ということである．こすった時の音がラフネスなどの表面状態に関する情報を与えてくれるのに対して，叩いた時の音（impact sound）は内部状態を知る鍵になる．例えばプロの打検師は，缶詰を外側から叩いて，その音のフィードバックを利用することによって，不良缶詰（中身が多い／少ない，中身が変質している，容器の損傷など）を識別することができるという（黄倉，1996）．

ガラスや金属を含むカテゴリー群と，木やプラスティックを含むカテゴリー群の区別といった，大まかな材質カテゴリー群の判断は，その素材を叩いた音を聴くだけでも容易にできる．また，精度は下がるものの，カテゴリー群内の素材弁別もある程度可能である（Giordano & McAdams，2006）．叩いた音から素材を判断する際には，音の時間的な減衰の違いが手がかりになると言われている（Wildes & Richards，1988）．この音響パラメータは物体の内部摩擦係数を反映するもので，物体の大きさなどの影響を受けないため素材の認識に適している．基本周波数は弾性・剛性を反映するが，形状，サイズなど他の要因にも大きく影響されるので利用が難しい（Klatzky ら，2000）．実際，大まかなカテゴリー群間の素材弁別は音の時間的な減衰の仕方の違いで説明できるが，カテゴリー群内の素材弁別には，振幅スペクトルの分布や音量といった他の手がかりも利用されるようである（Giordano & McAdams，2006；Aramaki ら，2011）．

では，このような聴覚的な素材情報と視覚的な素材情報の統合はどのように行われるのだろうか．以下に，この問題に関する我々の近年の研究を紹介する．

Fujisaki ら（2014）は，まず，コンピュータグラフィックスで作られたガラス，陶器，金属，石，そして樹皮のない木，樹皮付きの木の6種類の物体をスティックで叩くという映像に，ガラス，陶器，金属，石，木，野菜（パプリカ），プラスティック，そして紙を叩いた時の8種類の音を組み合わせて，視聴覚で様々な素材が組み合わされた動画を作成した．これらに音なしの映像条件と映像なしの音条件を加え，計62種類の刺激について，素材カテゴリー判断と，質感的感覚属性の評定の両方を行った．

まず素材カテゴリー判断について述べる．それぞれの視聴覚刺激がどういう素材に感じられるかを調べるにあたって，「これは何だと思いますか？」と尋ねて，素材カテゴリーを一つあげてもらう方法もあるが，それでは反応から得られる情報量が少ない．例えば，ガラスにも見えるけれどもプラスティックにもビニールにも見えるというように複数の素材に見える場合もあるので，それぞれの素材についてどれくらいそう見えるかを調べたい．そういう目的で，Fujisaki ら（2014）では，一つの視聴覚刺激に対して，複数の素材カテゴリー名をあげ，どれくらいその素材と思えるかを7段階で評定してもらった．判断する素材名は，ガラス，陶器，金属，石，木，野菜，プラスティック，紙，ビニール，ゴム，布，粘土，皮革の13種類であった．

実験の結果，視聴覚を組み合わせることによって，素材知覚は劇的に変化した．例えば，ガラスの映像に野菜（パプリカ）の音を組み合わせると，ガラスではなく「プラスティックと思える」という評定値が一番高くなった．ガラスの映像にガラスを叩く音を組み合わせた場合には「ガラスと思える」という評定値が一番高くなった．すなわち，同じ視覚刺激に対して異なる聴覚刺激を組み合わせることで，素材の判断が大きく変化したのである．

また，木を叩く音を木の映像と組み合わせた時には「木と思える」という評定値が一番高くなったが，木を叩く音をガラスの映像と組み合わせるとプラスティックらしさの評定値が一番高くなった．これは，同じ聴覚刺激に対して，異なる視覚刺激を組み合わせることで，素材の判断が大きく変化した例である．

これらの実験結果について，単一モダリティの素材知覚から複合モダリティの素材知覚がどのように生まれるか，という観点から分析してみると，このような劇的な相互作用の背景に存在する論理が見えてくる．陶器の映像と紙皿の音を組み合わせるとプラスティックに感じられる例について説明しよう（図 2.13）．陶器を意図してレンダリングした視覚映像だけを見た場合，「陶器と思える」だけでなく「プラスティックと思える」の評定値も実は高かった．一方で，視覚映像なしで紙皿の音だけを聞かせると，（なぜか紙ではなく）「木と思える」の評定値が一番高かったが，「プラスティックと思える」の評定値もそれなりに高かった．つまり，両方のモダリティともに「その素材であると思える」という評定値が高かっ

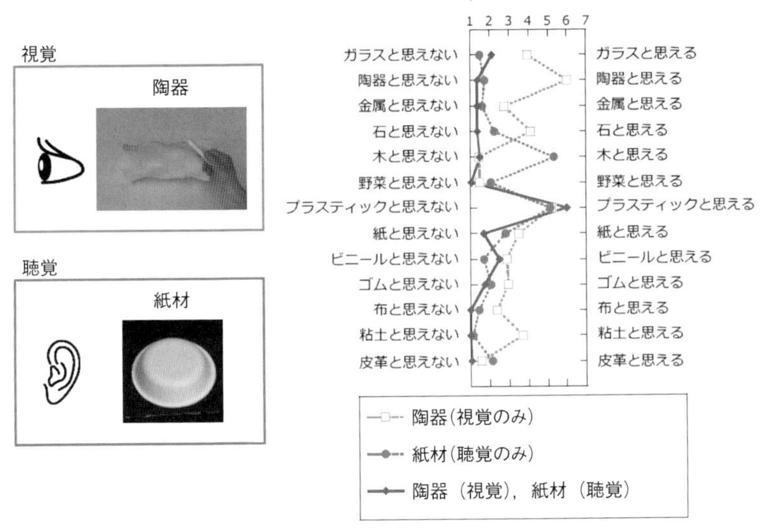

図 2.13　視聴覚情報を統合して材質を判断する（Fujisaki ら，2014 を一部改変）
陶器を模してレンダリングした物体の視覚映像と，紙皿を実際に叩いた時の音を組み合わせると，プラスチックと判断される．グラフは，視覚，聴覚，視聴覚で，この刺激が特定の材質にどれほど見えやすいかどうかを判断した評定値．視覚と聴覚の評定値の論理積が視聴覚の評定値となることがわかる．

たのがプラスティックであり，それが視聴覚刺激を組み合わせた時に生き残ったのである．これは一つのモダリティだけだと解消できない曖昧性が，両者の論理積をとるような形で解消されたとみることができる．すなわち相補的な情報統合である．このような論理積統合はデータ全体に見られる傾向であった[†1]．

次に，質感的感覚属性に関する評定[†2]について述べる．分析の結果，視覚的な属性についての質感評価は，ほぼ視覚刺激で決定されており，聴覚的な属性についての質感評価は，ほぼ聴覚刺激で決定されていたことが明らかになった．また，その他の属性についての質感評価は，視覚と聴覚の重み付け平均であることも明らかになった．ただし，柔らかい／硬い，軽い／重い，中身が空の／中身がつまった，などの形容詞対においては，聴覚の重み付けが高い傾向が見られた．これらの結果から，ラフネスなどの属性のクロスモーダル統合で示されてきた信頼度に応じた重み付け平均という考え方が，この実験でも支持されたとみることができる．

前項で述べたように，質感属性の視聴覚統合が重み付け平均であることは，人間の脳が「弱くリンクした統合」においてベイズ最尤推定を行っているという解釈に一致する．ガラス，プラスティックといった素材カテゴリー認識の視聴覚統合が論理積で近似できたことも，実は同じ枠組みで説明できる．この実験では実験参加者にそれぞれの素材カテゴリーらしさを評定してもらった．これはつまり「尤度」を直接評定してもらっていたということになる．独立したモダリティで尤

[†1] もちろん，二つのモダリティの論理積をとったら何も候補が残らない場合もある．そのような場合はどうなるのか．例えば金属音に対して「その素材であると思える」と評価されうる素材は，金属，ガラス，陶器等である．一方，木の見た目に対して「その素材と思える」と評価されうる素材はほとんど木だけである．そのため木の見た目と金属音を組み合わせると，両方に共通する素材が残らない．このような組み合せに対して，別にとった評定の結果から，実験参加者は映像と音が不自然な組み合せであると感じていたことがわかった．また素材の判断に関しては，聴覚に引っ張られるように金属，ガラス，陶器の評定値が高くなっていたことも明らかになった．意識的になのか無意識的になのかはわからないが，このような不自然な刺激に対して実験参加者は，表面に木の模様のシートが張ってある（あるいはペイントしてある）けれども，中身の素材は金属（もしくはガラス，陶器）である，というような解釈をして，視聴覚間の矛盾を解消しようとしたようである．素材認識においては，見かけをごまかすのは比較的簡単だが，音響特徴を変えるのは難しいということを反映した結果であると考えられる．

[†2] 評定した属性は視覚的な属性5種（表面が明るい／暗い，表面の模様がない／模様が鮮明，表面の色味がない／色味が強い，表面に光沢のある／光沢のない，見た目が不透明な／透明な），聴覚的な属性8種（音が小さい／大きい，音が低い／高い，音が響かない／響いた，音が鈍い／鋭い，音が濁った／澄んだ，音が細い／太い，音が物足りない／迫力のある，音が貧弱な／豊かな），そして，それ以外の属性9種（滑らかな／ざらざらした，冷たい／暖かい，柔らかい／硬い，軽い／重い，乾いた／湿った，中身が空の／中身がつまった，安っぽい／高級な，汚い／きれい，古い／新しい）であった．

度を計算し，それを統合する時にはそれを乗算する．これがまさに最尤推定である．素材カテゴリー認識の視聴覚統合では，まさにそういう計算をしていると言える．質感属性判断の場合は，尤度ではなく推定した属性値を評定させているので，その分多少計算が複雑となり，統合の式が重み付け加算となるが（Clark & Yuille，1990；Ernst，2006），その部分が違うだけである．

不自然な組み合せで聴覚が優先されること（p.64 の脚注 1 参照）に関しても，このモデルで記述することができる．見かけとしてはあり得ないと思われる素材でも，もしかして表面のコーティングでごまかされているだけかも知れないから尤度は 0 ではない（見た目が木目であっても木目シートを貼った他の素材であるかもしれない）．一方，聴覚的にあり得ない素材はだまされているとは思えないので，尤度は 0 と見積もる（金属的な音がしているのに素材が木でできているということはあり得ない）．こういった非対称性を考えれば，視聴覚の両方で尤度が高い候補がなければ聴覚を優先する，というのは理にかなっている．

ベイズ推定では入力から計算された尤度に事前確率の項をかける．もともとありそうなものを高めに，なさそうなものを低めに見積もるのである．今回の素材カテゴリー判断では日常的によく接する素材を集めてきたのであまりこの項は関係ないかもしれないが，例えば日常場面で接する透明な物体があまりダイヤモンドらしく感じられないのは，この項で説明できる（その辺に落ちている透明な物体がダイヤモンドである確率は非常に低い）．

音声認識の視聴覚の統合に関して有名な錯覚に「マガーク効果（McGurk effect)」がある（McGurk & McDonalds，1976)．「ガ」と言っている映像に，「バ」と言っている音声を組み合わせて視聴すると，「ガ」でも「バ」でもなく，「ダ」と聞こえるという錯覚である．マガーク効果の生起要因に関しては多くの議論があるが，Massaro & Stork（1998）によると，この錯覚でも材質カテゴリー知覚と同じことが起こっているといえる．「ガ」の視覚映像は，「ガ」に次いで「ダ」の尤度も高く，「バ」の尤度は低い．一方，「バ」の音声は「バ」に次いで「ダ」の尤度が高く，「ガ」の尤度は低い．これを組み合わせると「ダ」が生き残るのである．同様の視聴覚モデルは顔からの感情の知覚にも当てはまるという（Massaro & Egan，1996)．これらのタスクに共通しているのは，カテゴリー判断だということである．もしかしたら独立に各モダリティで推定された尤度の積をとって最尤カテゴリーを選択するというのは，感覚系の基本原理であるのかもしれない．

c. 別のタイプの多感覚相互作用

これまで見てきたのは，異なるモダリティの情報を統合することでより正しい質感を知覚するというタイプの多感覚知覚であった．それとは違うタイプのクロスモーダル相互作用の例として，マテリアル・ウェイト錯覚があげられる（Seashore，1899；Ellis & Lederman，1999）．これは同じ重さの物体に対して見た目の素材をコーティングなどによって変えると，重さが変わって感じられるという錯覚である．物体の材質は重さに関係し，例えば同じ大きさであれば，見た目が金属に見えるものは重く，木に見えるものは軽いことが予測される．そのためベイズ的な統合をすると，金属の方が木よりも重く感じられるはずであるが，実際には逆の効果が生じる．同じ重さの物体について，見た目が金属に見える方が重く，木に見える方が軽いという視覚的な予測が，実際に物体を持ってみると裏切られるため，その結果として金属はより軽く，木はより重く感じられるという．すなわち対比的（反ベイズ的）なクロスモーダル統合である．同様の錯覚に，サイズ・ウェイト錯覚がある（Flanagan & Beltzner，2000）．これは同じ重さのものでも，大きい物体ほど持った時に軽く感じられるという錯覚である．

マテリアル・ウェイト錯覚は，持ち上げるという動作によって生じる感覚に質感知覚が影響を与えるという意味で興味深い．掴もうとする物体が重いのか軽いのか，踏みしめようとする地面が滑りやすいのか否か，噛みしめようとするものがキャンディなのかグミなのか，というように，身体運動を通じて外的世界とインタラクションする多くの場面において，質感の知覚は重要な働きをしているのである．

マテリアル・ウェイト錯覚でも，サイズ・ウェイト錯覚でも，視覚情報によって持ち上げる時の身体運動制御が予期的に変化して重さ知覚が変わるとすると，それは感覚・運動系の相互作用ではないかと考えられる．しかしながら，何度か同じ物体を持ち上げていると運動系は視覚の影響を受けなくなるが，そのような条件でも感覚としての錯覚は残ると言われている（Flanagan & Beltzner，2000；Buckingham ら，2009）．そのため，少なくとも部分的には，運動系とは別の，感覚系の現象であると考えるべきであろう．

次にクロスモーダルな温度判断について述べる．人間は触ることによって物体の温度を感じる．しかしながら，見るだけでも，鉄板が触れないほど熱そうだとか，グラスが適度に冷えているといったことが判断できる．温度の視覚的手がかりは様々であるが，古くから知られているのが色である．赤を代表とする暖色は暖かさ，青を代表とする寒色は冷たさを示すと言われてきた．室内環境の色などに関しても，暖色系は暖かく，寒色系は涼しく感じる傾向があるようである．しかしながら，赤い物体，青い物体を触った時のクロスモーダルな温度判断は少し違うようである（2.2.d 項も参照）．

Ho ら（2004）は，物体の色が温度知覚に影響するかどうかを検討した．温度を自由にコントロールできる温度ディスプレイ装置を使って，この温度を境に 50％以上の確率で観察者が暖かいと感じる閾値を求めた．温度ディスプレイの表示板には赤または青の紙が貼ってあり，観察者はその部分を触って温度を判断した．すると，暖かさを感じる閾値は赤い物体の方が青い物体より高かった．つまり青い物体の方が赤い物体より暖かいと感じやすかったのである（図 2.14（a）；**口絵 4**（a））．

一見パラドキシカルなこの結果も，マテリアル・ウェイト錯覚と同じ反ベイズ統合の原理で考えれば納得がいく．観察者は赤い物体を見ると暖かいと期待し，青い物体は冷たいと期待する．その期待が基準に影響して，赤い物体の方が暖かさに対して厳しくなる．つまり，より高い温度にならないと暖かいと感じない，という理屈である．

もし，この考えが正しければ，触る手の色を赤や青に変えると逆のことが起こるはずである．なぜなら，人間の温度知覚は，物体とそれを触る身体部位との間の相対的な温度差が生む熱伝導の仕方に依存しているからである．手が赤くなって暖かいと期待される時には，少し高めの温度の物体に対して，あまり熱が伝わってこないと予測しているのに反して熱が伝わってくるので，物体の相対温度がそれほど高くなくても暖かいと思い，手が青くなって冷たいと期待される時には，先ほどと同じ温度の物体に対してかなり熱が伝わってくると予測しているのに反して，さほど強く伝わってこないので，あまり暖かいと思わない，という結果が予測される．物体の色はそのままでプロジェクションシステムを使って手の色だけを操作した実験では，仮説から予測される通り，赤い手で触った物体より青い手で触った物体の方が暖かさを感じる閾値が高くなる，すなわちより高い温度でないと暖かいと思わないという結果になった（図 2.14（b）；**口絵 4**（b））．

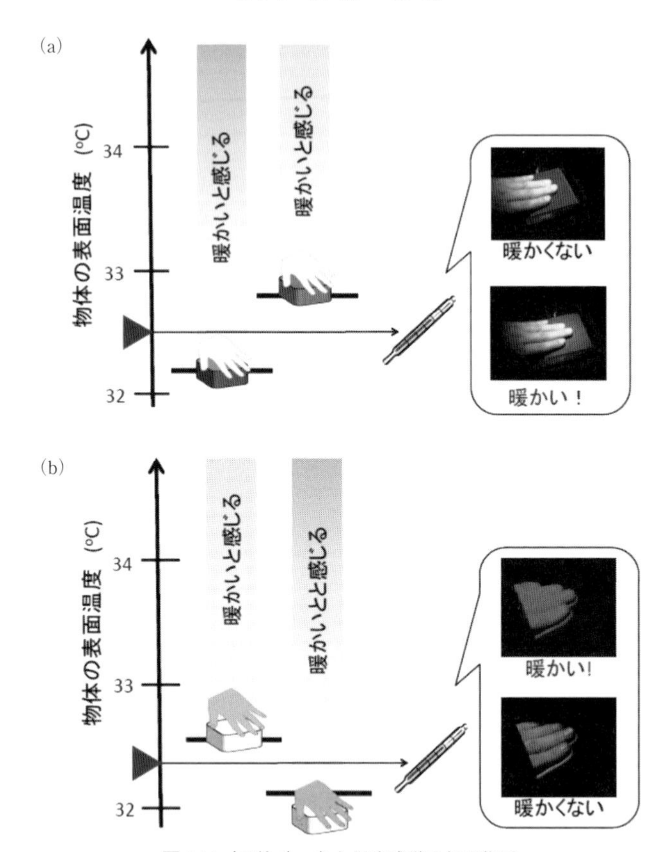

図 2.14（口絵 4） 色と温度感覚の相互作用
(a) 物の色を変えた時は，青い物が暖かいと感じる閾値は，赤い物が暖かいと感じる閾値より高くなる．二つの閾値の間の温度では，物理的に同じ温度でも青い物体だけが暖かいと判断される．
(b) 手の色を変えた時は，赤い手で暖かいと感じる閾値は，青い手で暖かいと感じる閾値よりも高くなる．二つの閾値の間の温度では，物理的に同じ温度でも，赤い手で触った時だけ暖かいと判断される．

d. 同じ対象物についての異なる感覚モダリティによる質感評価

ここまで二つの感覚（視覚と聴覚，視覚と触覚，視覚と温度感覚など）における質感統合の論理について様々に述べてきたが，最後に，同じ対象物の質感について，異なる感覚モダリティ（例えば視覚，聴覚，触覚）で別々に評価した時，対象物が同じであれば，感覚モダリティが異なろうとも，おおまかな質感評価は類似したものになるのかという疑問について簡単に触れる．

Gibson（1966）は，異なる感覚モダリティから得られる情報の等価性やアモーダルな表現（感覚モダリティを超越した表現）について議論している．例えば炎は，目でも，音でも，匂いでも，熱でも，それが炎であるとわかる．目の前にあるものが炎であるというのは，視覚，聴覚，嗅覚，温熱感覚のどれか一つだけでもわかるし，もちろん四つすべてが合わさってもわかる．この場合，この四つの感覚は，例えば視覚なら炎の色や形の変化，聴覚なら薪がパチパチとはぜる音といったように，それぞれ別の情報を伝えているけれども，炎という同じ情報を伝えているという意味においては等価であると Gibson（1966）は議論している．

そもそも「質感」は，光沢や音の高さといった低次質感知覚から，本物感や高級感といった高次質感認知までを含む幅広い概念である（3 章参照）．Gibson 的な考え方を質感にあてはめて考えてみると，低次質感知覚は，個々の感覚モダリティに固有であると考えられるけれども，もしかしたら高次質感認知には，Gibson の言うように，感覚モダリティによらない，ある程度共通した表現があるかもしれない．

この問題にアプローチするための最初のステップとして，Fujisaki ら（2015）は，木をターゲットオブジェクトとして，全く同じ被験者，全く同じ質問，全く同じ対象物（木の試験片）を用いて，視覚，聴覚，触覚について独立に質感評価を行って比較した[†3]．その結果，個々の樹種についての評価は感覚によって異なっているが，「高級感」「快適性」といった木についての高次質感認知の全体的な評価パタン自体は，視覚，聴覚，触覚で共通であることが示された．

おわりに

ラフネスなどの質感属性のクロスモーダル統合は，より信頼できるモダリティに重みを置く重み付け平均となる．一方で素材カテゴリーの判断は，各モダリティで推定された素材らしさを掛け合わせて，両方のモダリティの情報に一致する素材カテゴリーが選ばれるという論理積となる．これらは，どちらもベイズ的な情報統合に基づく最尤推定の枠組みで説明できる．一方で，マテリアル・ウェイ

[†3] 具体的には本物，偽物を含む 22 種類の樹種，23 対の形容詞について，視覚，聴覚，触覚という三つのモダリティで，被験者 50 名の大規模データを取得した．分析の結果，同じ対象物について視覚，聴覚，触覚で独立に訊いた場合，各モダリティによってどの樹種がどう評価されるかというのはそれぞれ異なっていた．しかしながら視覚，聴覚，触覚というすべての感覚に共通して，「高級感，頑健性，希少性，面白さ，洗練度」と，「快適性，リラックス感，好き嫌い」という要素が別の因子として見出されることが示された．

ト錯覚のように，一方のモダリティの情報から他のモダリティの値を予測し，実際の入力との差を強調するような反ベイズ的（対比的な）な統合が生じる場合もある．

少なくともベイズ的なクロスモーダルの情報統合は「弱くリンクした結合」（Clark & Yuille，1990）で説明できる．つまり，それぞれのモダリティが別々に推定を行い，お互いの推定結果には直接影響を与え合わず，上位のステージでその推定値を統合するという構造である．

反ベイズ的な統合は視覚から触覚への影響という形をとるものが多いようだが，このモダリティの組み合せでも，例えば物体のサイズを判断するような場合はベイズ的な統合になる（Ernst & Banks，2002）．どのような条件で統合の様式が変わるのかについては今後に残された問題である． **［西田眞也・藤崎和香］**

文　献

Alais D & Burr D (2004) The ventriloquist effect results from near-optimal bimodal integration. *Curr Biol*, **14** : 257-262.

Aramaki M, Besson M, Kronland-Martinet R et al. (2011) Controlling the Perceived Material in an Impact Sound Synthesizer. *IEEE Trans Audio, Speech, and Language Processing*, **19** : 301-314.

Baumgartner E, Wiebel CB & Gegenfurtner KR (2013) Visual and Haptic Representations of Material Properties. *Multisens Res*, **26** : 429-455.

Bergmann Tiest WM & Kappers AM (2007) Haptic and visual perception of roughness. *Acta Psychol* (*Amst*), **124** : 177-189.

Buckingham G, Cant JS & Goodale MA (2009) Living in a material world : How visual cues to material properties affect the way that we lift objects and perceive their weight. *J Neurophysiol*, **102** : 3111-3118.

Clark JJ & Yuille AL (1990) Data Fusion for Sensory Information Processing Systems, Kluwer Academic Publishers.

Ellis RR & Lederman SJ (1999) The material-weight illusion revisited. *Percept Psychophys*, **61** : 1564-1576.

Ernst MO (2006) A Bayesian view on multimodal cue integration. Human Body Perception from the Inside Out (Knoblich IM, et al. eds.), Oxford University Press, pp. 105-131.

Ernst MO & Banks MS (2002) Humans integrate visual and haptic information in a statistically optimal fashion. *Nature*, **415** : 429-433.

Flanagan JR & Beltzner MA (2000) Independence of perceptual and sensorimotor predictions in the size-weight illusion. *Nat Neurosci*, **3** : 737-741.

Fujisaki W, Goda N, Motoyoshi I et al. (2014) Audiovisual integration in the human perception of materials. *J Vis*, **14**(4) : 4, 1-20.

Fujisaki W, Tokita M & Kariya K (2015) Perception of the material properties of wood based on vision, audition, and touch. *Vision Res*, **109**：185-200.

Gibson JJ (1966) The Senses Considered as Perceptual Systems, Greenwood Press.

Giordano BL & Mcadams S (2006) Material identification of real impact sounds：Effects of size variation in steel, glass, wood, and plexiglass plates. *J Acoust Soc Am*, **119**：1171-1181.

Hollins M, Bensmaia S, Karlof K & Young F (2000) Individual differences in perceptual space for tactile textures：evidence from multidimensional scaling. *Percept Psychophys*, **62**：1534-1544.

Jousmäki V & Hari R (1998) Parchment-skin illusion：sound-biased touch. *Curr Biol*, **8**：R190.

Katz D (1989；1925) The World of Touch (Krueger LE 英訳), Erlbaum.

Klatzky RL & Lederman SJ (2010) Multisensory texture perception. Multisensory Object Perception in the Primate Brain (Kaiser J & Naumer MJ ed.), Springer, pp. 211-230.

Klatzky R, Pai D & Krotkov E (2000) Perception of material from contact sounds. *Presence Teleop Virt*, 9：399-410.

Howard IP & Templeton WB (1966) Human Spatial Orientation Wiley.

Ho H-N, Iwai D, Yoshikawa Y et al. (2014) Combining colour and temperature：A blue object is more likely to be judged as warm than a red object. *Sci Rep*, **4**：5527.

Seashore CE (1899) Some psychological statistics. II. The material weight illusion. *Univ Iowa Stud Psychol*, **2**：36-46,.

Srinivasan MA & LaMotte RH (1991) Encoding of shape in the responses of cutaneous mechanoreceptors (Franzen O & Westman J ed.), Information Processing in the Somatosensory System Macmillan Press, pp. 59-69.

Landy MS, Maloney LT, Johnston EB et al. (1995) Measurement and modeling of depth cue combination：in defense of weak fusion. *Vision Res*, **35**：389-412.

Lederman SJ & Abbott SG (1981) Texture perception：Studies of intersensory organization using a discrepancy paradigm, and visual versus tactual psychophysics. *J Exp Psychol Hum Percept Perform*, **7**：902-915.

Lederman SJ (1979) Auditory texture perception. *Perception*, **8**：93-103.

Lederman SJ & Klatzky RL (2004) Multisensory Texture Perception, The Handbook of Multisensory Processes (Calvert GA et al. eds.), MIT Press, pp, 107-122.

Lederman SJ, Thorne G & Jones B (1986) Perception of texture by vision and touch：multidimensionality and intersensory integration. *J Exp Psychol Hum Percept Perform*, **12**：169-180.

Massaro DW & Egan PB (1996) Perceiving affect from the voice and the face. *Psychon Bull Rev*, **3**：215-221.

Massaro DW & Stork DG (1998) Speech recognition and sensory integration：a 240-year-old theorem helps explain how people and machines can integrate auditory and visual information to understand speech. *Am Sci*, **86**：236-244.

McGurk H & MacDonald J (1976) Hearing lips and seeing voices. *Nature*, **264**：746-748.

Morrot G, Brochet F & Dubourdieu D (2001) The Color of Odors. *Brain Lang*, **79**：309-320.

黄倉雅広 (1996) 打検による不良缶詰の判定について．日本音響学会聴覚研究会資料，H-96-97.

Roseboom W, Kawabe T & Nishida S (2013) The cross-modal double flash illusion depends on featural similarity between cross-modal inducers. *Sci Rep*, **3**：3437.

Welch RB & Warren DH (1980) Immediate perceptual response to intersensory discrepancy.

Psychol Bull, **88** : 638–667.
Whitaker TA, Simões-Franklin C & Newell FN (2008), Vision and touch : Independent or integrated systems for the perception of texture? *Brain Res*, **1242** : 59–72.
Wildes RP & Richards WA (1988) Recovering material properties from sound, Natural Computation (Richards WA ed.), MIT Press, pp. 356–363.
Wozny DR, Beierholm UR & Shams L (2008) Human trimodal perception follows optimal statistical inference. *J Vis*, **8** : 24–24.
Zampini M & Spence C (2004) The role of auditory cues in modulating the perceived crispness and staleness of potato chips. *J Sens Stud*, **19** : 347–363.

第3章 質感知覚のメカニズム

3.1 脳の画像処理

a. 大脳視覚野の起点としての一次視覚野（V1）

眼球の構造や機能は高校までの教科書でも扱われ，角膜，虹彩，レンズ，ガラス体を通過して網膜に到達した光は，視細胞で神経信号に変換され，何段かの網膜内の細胞でリレーされて視神経により脳に伝えられることはよく知られている．しかし，それ以後，脳の中でどのような情報処理が行われ，知覚や認知が実現されているかについては，あまり知られていない．本節では，脳内の個々の神経細胞（ニューロン）に着目し，それらが脳の視覚関連領野でどのような情報を伝えているのかについて解説する．特に，一次視覚野（V1）は，大脳において最初に網膜からの情報を受け取る領野で，意識して知覚できるほぼすべての視覚情報の通過点である．したがって，物体形状の認知，動きの知覚，さらに本書が扱うテクスチャーや光沢を含む質感の認知など，ほとんどすべての視覚機能は，V1を通過する情報に依拠している．V1の神経細胞が表現する情報の性質を理解することが，高次の質感情報の表現の理解の前提となることは言うまでもない．

b. V1細胞は画像の周波数分析器である

最初からこのような見出しをつけても何のことか皆目わからないかもしれないが，これが本節の主要な結論の一つである．我々が周波数と聞けば，普通は音や電源や電波の周波数を思い浮かべ，これらをある程度直感的に理解している．単位はヘルツ（Hz）で，時報トーンの周波数は440 Hz，ヒトの耳に聞こえる音の周波数の範囲はおよそ20～20,000 Hzである．また，電力会社から送電されてくる電気の周波数は日本では地域によって50または60 Hzである，などの事実を知っている．しかし，上の見出しに関しては，視覚が扱う画像と周波数との間にいったい何の関係があるのか，あるとすればどのように関係するのだろう，という疑問が生じて当然である．聴覚と視覚を比較しながら解説する．

1)　音：聴覚と周波数

音の周波数が直感的に理解しやすい理由は，我々の内耳にある蝸牛管（Cochlea）が，空気の圧力の時間変化である音波を，感覚器の最初の段階から物理的に様々な周波数に分けて検出していることが原因かもしれない．つまり，我々は音の高低という概念を何の苦もなく直感的に把握することができるが，それは音の高低が直接音の周波数に対応している上に，内耳の構造自体がそれを直接神経信号に変換しているからであろう．図3.1左のように，蝸牛管の内部では薄い基底膜が長さ方向に沿って異なる周波数に共鳴するように作られている．この膜に触れるように，有毛細胞と呼ばれる特殊な細胞がずらっと並び，各細胞の直近の膜の振動を検知して神経信号に変換する．したがって，個々の有毛細胞は，異なる周波数の音を担当しており，これが多数並んでいることで，低音から高音までの音の周波数をすでに内耳で別々に分離していることになる（Escabí & Read, 2003）．

図3.1右の楽譜では音符の上下位置は音の高低を表すが，これが周波数に対応している．実際にこの楽譜（Nishiyama，2011）がピアノで演奏された時の音を

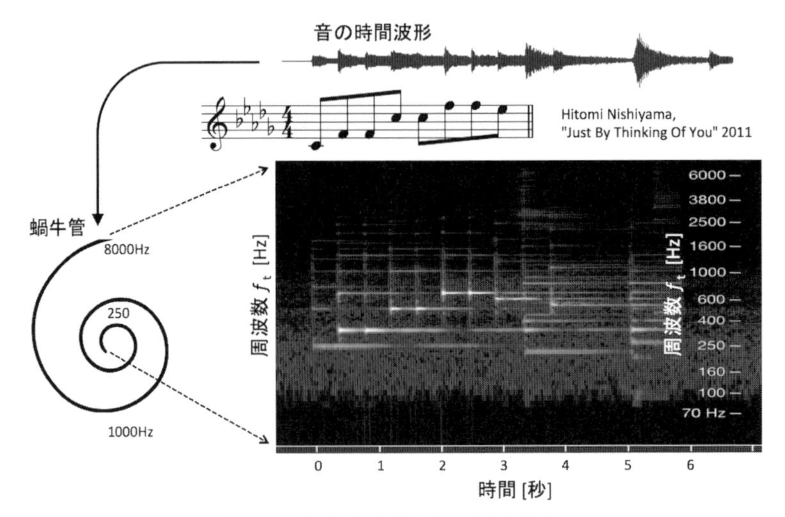

図3.1　内耳の蝸牛管の周波数分析機能

分析すると，スペクトログラムと呼ばれるグラフができる（Escabí & Read, 2003）．これは声の分析では声紋と呼ばれるものと同一である．楽譜上の音符の上下位置に対応して，縦の周波数軸方向に音の高さが実際に変化していることがわかる．横軸は時間である．ただし，ピアノの音は純音（一つの周波数だけからなる音）ではない．純音であれば，スペクトログラム上ではその音の持続時間の長さを持つ１本の細い横線になる．実際には，２倍，３倍などの周波数が複雑に混じっていて，これがピアノの音色を与えている．しかし，大切なことは楽器の音に限らず，人の声や鳥の鳴き声，風の音など，すべての音がこのような多数の周波数成分の混合として表現できるということである．すなわち，音として知覚できることのすべてが低音から高音までの様々な周波数成分の組み合せ方とその強度分布で表現される．

そして聴覚系ではこの表現に沿う形で，感覚器の構造自体が音を多数のいわば周波数バンドあるいはチャンネルに分離して検出するように作られている．したがって，感覚器からの情報を受け取る脳内での聴覚情報処理においても，瞬間瞬間の音の多くの周波数成分がどのように時間的に変化していくのかを分析することが重要な処理過程になることは自然である．

2)　画像：視覚と周波数

前項で述べた聴覚では，周波数が感覚器の構造と対応した自然な量であるのに対し，視覚では感覚器自体は周波数分析をするようにはできていない．視覚のための感覚器は眼球内後方に張り付いている網膜である．網膜には視細胞がぎっしりと敷き詰められており，角膜とレンズにより投影された外界の画像を個々の点（ピクセル）の明るさに分解して神経信号に変換する．最近のカメラの内部にもイメージセンサーがあり，画像中の個々の点の色と明るさを捉えるためのピクセルの配列を持っており，その構造は網膜のそれと非常によく似ている．つまり，感覚器としての網膜は，多数のピクセルの２次元配列として画像をとらえ，静止画像だけではなく，時々刻々視神経を介して脳に動画情報を送り出している．したがって聴覚系とは異なり，感覚器の構造自体に視覚と周波数が関係する必然性はない．しかしながら，一次視覚野（V1）細胞の性質を調べると，画像の周波数分析器と呼ぶことがふさわしいことがわかる．この事実とその表現の様相を理解し，なぜそのような表現を行うとV1に続く高次視覚野での形状，運動や質感などの複雑な処理に都合が良いのかを解説するのが，この章の大きな目的である．さらに議論を進める前に，画像とそれに関係する周波数の概念を理解する必要がある．

複雑な音を多くの様々な周波数成分に分解して表現できるのと同様に，画像も多くの周波数成分に分解できる．これは空気の圧力の時間変化としての音の周波数（時間周波数）とは異なり，2次元の画像の空間（x，y）における周波数なので，空間周波数と呼ばれる（Campbell & Robson，1968）．音では周波数1個からなる純音はサイン波だが，図3.2のように，画像における1個の空間周波数もサイン波である．これは，画像中の位置の変化につれて明暗がサイン波状に変化する縞模様である．

このような空間的サイン波は，周波数領域では，図3.2右のように空間周波数と方位（角度）を持つ一対の点で表される（Nishimoto ら，2006）．周波数領域はx方向の空間周波数を表すfxとy方向の空間周波数を表すfyの2次元が必要であり，様々な方位と周波数のサイン波は，図3.3の通り規則的に配置される座標系で表される．この座標系では高い空間周波数（細かい構造を表す）が原点からより遠い点として表され，原点からある点まで引いた線が水平軸（f_x軸）となす角が対応するサイン波の方位を表す．

時間的に変化する音の周波数を考える時には，瞬間瞬間の音の高低の情報が必

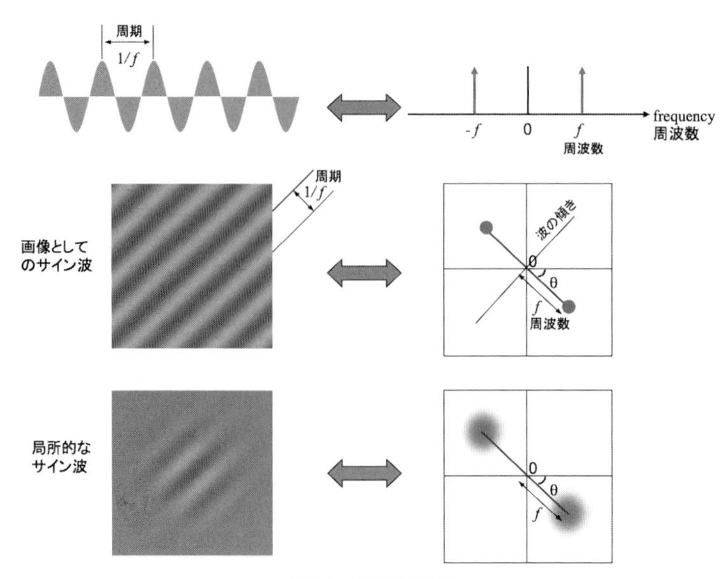

図3.2　空間周波数

要なので，ある短い時間範囲（1/20 秒程度）の瞬間的周波数を考える．これと同じように，画像の周波数成分を考える時にも，図 3.2 の左下のように場所ごとにある範囲を限定した波を考えることができる．このような範囲を限定した波のことをウェーブレット（wavelet）と呼ぶ．つまりウェーブレットとは「波の破片」のことである．複雑な音が多くの周波数の重ね合せからなるように，複雑な画像も多くのウェーブレットの重ね合せで表すことができる．このように任意の画像をウェーブレットの重ね合せで表すことが可能である事実は数学であり，必ずしも脳がそのように表現する必要はない．しかし，そうなっているのである．

3) ウェーブレットによる V1 の画像表現

複雑な画像を表現するためには，様々な空間周波数と方位を持つ非常に多数のウェーブレットを重ね合わせる必要がある．これらのウェーブレットは，それぞれが図 3.3 の（f_x, f_y）平面の一点を中心とする周波数成分を持つ．**口絵 5** は一次視覚野細胞が表現するウェーブレットの実例を示す（Ohzawa ら，1996；Sasaki ら，2007）．これは我々の研究室で動物の脳から実際に計測した個々の神経細胞が受け持つウェーブレットである．様々な大きさ（サイズと空間周波数が連動しており，小さいものほど空間周波数が高い）と方位のウェーブレットを受容野とする細胞が V1 に存在する．受容野は，いわば個々の細胞が担当する視野内の特定の場所にあけられた外界への窓の形である．**口絵 5** の例のように，V1 細胞の受容

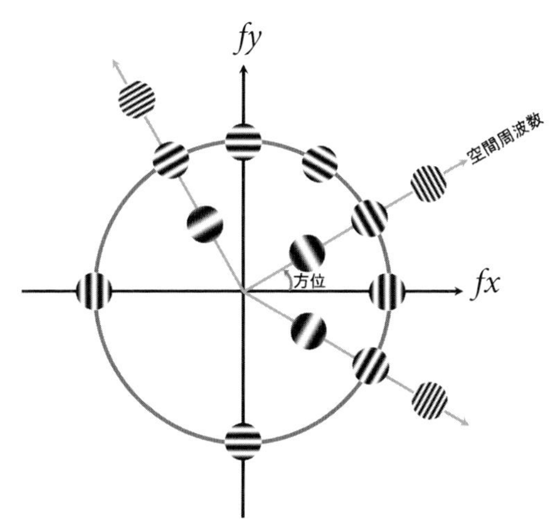

図 3.3 空間周波数領域の座標系

野はサイズと方位を別にすれば，このような定型的な形をしている．これから論理的に推論できることは，こうした細胞受容野のセットが視野の各場所の画像を分析し，細胞1個が一つのウェーブレットの強さを表現することで，画像を分担して表現している．つまり，一つひとつの細胞が，自分の担当するウェーブレットの形が担当する視野の場所に存在するか，存在するならばその強度（画像の場合には，強度はコントラストに相当する）を，細胞の発火頻度として伝えている．したがって，V1全体としては，これらの細胞は画像をウェーブレット変換した結果を表現していることになる．

上記のように，多数のウェーブレットからなる視覚系のモデルをコンピュータ上でシミュレートする場合には，ガボール（Gabor）関数と呼ばれる関数を使う．図3.4が，この関数を五つの空間周波数（大きさ）と8個の方位について生成した例で，小さいものになるほどタイルのように敷き詰めて配置してある（Kayら，2008；Lee，1996）．

図3.5はこのような多数のガボールウェーブレットで再現した「太陽の塔」の画像である（Kato & Ohzawa，2012）．どの程度の数の細胞があれば，画像が表現できるのかを見るために，強く反応している細胞から順に上位100，500，5000

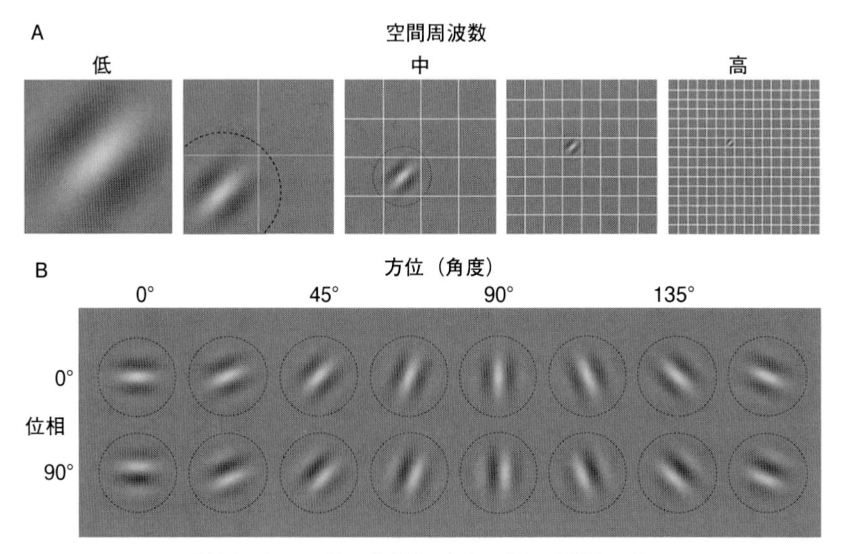

図3.4　ウェーブレット変換のためのGabor関数セット

図 3.5 元画像および様々な数の細胞のウェーブレットにより再構成された画像

個の細胞活動で担われる画像を再現してみた．100 個の細胞では，何が画像に写っているのか不明だが，500 程度あれば，大阪の住民であれば名前を当てることが可能だろう．5000 個の細胞を使って再現した画像は，顔の部分が不明瞭であるものの，元画像をかなり正確に表現していることがわかる．実際には，この計算では元画像は 10 万個以上のウェーブレットに分解されているので，それらをすべて追加すれば，元画像と同じ程度に解像度と再現の品質は良くなる．これらからわかることは，一次視覚野の一つひとつの細胞が一つのガボールウェーブレットを受け持つことにより，どのような複雑な画像でも表現できることである．この再現は，個々の細胞が受け持つウェーブレットの強さ（コントラスト）に応じて，**口絵 5** のウェーブレットを線形加算，つまり重ね合わせただけである．つまり，どのような複雑な音も，非常に多くの純音（サイン波）を重ね合わせたものであるのと同様に，どのように複雑な画像も非常に多くのウェーブレットを重ね合わせたものである．もちろん，どの細胞が活動するかは画像によって全く異なる．

4)　なぜこのようにできているのか？

このようなことが数学的に可能であるという事実と，脳の神経細胞が実際にそのような数学に従って画像を表現しているということは，全く別のことである．理論的にそのような表現が可能だからといって，脳がそれを採用する必要はないはずだから．しかし，現実には進化の過程で，このような画像の表現を採用した系統が生き残ってきたようである．それには，ウェーブレットによる画像表現に，なんらかの利点があるはずである．おそらくそれは下記の2点だろう．

①　脳のエネルギー消費を低くできる．

②　多様な高次処理に共通に使いやすい基盤となる情報の表現である．

実はウェーブレットによる画像表現は，脳のエネルギー消費を低くできることがスパースコーディング（sparse coding）と呼ばれる理論的研究から示されている（Olshausen & Field，1996；1997；Hoyer & Hyvärinen，2002）．それによると，多くの細胞から構成される神経ネットワークにおいて，できるだけ少数の細胞しか同時には活動しないように制約をかけて神経ネットワークの情報表現の仕方を調整すると，個々の細胞が表現するパターンが上記で示したようなウェーブレットに自動的になってしまう（Olshausen & Field，1996；1997）．できるだけ少数の細胞しか同時に活動しないということは，つまり細胞の発火による脳のエネルギー消費を最小化するという制約にほかならない．獲物を捕えようとじっと目を凝らして待っているだけでエネルギーを使い果たしてしまうような効率の悪い脳の持ち主は，生き残ることができなかった結果であろう．

もう一つの理由は，ウェーブレットによる画像表現が，多様な高次視覚処理に共通に使いやすい情報の表現であることであると考えられる．一次視覚野での情報表現がエネルギー効率の良いものであっても，それを使って様々な高次の情報抽出や認識機能が効率良く容易に行うことができなければ，視覚の最終目的は達成できない．

c.　一次視覚野細胞の活動を統合する高次視覚野

一次視覚野（V1）から高次視覚野への情報の流れは，図3.6に示すように，二つに分かれて処理が進む（Mishkin & Ungerleider，1982；Goodale & Milner

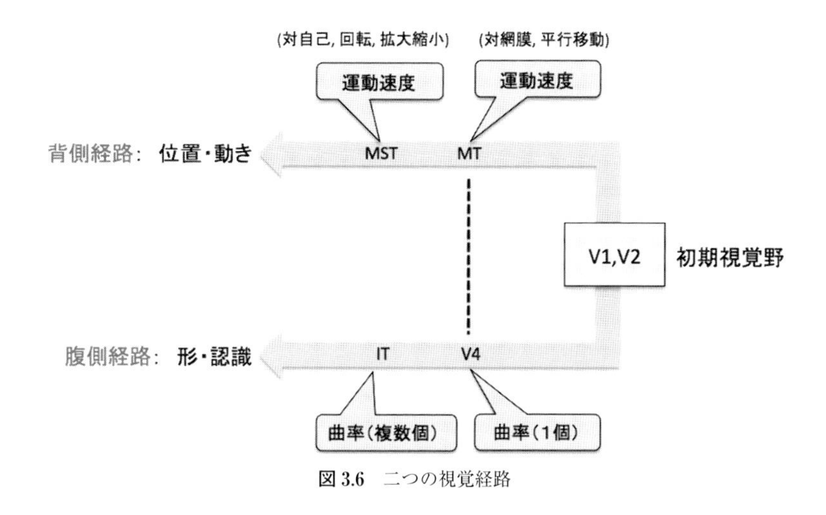

図 3.6　二つの視覚経路

1992)．一つは，背側経路と呼ばれ，MT 野→MST 野と続く．この経路は "where pathway" とも呼ばれ，視野内にある物体の位置や運動の情報を処理する経路である．特に MT 野の細胞は物体の運動速度（運動方向とスピードを合わせたベクトル量）を表現するものが多いことが，最近の西本らの研究（Nishimoto & Gallant，2011）でほぼ明らかになった．もう一方の高次視覚経路である腹側経路は，"what pathway" とも呼ばれ，視野内にある物体が何であるか，どのような形をしているかなどの視覚認知のための処理をする経路であると言われている．

1)　背側経路：MT，MST 野—運動速度を表現する細胞

脳内では物体の運動速度を一次視覚野細胞の活動からどのように計算するのだろうか？ 多くのコンピュータビジョンの研究や現在のほとんどの実装例では，物体の運動速度の検出はカメラからの動画の連続する複数フレームで，物体の特徴点（角，エッジ，線やその交点など）を検出し追跡することで，それらの移動方向と移動量として検出している（Maresca & Petrosino，2015；Maresca，2013)．しかし，MT 野の細胞が採用している計算方法は，これとは全く異なる．その理由は，物体の特徴点を見つけ複数フレーム間で対応する特徴点を同定すること自体が難しい物体認識の問題だからだ．また，コンピュータによる計算アルゴリズムが存在するとしても，それを神経回路として無理なく実装できるかどうかは，全く別の問題である．神経細胞によって実現できる演算は非常に限られている．

多数のシナプスからの興奮性および抑制性入力の加算・減算と，伝送される信号をシャント抑制（Holt & Koch，1997）により弱める形での割算に限られている．神経回路によりこれらの演算のみを使って，例えば簡単な一次の連立方程式を解くことさえ，どの変数の値を細胞の活動により表現するかという問題設定の点で非常に困難である．さらに不都合なことに，物体の特徴点などに関する情報は上記の通り別の視覚経路である腹側経路の神経細胞が担っている．使おうとしても何センチも離れたところに必要な情報が存在するのでは，使うことはできない．What の答えを使って，物体の where を知る手法が，コンピュータビジョンでは容易でも，脳では簡単には使えないのである．そもそも，なぜ視覚情報を 2 経路に分けたのだろうかということになる．

2)　窓枠問題と連立方程式による（神経細胞には無理な）運動速度の解法

具体的に，V1 細胞の持つ情報から運動速度を求めることを考える．図 3.7A では，三角形がまっすぐ右方向に太い矢印の速度で運動している．この時，円で示される場所に受容野を持ち，45 度の方位に選択性を持つ V1 細胞は，受容野に最適刺激が入るため発火する．この細胞にとって，三角形の辺の運動は辺に直交する右下向きの矢印の運動速度を持つように観察される．つまり，細胞はこの円形の窓を通して運動を観察している限り，エッジは真の運動であるまっすぐ右とは異なる動きを持つように見える．このように，窓を通して観察される運動が，真の運動とは異なる速度を持つように見える問題は「窓枠問題」と呼ばれる．これは，一つの窓枠を通したエッジの動きが曖昧であることから生じている．この曖昧さとは次のようなことである．すなわち図 3.7B の点線のように，ある窓枠を通して観測される運動のベクトルに直交する線上の任意の点に原点から引かれたベクトルを運動速度とする動きはすべて同じエッジの動きとして観測される．別の

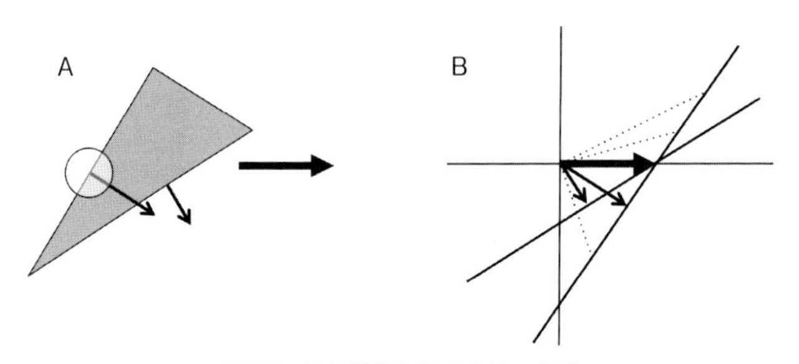

図 3.7　窓枠問題と拘束条件の交点

見方をするとこの直線はある窓枠を通して観測された運動の曖昧さを規定する一つの拘束条件を示している．したがって，このような曖昧さを解消するためには，異なる場所に受容野を持つ二つ以上の細胞を使って物体の動きを観察し，2か所の観測結果とつじつまの合う運動を求めればよいことになる．これは，図3.7Bのように，観測される二つの運動による拘束条件（直線）の交点を求めることに相当する．直線の交点を求めるためには，それぞれの直線が表す一次連立方程式を解けばよい．この交点へ原点から引いたベクトル（太矢印）が真の運動速度を表す（Ullman & Hildreth，1983；Hildreth，1984；Hildreth & Koch，1987）．剛体の並進運動では，観測窓がさらに多数追加されても，すべての拘束条件が同一の交点を持つ．上記で述べたように，この計算は演算に制限のないコンピュータでは初歩的なアルゴリズムにより解を求めることが可能だが，神経細胞ネットワークにこのアルゴリズムを載せるのは非常に困難である．

3） 時空間周波数領域におけるV1細胞出力の加算のみによる運動速度の解法

神経細胞ネットワークによる基本演算は，加減算と割算に限定されるが，これらのみで可能な解法が運動を時空間周波数領域で考えることで得られる．運動の定義は時間とともに位置が変化することであるから，運動の解析のためには時間の追加は必須である．図3.8は，時空間周波数領域を表す．これは図3.3の2次元空間周波数領域を水平面に置き，時間軸を垂直に追加した3次元の領域である．

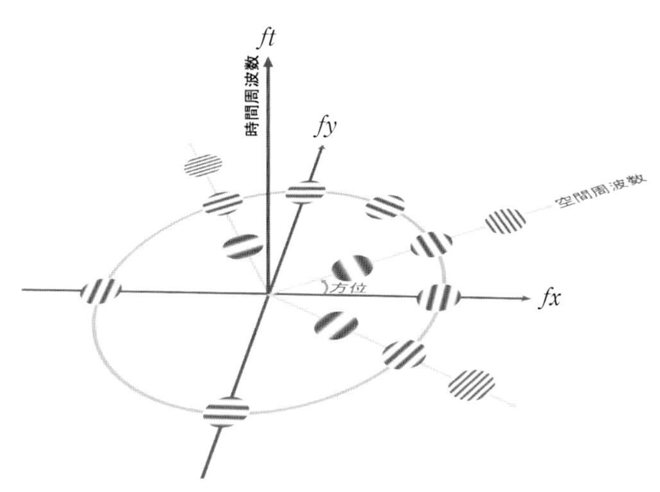

図3.8　3次元時空間周波数領域

静止画像を考えた時には，V1 細胞は（f_x, f_y）平面の一点の周波数成分を表した．これに時間周波数を追加した3次元の時空間周波数領域でも同様で，V1 細胞は（f_x, f_y, f_t）空間の一点の周波数成分を表す．もちろん，受容野の場所（x, y）も細胞ごとに決まっているので，実際には（x, y, f_x, f_y, f_t）の5次元で定義される空間で，細胞の選択性を考えなければならない．もともとは場所（x, y）の関数として定義されていた画像を5次元の表現に変換したことになるので，一見複雑さを増したように見えるが，V1 ではこのような表現をとることで，高次視覚領野での情報抽出が簡単になることを MT における運動速度の計算を例にとって以下に示す．図 3.1 に示した，音の解析でも実は同じような変換は行われている．すなわち，もともとは時間 t の関数として定義される音の波形を，周波数と時間の領域（f, t）に変換したものがスペクトログラムであり，聴覚系がこの領域で以後の解析を行うことからも，こうした次元の数を増加させる変換は外界からの信号の解析のためにはごく自然な戦略であると言えよう．

剛体の並進運動による視覚情報は，（f_x, f_y, f_t）空間においては非常に単純な構造を持つ．すなわち，運動を表すすべての時空間周波数成分は，（f_x, f_y, f_t）空間の原点を通る傾いた平面に乗る．一つのサイン波の運動であれば，その周波数成分はこの空間内の原点対称な2点だけで平面は決まらないが，一般に複雑な形状を持つ移動物体の周波数成分は非常に多数あり，図 3.9 のように，周波数成分がすべて一つの平面の上に乗るのである．（fx, fy）面に対するこの平面の傾きがスピードを表し，傾斜が急なほど速いスピードに対応する．また，平面の傾斜の向

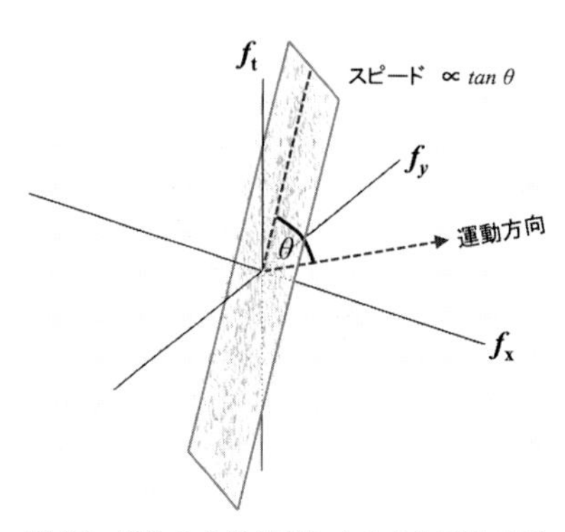

図 3.9 剛体の並進運動による3次元時空間周波数成分の構造

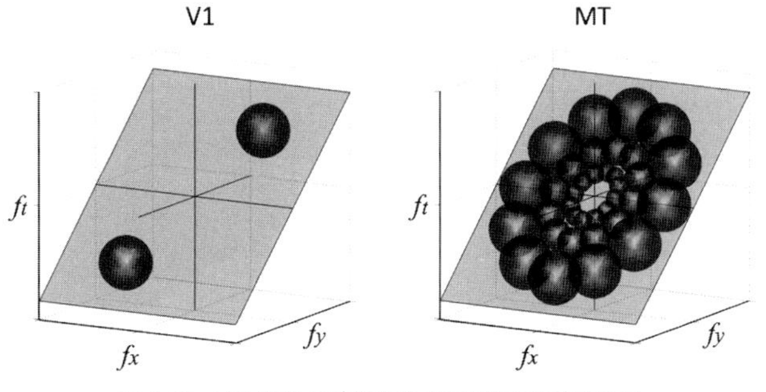

図 3.10 MT 細胞の受容野を V1 細胞の加算で作る

きが運動方向を表す．運動速度はこれら二つの平面の傾斜パラメータにより完全に表現される．

このような（f_x, f_y, f_t）空間の原点を通る傾いた平面は，V1 細胞を多数集めてくることで定義することが可能である．図 3.10 は Simoncelli と Heeger の MT 細胞の受容野モデルである（Simoncelli & Heeger, 1998）．通常の受容野は空間（x, y）あるいは時空間（x, y, t）で定義されるが，このモデルでは（f_x, f_y, f_t）空間で定義される受容野を考えている．図 3.10 左は V1 細胞一つの担う情報を表し，（f_x, f_y, f_t）空間において原点対称な二つの球である．これにより，V1 細胞は（f_x, f_y, f_t）空間のある一点の周波数成分を表している．一点ではなく周波数領域で球状の広がりを持つのは，ウェーブレットが空間と時間領域で範囲を制限されているためである．周波数成分のピークは球の中心にある．原点対称な 2 点を通る平面は無数にある．これは時空間周波数領域での窓枠問題の現れと考えることができる．運動速度を完全に拘束するためには，二つ以上の V1 細胞の出力を（f_x, f_y, f_t）空間において平面に乗るように集めてくれば良いと考えられる．図 3.10 右は同一平面に乗る 12 個の V1 細胞が表す時空間周波数のセットを表す．つまり，これら 12 個の V1 細胞の出力を単純に加算により統合することで，運動速度に対応する平面を定義することができる．実際には，12 個程度でなく，もっと多数の V1 細胞が一つの MT 細胞に投射していると考えられる．最近の研究で，実際の MT 細胞がこのような統合過程により V1 入力を集めている証拠が得られている（Nishimoto & Gallant, 2011）．この図では V1 からの興奮性の入力の加算のみ示しているが，実際には抑制性入力も存在し，減算も利用されている．

これまでの記述からわかるように，背側経路に位置する MT 野では，特定の空間周波数と時間周波数に反応するように作られた周波数分析器であるV1細胞を複数個集めて，視野内の物体の運動速度を計算する非常に上手い方法を実現している．この方法によれば，連立方程式を解く必要はなく，また，腹側経路に存在する情報である物体の特徴点や物体認識に基づく情報は不要であり，基本的にはV1細胞の出力信号を加算したり減算したりという，非常に簡単な演算ですべてが可能である．MT細胞における運動速度の表現は，高次処理に使いやすいV1表現を利用した計算の一例であり，エネルギー効率の観点からだけではなく，なぜウェーブレット変換がV1で実現されてきたのかという疑問に対する一つの答を示唆している．

4) 腹側経路：V4，IT野—曲率を伝える細胞

もう一方の高次視覚経路である腹側経路では，同じV1野の細胞集団の情報を違うルールで統合している．腹側経路は，視野内にある物体が何であるか，どのような形をしているかなどの視覚認知のための処理をする経路であると言われている．腹側経路の中間段階に位置するV4野の細胞の機能の一つはある特定の曲率の検出器であるとされている（Gallantら，1996）．これを模式的に示せば，図3.11のようにV1細胞のウェーブレットを隣り合う場所で異なる方位のものを統合すればよいことがわかる．この図では，曲率を表現するような単純なV1細胞の組み合せの可能性を示したが，最近の研究はテクスチャーの情報が複数の位置や空間周波数および方位の間の相関としてV2～V4を含む高次視覚野で表現されている可能性を示唆している（Freeman & Simoncelli，2011；Freemanら，2013；Okazawaら，2015）．このことは，V1で画像をウェーブレット変換して局

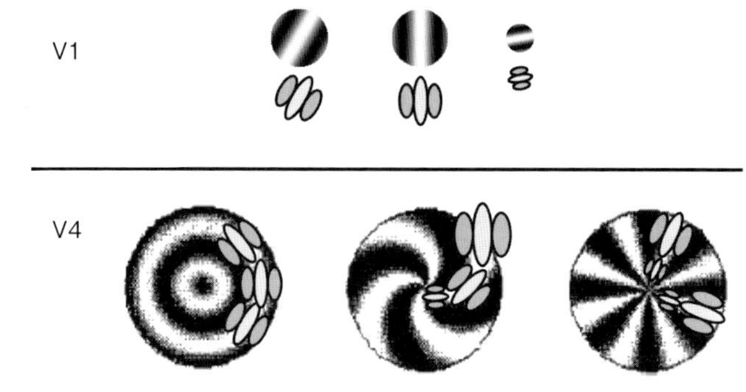

図3.11　複数のV1細胞の出力を統合してV4細胞を作る

所の空間周波数の集まりに分解した情報が，腹側経路において非常に巧妙に統合されていることを示している．このように，ウェーブレット変換による画像の情報表現は腹側経路においても高次の視覚情報処理の豊かな基盤となっているのである．

おわりに

これまでの研究により，V1野の視覚情報表現はウェーブレット変換であることがほぼ示された．デジカメや網膜における画像表現であるピクセルの情報が，高次視覚機能の実現のために使いやすい形に変換されて存在する大脳領野がV1である．生物の脳の中でウェーブレット変換やそれを利用して運動速度を検出するなど，想像を絶するほど数学的に美しい表現が採用されているとは，私が学生のころは思いもよらなかった．脳はよく言えば，もっと神秘的で，悪く言えば泥臭いシステムで，初期の部分以上は解明など不可能かもしれないと考えていた．しかし，当時の自分の想像をはるかに超えて脳は非常に巧妙にできているシステムであることを，視覚神経科学分野の研究の発展から実感している．私も含めて脳の持ち主は必ずしも数学が得意でないことの方が多いかもしれないが，誰の脳も人知れず数学の達人であるということだ．それを可能にした数十億年にわたる生命のつながりに感謝したい．　　**[大澤五住]**

文　献

Campbell FW & Robson JG (1968) Application of Fourier analysis to the visibility of gratings. *J Physiol* (London), **197**: 551–566.

Escabí MA & Read HL (2003) Representation of spectrotemporal sound information in the ascending auditory pathway. *Biol Cybern*, **89**: 350–362.

Freeman J & Simoncelli EP (2011) Metamers of the ventral stream. *Nat Neurosci*, **14**: 1195–1201.

Freeman J, Ziemba CM, Heeger DJ, Simoncelli EP & Movshon JA (2013) A functional and perceptual signature of the second visual area in primates. *Nat Neurosci*, **16**: 974–981.

Gallant JL, Connor CE, Rakshit S, Lewis JW & Van Essen DC (1996) Neural responses to polar, hyperbolic, and Cartesian gratings in area V4 of the macaque monkey. *J Neurophysiol*, **76**: 2718–2739.

Goodale MA & Milner AD (1992) Separate visual pathways for perception and action. *Trends Neurosci*, **15**: 20–25.

Hildreth EC (1984) The Measurement of Visual Motion, ACM Distinguished Dissertation Series, MIT Press, Cambridge, MA.

Hildreth EC & Koch C (1987) The analysis of visual motion : from computational theory to euronal mechanisms. *Annu Rev Neurosci*, **10** : 477-533

Holt GR & Koch C (1997) Shunting inhibition does not have a divisive effect on firing rates. *Neural Comput*, **9** : 1001-13.

Hoyer PO & Hyvärinen A (2002) A multi-layer sparse coding network learns contour coding from natural images. *Vision Res*, **42** : 1593-1605.

Kato D & Ohzawa I (2012) Mac OSX : 2D Gabor Wavelet Transform and Inverse Transform (Reconstruction) Demo, Visiome Platform. https://visiome.neuroinf.jp, https://visiome.neuroinf.jp/modules/xoonips/detail.php?item_id=6951

Kay KN, Naselaris T, Prenger RJ & Gallant JL (2008) Identifying natural images from human brain activity. *Nature*, **452** : 352-355.

Lee TS (1996) Image representation using 2D Gabor wavelets. *IEEE Trans. on Pattern Analysis and Machine Intelligence*, **18** : 959-971.

Maresca ME & Petrosino A (2015) Clustering Local Motion Estimates for Robust and Efficient Object Tracking, in Computer Vision - ECCV 2014 Workshops, Springer, Switzerland, pp. 244-253.

Maresca ME (2013) Matrioska : A Multi-level Approach to Fast Tracking by Learning, 17th International Conference on Image Analysis and Processing. https://mariomaresca.wordpress.com/projects/matrioska/

Mishkin M & Ungerleider LG (1982) Contribution of striate inputs to the visuospatial functions of parieto-preoccipital cortex in monkeys. *Behav Brain Res*, **6** : 57-77.

Nishimoto S & Gallant JL (2011) A three-dimensional spatiotemporal receptive field model explains responses of area MT neurons to naturalistic movies. *J Neurosci*, **31** : 14551-14564.

Nishimoto S, Ishida T & Ohzawa I (2006) Receptive field properties of neurons in the early visual cortex revealed by local spectral reverse correlation. *J Neurosci*, **26** : 3269-3280.

Nishiyama H (2011) "Just By Thinking Of You" in "Music In You" / Hitomi Nishiyama Trio, Meantone Records, ASIN : B005N8I03S. http://hitominishiyama.net

Ohzawa I, DeAngelis GC & Freeman RD (1996) Encoding of binocular disparity by simple cells in the cat's visual cortex. *J Neurophysiol*, **75** : 1779-1805.

Okazawa G, Tajima S & Komatsu H (2015) Image statistics underlying natural texture selectivity of neurons in macaque V4. *Proc Natl Acad Sci USA*, **112** : E351-360.

Olshausen BA & Field DJ (1996) Emergence of simple-cell receptive field properties by learning a sparse code for natural images. *Nature*, **381** : 607-609.

Olshausen BA & Field DJ (1997) Sparse coding with an overcomplete basis set : a strategy employed by V1? *Vision Res*, **37** : 3311-3325.

Sasaki KS & Ohzawa I (2007) Internal spatial organization of receptive fields of complex cells in the early visual cortex. *J Neurophysiol*, **98** : 1194-1212.

Simoncelli EP & Heeger DJ (1998) A model of neuronal responses in visual area MT. *Vision Res*, **38** : 743-761.

Ullman S & Hildreth EC (1983) The Measurement of Visual Motion. Physical and Biological Processing of Images (Braddick OJ, Sleigh AC eds), Springer-Verlag.

3.2　質感を見分ける脳の働き

a. 脳でものを見分けるとは？

質感を見分ける働きには物の素材の判断や，物の表面の状態を見分ける働きが含まれる．例えば，ある器を見てそれが木でできているのか金属でできているのかを判断したり，器の光沢を見て光を鋭く反射させる表面であるのか鈍く反射させる表面であるのかを見分けたりする．また素材や光沢の判断を行うと同時に，器の表面がつるつるしているとか，硬そう，冷たそうなどといった印象が心の中に生み出される．これらが合わさった心の働きを質感認知と呼ぶ．さらにそれらの印象は，器が美しいか否か，あるいは好きか嫌いかといった感性的・情動的な判断にも大きく影響する．本節では，このような質感認知の基礎をなしている部分，つまり素材を見分けたり光沢を判断することが脳の中でどのように行われているかについて述べる．そのような機能の核心をなすのは，目に入る刺激つまり視覚刺激を見分ける脳の働きである．そこで本節では，まず色を見分ける働きを例にとって，脳の視覚情報処理を概観した後，質感を見分ける脳の働きについて述べる．

b. 脳内視覚情報処理の概要

1)　色を見分ける働き

まず，色や質感に限らず視覚機能の出発点は，目の網膜に存在する光センサー（光受容器）である．光受容器には暗いところで働く桿体と明るいところで働く錐体があり，このうち錐体が色覚に関係する．錐体は３種類存在し，それぞれＬ錐体，Ｍ錐体，Ｓ錐体と呼ばれる．Ｌは long-wavelength-sensitive（長い波長に感度が高い）の頭文字のＬで，Ｍは middle，Ｓは short の頭文字である．これらの３種類の錐体は分光感度特性，つまりどのような波長の光に高い感度を持つかが異なっており，Ｌ，Ｍ，Ｓ錐体の順に感度のピークが短い波長に移る（図 3.12 左）（脳科学辞典）．同じ強さの光であっても色が違うとＬ，Ｍ，Ｓの３種類の錐体の相対的な応答の強さが異なる．つまり光センサーのレベルでは色の違いは３種類の錐体の相対的な応答の強さの違いとして表現されている．

次の段階では異なる錐体の信号の比較が行われる．網膜の神経回路の中で隣接

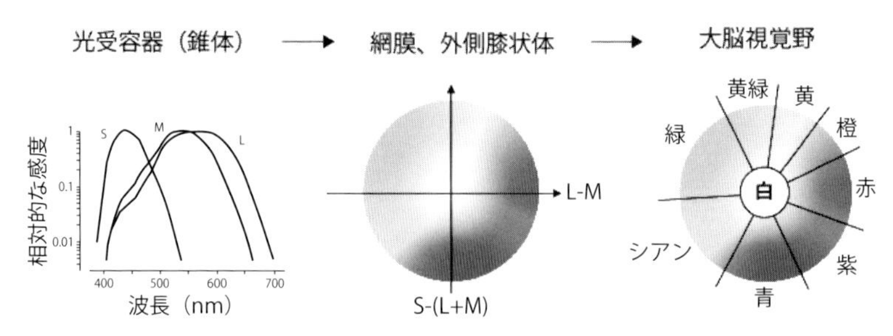

図 3.12　視覚系の異なる段階での色情報の表現の仕方の変化

する異なる種類の錐体の応答の差をとってL-M（大まかには赤と緑を区別する信号）とS-(L+M)（青と黄を区別する信号）の2種類の細胞（反対色細胞）が作り出される（図3.12中）．網膜の出力細胞（網膜神経節細胞）や網膜の信号を中継して大脳視覚野に伝える外側膝状体と呼ばれる場所で色を見分ける細胞は反対色細胞であり，このように，L-MとS-(L+M）という二つの軸で色を表現している（脳科学辞典）．

外側膝状体で中継された視覚情報は大脳皮質一次視覚野に伝えられる．大脳皮質一次視覚野は第1番目の視覚領野（visual area）であることから通常V1（ヴィワン）と呼ばれる．大脳皮質の多くの領域（ヒトで25～30%，サルでは50%ほど）が視覚に関係しており，多数の視覚領野に分けられている（小松，2000）．視覚領野はV1を起点として複雑な配線でつながっているが，視覚領野をつなぐ二つの大きな経路が存在する（図3.13）．一つの経路は背側経路と呼ばれ，脳の上の

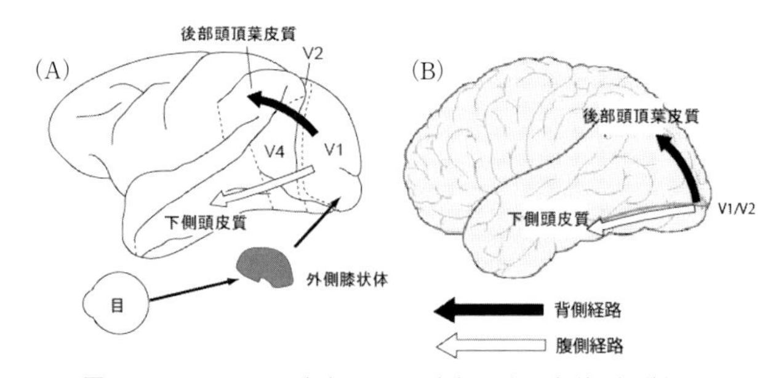

図 3.13　マカクザル（A）とヒト（B）の大脳皮質の視覚経路
第一次視覚野（V1）から始まり，二つの経路（背側経路と腹側経路）で前方に視覚情報は伝えられる．V2，V4は視覚領野の名称．

方（背側）を頭頂葉に向かう経路で，もう一つは腹側経路と呼ばれ脳の下側（腹側）を側頭葉に向かう経路である．いずれの経路もいくつもの領野が階層的につながってできており，V1 により近い方の階層を低次の領域，V1 から離れた高い階層の領域を高次の領域と呼ぶ．それぞれの視覚領野は視覚の様々な機能に異なる程度で関わっており，役割分担あるいは機能の分化が見られる．上の二つの視覚経路も機能が異なり，背側経路は空間内の位置関係や動きの知覚，あるいは視覚に基づいて手の運動を制御するといった機能に関係しているが，腹側経路は視覚的に物を見分けたり記憶する機能により強く関係している．マカクザル（ニホンザル，アカゲザルなどを含むサルの種類）において腹側経路を形作る V2 野，V4 野，下側頭皮質には色を見分ける細胞（色選択性細胞）が見出される（脳科学辞典）．これらの細胞は特定の範囲の色相や彩度の色だけに応答して他の色には応答しない（図 3.12 右）．大脳皮質以前ではどの色を表現する場合でも，刺激の出た視野位置に受容野を持つ 2 種類の反対色細胞のほとんどすべてが何らかの応答（マイナスの応答も含めて）を示し，集団的な色情報表現を行っている．一方，大脳視覚野では刺激の色に反応する一部の細胞だけが応答する．このように全体のニューロン集団の中の一部がまばらに反応する仕方をスパースな情報表現と呼ぶが，大脳視覚野はスパースな色情報表現を行っているということである．視覚情報をスパースに表現することは，色だけでなく他の種類の情報についても大脳視覚野において広く観察される．

腹側経路の高次領野（ヒトの紡錘状回付近，サルの下側頭皮質）が損傷されると色を見分ける機能に重篤な障害が生じる（Zeki，1993；Komatsu，1998）．ヒトでは世界から色が失われ，灰色に見える症状が起こることがある．この症状を大脳性色覚異常（アクロマトプシア）と呼ぶ．このことから，腹側高次視覚野の色選択性ニューロンの活動は色知覚を生み出すために非常に重要な役割を果たしているものと考えられる．実際にサルの腹側高次視覚野である下側頭皮質の色選択ニューロンの活動は，その時にサルが行っている色を見分ける行動とよく対応していることが示されている（Matsumora ら，2008）．

上で述べてきた色を見分ける働きは，以下のようにまとめることができる．目に入ったある色の光は網膜に存在する 3 種類の錐体光受容器の活動パターンとしてまず表現される．その信号が変換されつつ脳の腹側高次視覚野に伝わる．そして，腹側高次視覚野に存在する特定の色に選択性を持つニューロンが，それ以外の色に選択性を持つニューロンに比べてより強く応答することによって，刺激の色が知覚される．

2) 金色という色

ここまで，色を見分ける働きの概要を述べてきた．それでは金色という色は同じような枠組みでとらえられるだろうか？ 黄色っぽく光り輝く物体の色を聞かれれば私たちは金色と答えても黄色とは答えない．しかしそのような物体の画像の一部だけを切り出してきたものはもはや金色とは答えず，黄，橙，茶色などと答えるだろう（**口絵 6**）．興味深いことに，色度図には黄，橙，茶色などに対応する場所はあるが，金色に対応する場所はどこにもない．これは金色という「色」は異なる色や明るさを持つ領域が何らかの規則に従って集まることによって初めて生み出されることを示している．すなわち，上で扱ってきた色が基本的には視野の局所の錐体に始まる情報処理で説明できるのに対して，金色という「色」はもっとグローバルな処理が必要であるということである．同様にプラスチック，ゴム，ガラス，ロウなど様々な素材でできた物体の画像を見ただけで私達はそれぞれの素材に固有の質感を感じるが，もし小さなのぞき穴を通してそれらの物体を見たとすれば，色や明るさが微妙に変化する小さな領域が見えるだけである．しかし，物体の広い範囲を見ることができれば質感はただちに知覚される．このことは，色や明るさの分布を手がかりとして，私たちの脳が質感を見分けていることを示している．

c. 光沢を見分ける脳細胞

物体画像の明るさや色の分布から，どのような画像の手がかりを用いて様々な質感を私たちが見分けているかについては，心理物理学の分野で現在活発に研究が行われている．特に光沢については多くの心理物理学の研究がなされてきたが，近年脳科学的研究が行われるようになり，サルの腹側高次視覚野である下側頭皮質に光沢の違いを見分ける細胞（光沢選択性ニューロン）が見出され，この脳部位が光沢を見分ける働きにも関係していることが示された（Nishio ら，2012）．そのような細胞のいくつかの刺激に対する応答の例を図 3.14 に示している．一つのニューロン（A）は強くシャープなハイライトを持つ物体の画像に強く反応しているが，もう一つのニューロン（B）はハイライトがぼやけた鈍い光沢を持つ物体の画像に強く応答していることがわかる．このような光沢選択性ニューロンが

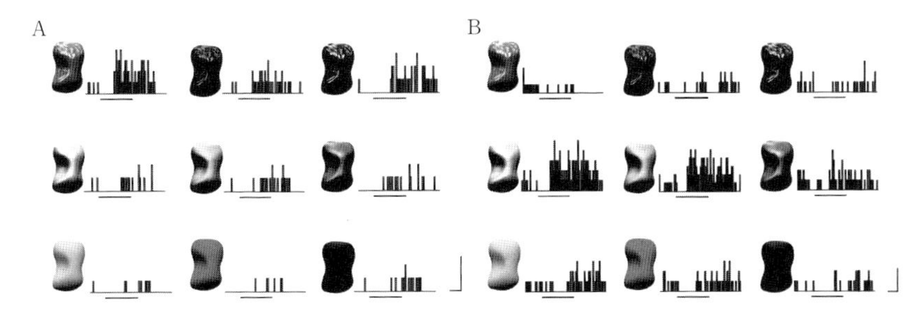

図 3.14　サルの下側頭皮質で見出された光沢選択性ニューロンの例
A と B はそれぞれ一つのニューロンの 9 個の刺激に対する応答をヒストグラムで表す．上の段はシャープなハイライトを持つ鋭い光沢のある刺激，中の段はぼやけたハイライトを持つ鈍い光沢のある刺激，下の段は光沢のない刺激に対する応答．ヒストグラムは時刻ごとのスパイクの発火頻度を示す．ヒストグラム下の横線が刺激呈示期間（300 ミリ秒）．AB の右下のスケールの縦棒が 50 スパイク / 秒，横棒が 100 ミリ秒を示す．

どのような手がかりをもとに光沢を見分けているかを調べる実験が行われた結果，ハイライトの内部とその周囲の明るさの違い（ハイライトのコントラスト），ハイライトの輪郭のシャープさあるいはぼやけの程度，および物体の拡散反射率の三つの手がかりに基づいて応答していることが示された（Nishio ら，2014）．これらはいずれも物体の見かけの光沢の強さに影響することが知られている手がかりである（Ferwarda ら，2001）．物体の拡散反射率とは，方向によらず光を反射する程度を表す特性で，拡散反射率が高いと物体表面は明るくなり低いと暗くなる．ハイライトの明るさが同じであっても，物体表面が暗いとハイライトは目立つため光沢を強く感じるというように，拡散反射率も見かけの光沢に大きく影響するのである．このように光沢知覚の仕組みについては，心理物理学の知見と対応するとみられる脳活動が高次視覚野で見出されている．

光沢の手がかりを表現するこのような細胞の活動が，低次視覚野からどのような処理を経て生み出されるのかについてはよくわかっていない．ハイライトは，物体表面の曲率が大きい部分に沿ってつきやすい．人工的に画像を操作してハイライトの向きを変えて，曲率の小さな方向に沿ってついているようにすると，ハイライトではなく単なる物体表面の模様やしみに見えてしまう（Anderson & Kim，2009）．このことは物体表面の他よりも明るく光る部分がハイライトとして認識されるためには，物体の三次元形状を表す手がかりと整合性がとれていないといけないことを示している．視覚野における処理の過程で，このような異なる種類の手がかりの相互作用がどのように起こるのかは未解決の興味深い問題である.

光沢の処理に関わる脳部位を探る試みが機能的 MRI（fMRI）を用いてヒトとサルで行われている. 光沢を持つ物体画像を見た時の活動が, 光沢のない物体画像を見た時に比べてより強い活動を示す領域が, ヒトとサルのいずれにおいても腹側視覚経路に沿って低次領野から高次領野にかけて観察された（Okazawa ら, 2012）. これに加えてヒトでは背側経路の一部の領域（V3A/B 野）でも活動が見られた（Wada ら, 2014）. また, ヒトで光沢に注意を向けた条件では, 物体の形や向きに注意を向けた条件に比べて腹側高次視覚野と V3A/B 野で強い活動が見られ, これらの場所が特に光沢の知覚に関わっていることを示唆している.

d. 脳機能イメージングからわかること

1） ミクロなスケールの脳活動を調べる方法

ここで, 脳がどのように視覚情報を表現しているかを調べる研究方法について少し触れたい. 個々の脳細胞が表現する情報を調べる代表的な方法は, 先端部分のみが絶縁されていないごく細い電極（微小電極）の先端を脳細胞の近傍まで刺入して, その細胞が発生している電気活動を直接記録する方法である. 脳細胞は1ミリ秒程度の時間で急峻に変化する大きな電位変化（活動電位）を発生して, これが軸索と呼ばれる突起を伝わり次の細胞に信号が伝わる. 活動電位は刺激が入らない時の定常的な電位に対してトゲ状に電位が変化することから, スパイクとも呼ばれる. 脳細胞は単位時間あたりに発生する活動電位（あるいはスパイク）の数の変化として情報を伝えているということである. 上で述べてきた色や光沢に選択性を持つ細胞が, どのようにそれらの情報を表現しているかを調べた研究は, 微小電極を用いて1個1個の細胞の活動を記録する方法を用いて行われた.

大脳皮質では皮質の表面に垂直な方向（深さ方向）に類似した視覚の特徴（例えば輪郭の向き, 動きの方向, 両眼視差, 色相など）に反応する細胞が並び, 表面に沿った方向には数百ミクロン以下の微小な領域（コラムと呼ばれる）を形作る例がいくつも見出されている. このようなコラムの構造やそこで表現されている情報を調べるためには, 微小電極法だけでは限界があり, 皮質表面に沿った数 mm ～数 cm の領域の時空間的な活動のパターンを一度に調べられる光計測法や2光子カルシウムイメージング法などのイメージング手法が用いられる.

2)　マクロなスケールの脳活動を調べる方法

大脳皮質にはさらに大きい規模で特定の情報の処理に関係する数 mm 程度の広がりを持つ小領域が存在することが見出されている．特によく知られているのは顔の処理に関係した領域で，ヒトの紡錘状回付近やサルの下側頭皮質に複数個見出されている（Kanwisher & Yovel，2006；Tsao ら，2006）．これ以外にも体やシーンや色などに反応する小領域も知られている．このような小領域を調べるためには，より広い範囲の脳活動を一度に計測できる機能的 MRI が用いられる．この方法は非侵襲的な脳活動計測方法であるため，ヒトを対象とした研究でも広く用いられている．

機能的 MRI は脳の局所の血流変化を手がかりにその脳部位の活動を計測する方法であるため，空間的な解像度は 1 mm 程度と他の方法に比べて低い．機能的 MRI での計測の空間的な単位をボクセルと呼ぶが，通常 2 〜 3 mm 程度の立方体の領域である．機能的 MRI は前項で述べたように研究の対象とする情報を含む刺激と含まない刺激の差分をとって，その情報に対して活動する部位を同定するというのが基本的な方法であったが，近年新しい手法が発展している．

3)　表現の類似性の解析

その一つは表現の類似性の解析（representational similarity analysis）と呼ばれる方法で，より詳細に脳の情報表現を調べる方法として近年多く用いられている（Kriegeskorte & Kievit，2013）．この方法はある刺激セットに対して生じた脳のある部位の複数のボクセルの活動のパターンの距離関係が，刺激のどのような側面の距離関係と対応するかを調べるものである．刺激の側面とは，例えば画像刺激の含む特徴（色，明るさ，空間周波数や方位の成分，テクスチャなど）や，画像中の物体やシーンのカテゴリ，画像の印象などであり，刺激間で距離関係を定義可能なものであれば何でもよい．この方法を質感認知の脳研究に応用した具体例は，次項で取り上げる．

4)　デコーディングと刺激の再構成

近年大きな注目を集めている機能的 MRI のもう一つの使い方は，ヒトの知覚している内容を計測した脳活動から推定する方向の研究で，デコーディング，あるいはヒトの心の中の状態を読み取ることにつながる技術という意味でマインドリーディングなどと呼ばれる．この方法ではまずサンプルの画像を見せた時の脳活動を計測し，各ボクセルが刺激のどのような画像特徴を表現しているかをモデル化する（エンコーディングと呼ばれる）．その上で未知の画像（テスト刺激）を見せた時の脳活動を計測し，複数のボクセルの活動パターンからエンコーディングされたモデルを利用して刺激を推定する．このようにある脳部位の複数のボクセルの活動パターンをもとにして，表現されている情報を調べる方法はマルチボクセルパターン解析（MVPA = multi-voxel-pattern-analysis）と呼ばれる．神谷らは2005年にV1を含む低次視覚野に対してMVPAを行い，輪郭刺激の向きを正しく推定できることを示し世界を驚かせた（Kamitani & Tong, 2005）．その後あらかじめ決められたセットから刺激を選び出すのではなく，エンコーディングモデルを利用して幾何学図形の刺激を脳活動をもとに再構成したり，あるいは大規模な画像データベースを利用して脳の活動パターンに最もよく当てはまる自然画像を選び出したり，夢の内容を推定するといったことも行われるようになっている（Miyawaki ら，2008；Naselaris ら，2009；Horikawa ら，2013）．

この三つ目にあげたデコーディングの方向に関しては，物体やシーンの画像についての研究は進んでいるが，質感認知に直接つながる研究はまだ行われておらず，今後の発展が期待される．この方向の研究では，統計的機械学習や大規模画像データベース，あるいは画像のカテゴリや意味内容まで含んだ解析が重要であり，それらの技術が進んでいるコンピュータビジョンの分野との連携が極めて重要であると考えられる（4.3節参照）．

e. 素材を見分ける働き

1) 脳損傷による素材認知の障害

脳梗塞や脳出血などで脳の特定の部位がダメージを受けた時に，特定の機能に障害が現れるケースが見られ，脳の機能分化を理解する重要な手がかりを与えてくれる．b.1)項「色を見分ける働き」で述べた大脳性色覚異常はそのような例である．質感認知に関しては鈴木らによる臨床例の検討から，腹側高次視覚野の紡錘状回付近を損傷した患者において物を見てその素材を判断する機能に障害の起きる例が最近見つかっている（鈴木，2015）．

2) 素材認知に関係する脳活動

一方，機能的MRIを用いた研究においても，腹側高次視覚野が素材認知に関係することが示されている．Cant & Goodale（2007）は物の素材に注意を向けた時と形に注意を向けた時の脳活動を比較し，素材に注意を向けた時に腹側高次視覚野で強い活動が得られることを示した．また，彼らは順応パラダイムと呼ばれる実験方法を用いた研究も行っている（Cant ら，2009）．順応パラダイムというのは，複数の特徴（例えば色，形，テクスチャ）の組み合せからなる刺激を順番に見せた時の脳活動を計測して，それらの特徴の情報が表現されているかどうかを調べる方法である．この方法は，ある特徴に選択性を持つ脳細胞は，同じ刺激が繰り返し出されると反応が弱くなることを利用して，特定の特徴に選択的な活動が脳のどの部位に存在するかを調べるものである．この方法を用いて素材の識別に関わるテクスチャや素材のカテゴリに対する順応が腹側高次視覚野で起こることが見出されており，素材の種類を見分ける細胞がこの領域に存在するものと予想される．

3)　素材の画像特徴と印象を表現する脳活動

腹側視覚経路でどのような情報に基づいて素材を見分けているのかを明らかにするために，前節で述べた表現の類似性の解析の手法を用いた研究も行われている．この研究で用いられた方法は，質感認知研究に広く応用できると考えられるため，少し詳しく説明する．

Hiramatsu ら（2011）は 9 種類の素材（金属，ガラス，セラミック，石，樹皮，木目，皮革，布，毛）の画像をヒトに見せた時に機能的 MRI で記録した脳活動を解析し，素材カテゴリ間の距離を計算した．距離を計算するにあたって刺激の側面として解析の対象とされたのは，画像特徴のセットと画像の印象である．画像特徴としては色，明るさについて 8 パラメータ，空間的な特徴としては局所の方位と空間周波数を組み合わせた 12 のパラメータの計 20 個のパラメータで各刺激を記述し，20 次元の特徴空間での素材カテゴリ間の距離を求めた．素材の印象については 12 の形容詞対について 5 段階で評価を行った．例えば「光沢なし—光沢あり」という形容詞対について，光沢が全くなければ 1 を選び，光沢がほどほどに強ければ 4 を選ぶという具合である．このようにして印象を定量化して 12 次元の形容詞空間で素材カテゴリ間の距離を求めた．図 3.15 は，画像特徴と印象のそれぞれについての素材間の距離関係をマトリックスの形で示している．マトリックスの縦と横の辺に 9 種類の素材が並び，マトリックスの各マスの明るさは縦の辺が表す素材と横の辺が表す素材の距離の大きさを表している．明るい程距離が大きく類似度が低いことを示す．図の左上のマトリックスを見ると，石（St）と樹皮（Ba）の行と列が交叉するマスは暗く，画像特徴が類似していたことを意

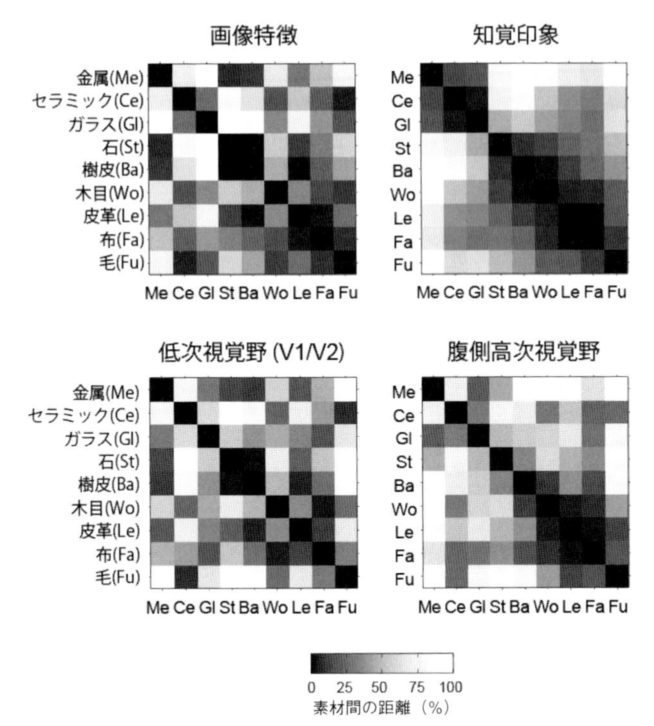

図 3.15　9種類の素材の画像についての表現の類似性の解析
上段は各素材の画像の画像特徴の距離関係（左）と形容詞による評価で求めた知覚印象の距離関係（右）．下段はヒトの fMRI 計測で得られた脳活動パターンから求めた低次視覚野での距離関係（左）と腹側高次視覚野での距離関係（右）．それぞれの距離関係のマトリックスの相関を計算すると，低次視覚野の脳活動パターンは画像特徴と相関が高く，腹側高次視覚野の脳活動パターンは知覚印象と相関が高い．下の横バーは距離の大きさを表すスケール（Hiramatsu ら，2011 を改変）．

味する．一方，右上のマトリックスのパターンは左上とは大分様子が違っている．これは素材の印象が単純な視覚特徴の集まりだけでは説明できないことを示している．また，金属（Me），セラミック（Ce），ガラス（Gl）の行と列が交叉するマスが暗いことは，これら3種類の素材への印象が類似していることを意味するが，これらはいずれも無機的な素材で硬く冷たいという共通点がある．

次に脳の特定の場所の活動から計算した素材カテゴリ間の距離関係を表すマトリックスが，上の二つのマトリックス，すなわち画像特徴に基づく距離関係のマトリックスと印象に基づく距離関係のマトリックスのいずれに，より対応しているかをマトリックスどうしの相関の強さを調べることにより解析した．その結果，低次視覚野である一次視覚野（V1）と二次視覚野（V2）のボクセルの活動パターン（図 3.15 左下）は画像特徴と相関が高いのに対し，腹側高次視覚野の活動（図 3.15 右下）は知覚印象と相関が高いことが示された．

このように表現の類似性の解析を行うことにより，脳のある部位が単に質感を見分けられるかどうかだけでなく，どのような情報に基づいて質感を見分けているかを明らかにすることができる．ここで紹介した研究では，刺激画像の単純な特徴と形容詞で評価した印象という二つの側面に関して脳活動のパターンとの類似性を分析していた．様々な質感の認知に寄与する画像特徴が，今後の研究の発展で明らかになってきた時に，この方法を用いればそのような情報の表現に関係する脳部位を特定することも可能になるだろう．また，様々な刺激が生み出す嗜好や情動の側面に注目した解析を行えば，感性的な質感認知に関わる情報処理が脳内でどのように行われているかを明らかにすることも可能であると考えられる．

f.　テクスチャの脳内処理

1)　画像統計量という考え方

多くの素材は固有のテクスチャを持っている．ここでいうテクスチャは物体の画像上の細かい模様のことである．例えば多くの木の板は年輪や柾目，板目などの模様を持ち，革の表面には「しぼ」と呼ばれる細かい凸凹の模様がある．これらのテクスチャは素材を見分ける重要な手がかりとなる．模様としてのテクスチャは人工的な幾何学パターンを繰り返したものも含むが，素材を特徴づける自然なテクスチャは細かく見れば全く同じパターンは決して繰り返されていないにもかかわらず，テクスチャのどの部分から小さい領域を切り出してきても同じテクスチャとして知覚される．このように，素材のテクスチャは一面では不規則でありながら極めて規則的であるという興味深い性質を持つ．これはテクスチャ画像から切り出してきた二つの領域が共通して同じ特徴を備えており，それらの特徴に基づいてテクスチャ知覚が行われているために同じテクスチャとして知覚されるのだと考えられる．物理学の一分野の統計力学においては，系を構成する原子や分子の微視的な状態が異なっていても温度や熱やエントロピーといった巨視的な性質が同じである系が無数に生じうる．テクスチャ知覚におけるミクロとマクロの関係は統計力学における微視的状態と巨視的状態の関係になぞらえることができる．つまりテクスチャを構成するピクセルごとの色や明るさが二つの画像間で違っていても，特徴の集合で表現される巨視的な状態が同じであれば同じテクスチャとして知覚されるということである．このような特徴の集合は画像統計量と呼ばれる．問題は二つの画像が同じテクスチャであると知覚するために必要な画像統計量はどのようなものかということである．

2) テクスチャ合成が示すこと

この問題について重要なヒントを与えてくれるのが，人工的なテクスチャ合成の研究である（Portilla & Simoncelli，2000）．これらの研究では V1 の細胞に対応するような局所の方位と空間周波数のフィルタの出力に加えて，異なる位置，方位，大きさのフィルタの出力どうしの相関などを画像統計量として用いる．それらの画像統計量を使ってテクスチャを次のように合成する．まず，ある自然テクスチャの画像からこれらの画像統計量を計算する．次にランダムノイズの画像を出発点として，元の画像と同じ統計量を持つように画像を合成していく．すると微視的には元の画像と全く異なっているにもかかわらず，見かけは元のテクスチャの別の部分から切り出してきたように見えるテクスチャ画像が出来上がる（図 3.16）．脳において自然テクスチャを見分ける働きにおいても，テクスチャ合成で用いられたのと類似の画像統計量が用いられているのではないかと想像することは，決してとっぴな空想とは言えないだろう．

また最近せせらぎの音や風の音など，自然が生み出す音についてもこれと似た仕組みで合成できることが示されている（McDermot & Simoncelli，2011；McDermot ら，2013）．興味深いことに，ある自然音から合成した二つの音刺激を順番に呈示して同じか違うかを判断させると，刺激の持続時間が長い方が判断の成績が悪くなりミクロな構造は違う音でも同じと判断してしまう．一般には刺激の呈示時間が長くなるとノイズに対する感覚信号の比率が上昇し成績は良くなるが，それと反する結果である．これは自然音やその合成音の知覚が統計量に基づいて行われるため，長時間呈示されるほど大数の法則が働いて信号の標本の集団の持つ傾向が母集団の持つ傾向と一致してくることによると考えられる．

3) 自然テクスチャ研究の重要性

自然テクスチャの問題は質感に関わる脳研究において重要な意味を持っている．質感に関わる情報，例えば光沢や素材を見分ける活動が腹側高次視覚野に見出されることは上で述べてきた．しかし，V1 からどのような情報処理を経てそのよう

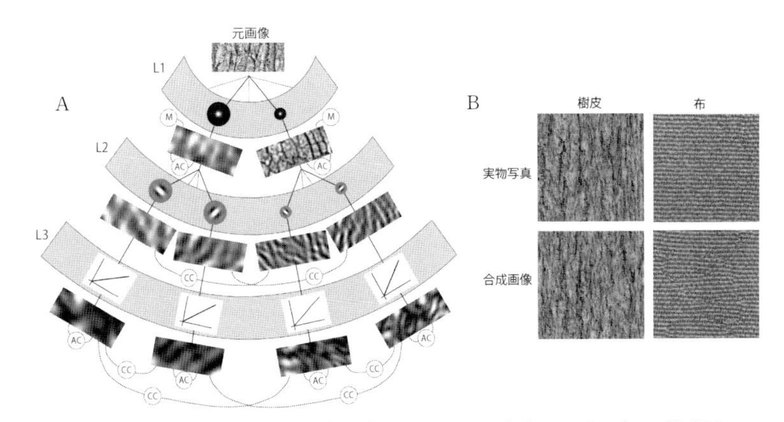

図 3.16 A：Portilla と Simoncelli（2000）のテクスチャ合成アルゴリズムの模式図．L1 は同心円状の空間周波数フィルタ，L2 は方位と空間周波数に選択的なフィルタ，L3 は L2 からの出力の振幅を取り出すフィルタ．L1 は網膜，L2 は V1 の単純型細胞，L3 は V1 の複雑型細胞の働きに類似している．このアルゴリズムでは元画像（上）に対して 3 段（L1，L2，L3）のフィルタで処理を行い，それらのそれぞれの出力に対して M，AC，CC などで表される計算を行い様々な統計量を求める．M は一つの出力画像における周辺分布の統計量（輝度ヒストグラムの平均，分散，歪度など）．AC は一つの出力画像内での自己相関．CC は異なる出力画像間の相互相関．テクスチャ合成においては，ノイズ画像を出発点にして，元画像とこれらの統計量が同一になるよう繰り返し計算で画像を生成する．
B：Portilla と Simoncelli のアルゴリズムにより合成したテクスチャの二つの例．上が実物の素材（樹皮と布）の写真．これが A の元画像にあたる．下は元画像と統計量が一致するように合成したテクスチャ画像．実物とよく似ていることがわかる（McDermot & Simoncelli，2011 を改変）．

な活動が生み出されているかについてはわかっていない．実はこれは質感に限った問題ではない．物体認識に関しても下側頭皮質のニューロンが様々な物体を見分けることができることは知られているが，その仕組みはまだよくわかっていない．一方，自然テクスチャは V1 ニューロンの持つ特徴選択性を出発点にして，どのようにそれらの信号を組み合わせていけばテクスチャの知覚が説明できるかがわかっている．このことは，脳の中でも同様の処理が行われてテクスチャを見分けているのではないかという可能性を想像させる．つまり，テクスチャの問題は探索すべき処理の内容が明確であり，V1 以降の視覚野の各段階で起こる情報処理を順にたどっていける可能性があるという点で重要なのである．さらにテクスチャは素材の種類の識別に重要な手がかりなので，テクスチャの脳内処理を理解していくことで素材を見分けるプロセスの全容の解明にも迫れるのではないかという期待をいだかせる．

4）自然テクスチャの脳内処理

近年V1以降の視覚野で，テクスチャ合成のアルゴリズムに対応する処理が行われる可能性を検証する試みが始まっている．Freemanら（2013）はテクスチャ合成アルゴリズムを用いてテクスチャ刺激とノイズ刺激を作り，V1とV2のニューロンの応答を調べた．ここでのテクスチャ刺激は，何らかの自然テクスチャを元に上で述べた方法で合成したテクスチャ画像のことで，ノイズ刺激とはこのテクスチャ画像と同じ空間周波数と方位の成分を持つが，それ以上の構造は持たない画像のことである．つまり，V1のニューロンの特性から見るとテクスチャとノイズは同じ特徴を備えた画像だが，テクスチャのみがより高次の画像統計量を持つということである．実際，FreemanらはV1のニューロンはテクスチャとノイズに同じ強さの応答を示すことを見出した．一方，V1の次の段階であるV2野のニューロンは，テクスチャ刺激に対してノイズ刺激よりも強い応答を示した．このことは，V2の段階でテクスチャ合成に用いられる高次画像統計量を取り出す処理が始まる可能性を示している．

私達のグループはV2と下側頭皮質の間に位置するV4野において，数百枚のテクスチャ画像に対する個々のニューロンの応答を調べ，テクスチャ合成に用いられる画像統計量で応答が説明できるかどうかを調べる実験を行った（Okazawaら，2015）．その結果，応答のかなりの部分がいくつかの画像統計量の組み合せによって説明できることがわかった．さらにこれらのV4ニューロンの活動は，ヒトのテクスチャの知覚や素材の識別にも対応した性質を持つこともわかってきている．

今後の展開

本節では，質感認知の基礎をなす物の光沢の知覚，素材の識別，およびそれらに密接に関わるテクスチャの脳内処理について述べてきた．これらの大部分はごく最近の研究であり現在進行形のものも含まれている．質感認知の脳内メカニズムの研究はまだ始まったばかりの分野なのである．一方，機能的MRIをはじめとして脳内情報処理を理解するための研究方法の発展には著しいものがある．質感認知は高度に統合された情報処理を必要とするため，近年まで脳科学のアプローチを妨げていた．しかし，その状況は大きく変わりつつある．これまで高次脳機能の研究において取り残されてきた他の重要な問題も，質感認知の研究を足がかりにしてこれから次々に解決に向かうものと期待される．そのような発展には工学や心理物理学など関連分野との連携が鍵となるであろう（小松，2014）．

[小松英彦]

文　献

色選択性細胞，脳科学辞典．https://bsd.neuroinf.jp/wiki

Anderson BL & Kim J (2009) Image statistics do not explain the perception of gloss and lightness. *J Vis*, **9**：10, 1-17.

Cant JS & Goodale MA (2007) Attention to form or surface properties modulates different regions of human occipitotemporal cortex. *Cereb Cortex*, **17**：713-731.

Cant JS, Arnott SR & Goodale MA (2009) fMR-adaptation reveals separate processing regions for the perception of form and texture in the human ventral stream. *Exp Brain Res*, **192**：391-405.

Ferwerda J, Pellacini F & Greenberg DP (2001) A psychophysically-based model of surface gloss perception. *Proc SPIE*, **4299**：291-301.

Freeman J, Ziemba CM, Heeger DJ et al. (2013) A functional and perceptual signature of the second visual area in primates. *Nature Neuroscience*, **16**：974-981.

Hiramatsu C, Goda N & Komatsu H (2011) Transformation from image-based to perceptual representation of materials along the human ventral visual pathway. *Neuroimage*, **57**：482-494.

Horikawa T, Tamaki M, Miyawaki Y et al. (2013) Neural decoding of visual imagery during sleep. *Science*, **340**：639-642.

Kamitani Y & Tong F (2005) Decoding the visual and subjective contents of the human brain. *Nature Neurosci*, **8**：679-685.

Kanwisher N & Yovel G (2006) The fusiform face area：a cortical region specialized for the perception of faces. *Phil Trans R Soc B*, **361**：2109-2128.

Komatsu H (1998) Mechanisms of central color vision. *Curr Opin Neurobiol*, **8**：503-508.

小松英彦（2000）視覚系生理の基礎：V1 以外の視覚領野の構成と機能分化，視覚情報処理ハンドブック（日本視覚学会編），朝倉書店，pp. 64-68.

小松英彦（2014）質感認知の情報学の進展と将来．光学，**43**(7)：298-306.

Kriegeskorte N & Kievit RA (2013) Representational geometry：integrating cognition, computation, and the brain. *Trends Cogn Sci*, **17**：401-412.

Matsumora T, Koida K & Komatsu H (2008) Relationship between color discrimination and neural responses in the inferior temporal cortex of the monkey. *J Neurophysiol*, **100**：3361-3374.

McDermott JH & Simoncelli EP (2011) Sound texture perception via statistics of the auditory periphery：evidence from sound synthesis. *Neuron*, **71**：926-940.

McDermott JH, Schemitsch M & Simoncelli EP (2013) Summary statistics in auditory perception. *Nature Neurosci*, **16**：493-498.

Miyawaki Y, Uchida H, Yamashita O et al. (2008) Visual image reconstruction from human brain activity using a combination of multiscale local image decoders. *Neuron*, **60**：915-929.

Naselaris T, Prenger RJ, Kay KN et al. (2009) Bayesian reconstruction of natural images from human brain activity. *Neuron*, **63**：902-915.

Nishio A, Goda N & Komatsu H (2012) Neural selectivity and representation of gloss in the monkey inferior temporal cortex. *J Neurosci*, **32**：10780-10793.

Nishio A, Shimokawa T, Goda N et al. (2014) Perceptual gloss parameters are encoded by population responses in the monkey inferior temporal cortex. *J Neurosci*, **34**：11143-11151.

Okazawa G, Goda N & Komatsu H (2012) Selective responses to specular surface in the macaque visual cortex revealed by fMRI. *Neuroimage*, **63**：1321-1333.

Okazawa G, Tajima S & Komatsu H (2015) Image statistics underlying natural texture selectivity of neurons in macaque V4. *Proc Natl Acad Sci USA*, **112**：E351-360.

Portilla J & Simoncelli EP (2000) A parametric texture model based on joint statistics of complex wavelet coefficients. *Int J Com Vis*, **40**：49-71.

鈴木匡子 (2015) 症例：ヒトの質感認知. *Brain & Nerve*, **67**：701-709.

Tsao DY, Freiwald WA, Tootell RBH et al. (2006) A cortical region consisting entirely of face-selective cells. *Science*, **311**：670-674.

Wada A, Sakano Y & Ando H (2014) Human cortical areas involved in perception of surface glossiness. *Neuroimage*, **98**：243-257.

Zeki S (1993) A vision of the brain, Blackwell Scientific Publications. 河内十郎訳 (1995) 脳のヴィジョン, 医学書院.

3.3 感性と情動を生み出す脳

a. 質感と感性・情動

「質感」という言葉には多様な意味が含まれている．例えば“素材感”や“光沢感”など，物を見たり触ったりすることによって，その状態を判断する認知機能は，人間の多様な質感を構成する代表的な要素といえる．これらの感覚は，「質感の科学」の中でも研究が比較的盛んに進められている分野であり，視覚刺激や触覚刺激の物理的なパラメータと，人間の主観や脳の神経細胞の活動とを関連づけて解析する試みが軌道に乗りつつある．

一方，一般用語として「質感」という言葉がどのように使われているかをみてみると，素材感や光沢感は，確かに「質感」という言葉が表そうとしている広大な認識世界を構成する要素ではあるものの，その全体像の中では氷山の一角に過ぎないことに気づかされる．例えば，自動車のコマーシャルに出てくるような「高い質感の走り」といった言葉の意味を，私達は直感的に理解することができる．「走りの質感」に対しては，シートやダッシュボードの素材感や光沢感も確かにいくばくかの影響を及ぼしているだろう．しかしそれよりもむしろ，運転車の意図に自動車がいかに反応するか，言い換えると，運動系で生成される自動車の運転に必要な筋活動の制御信号と，運転の結果実際に生じる加速度などを感覚系が捉えた信号との差分が大きく寄与しているであろうことは想像に難くない.

このように,一般用語としての「質感」という言葉が表す複雑で多様な概念世界に目を配り,そこに科学的検討の大きな空白地帯を作らないためには,すでに学問の俎上にのせることに成功した輪郭がはっきりして取り扱いやすい概念だけを対象にするのではなく,「質感」という言葉をまさに文字通り「質に対する感覚」(sense of quality)として捉えることが有効性を発揮するかもしれない.

ここで注目したいのは,「高い質感」「質感が乏しい」といった言葉に端的に表されるように,「質感」という言葉が単に物体の性質を中立的に表現するだけにとどまらず,感覚情報を受容する人間にとっての“価値”を反映するような意味が込められて使われることが多い点である.まさにここに,質感の科学を考えるにあたって,感性や情動と関連づけて検討する必要性がある.すなわち,「質感」という言葉は,少なくとも一般用語として使われる時,美しさや快さ,あるいはその逆となる醜さや不快さと,明示的あるいは暗黙的に関連づけて使用されることが多い.

脳に入力される感覚情報は,視覚・聴覚といったモダリティごとに固有の分析的情報処理が行われる一方,全感覚モダリティの情報が〈感性・情動神経系〉(または〈報酬系〉と〈懲罰系〉)で統合され,快不快や美醜など,その動物にとっての価値判断が行われる.個別の感覚系における質感認知は,美しさ・快さといった総合的な価値の形成に大きな影響を及ぼす.そこで,こうした質感の感性的側面,すなわち様々な感覚モダリティの質感情報がもたらす快・不快・美・醜など,生体にとっての何らかの価値を伴った感性・情動反応を〈感性的質感認知〉と呼ぶことにする.感性的質感認知とは,究極的には快不快や好き嫌いを基本的な属性とする情動反応であり,それを担う神経機構とは情動の神経回路にほかならない.

一方,一般的な意味で用いられる「質感」という言葉が感性・情動反応と密接な関係を持つにもかかわらず,現在活発に進められている質感の科学の多くは,各感覚モダリティに固有の情報処理を対象としており,質感の感性的側面へのアプローチは未だ端緒についたばかりである.その原因の一つとして,後に詳しく議論するように,生きた人間の脳の反応を調べる手法が,質感の感性的な側面を反映した脳のデリケートな反応を捉えるのに適していないという限界が考えられる.

以上をふまえ，本節ではまず，感性的質感認知に関わる感性・情動の神経機構と，その生物学的な役割について考察する．その上で，感性的質感認知に脳科学的にアプローチする際に留意すべき点について考える．そして最後に，筆者らの研究グループが取り組んでいる，人間の可聴域上限を超える超高周波空気振動が共存することにより音の感性的質感認知が顕著に向上する現象〈ハイパーソニック・エフェクト〉を題材として，その研究を進める中で，感性的質感認知を客観的に捉えるためにどのような工夫がなされたかについて解説する．

b. 感性・情動反応を担う神経基盤

人間の豊かな感性や情動の基盤をなしているのは，生物学的な快不快の感覚である．快不快の感覚は，動物を特定の行動へと駆り立てる欲求（あるいは欲望）とも密接な関連を持ち，欲求が満たされると快感が発生し，満たされ尽くすと減じる．欲求が満たされないまま放置されると不快感が発生する．さらに，快不快の感覚は，動物の嗜好とも密接に関連し，快感をもたらす刺激を好み，不快感をもたらす刺激を嫌う．人間の喜怒哀楽といった自覚できる主観的感情も，欲求や好き嫌いほど単純ではないものの，快不快の感覚と密接な繋がりを持っている．

こうした人間の豊かな心の動きの基盤となる快不快を生み出す神経回路の候補は，脳に病変や損傷を持つ人の症状を調べる臨床神経学と，動物を対象とした実験的アプローチの知見が蓄積されることにより，次第に明らかになってきている．それらは大きく脳幹，視床下部，大脳辺縁系から構成されており，情動神経系と

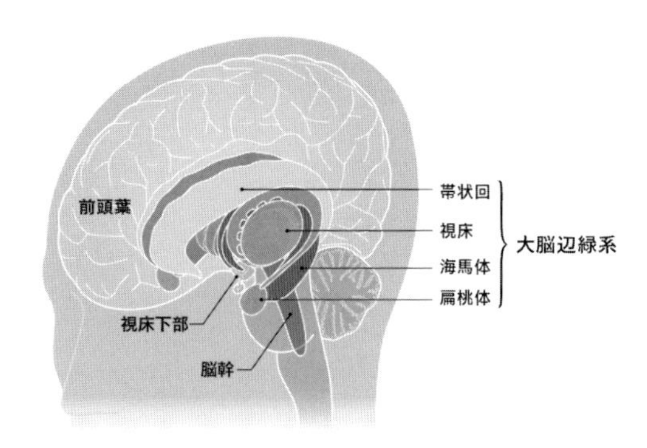

図 3.17　情動神経系の構造（放送大学大学院教材，音楽・情報・脳，p.37）

呼ばれる（図 3.17）（本田，2013）．また，快不快の感覚が動物に与える意味に着目して，快感を報酬，不快感を懲罰，それぞれを生み出す神経回路を報酬系，懲罰系と呼ぶ場合もある．

快不快の感覚を直接生み出すのは脳幹と視床下部と考えられている．オルズ（Olds, J.）とミルナー（Milner, P.）は，ラットの脳の特定の場所に電極を刺し，ラットが自らスイッチを操作して弱い電流でその場所を刺激できるようにすると，そのラットは電気刺激を求めてスイッチを何度も繰り返して押すことを見出した（Olds & Milner，1954）．これを脳内自己刺激と呼ぶ．彼らが電極を埋め込んだ場所は，中隔野と呼ばれ，近傍の側坐核とともに報酬系を構成する領域の一つである．報酬系の刺激によって誘発される快感は，ネズミの行動を非常に強力に支配するため，ネズミが最も忌避する刺激の一つである身体への電気ショックを与えても止めることができない．また，食欲を上回る欲求を誘発するため，摂食行動を行うことなく 12 時間連続で 5000 回以上もスイッチを押し続けることすらあると言われている．

このように電気刺激によって強力な快感を発生させるのが，脳幹から大脳皮質や大脳辺縁系に投射するドーパミンなどを神経伝達物質とするモノアミン（作動性）神経系である．その代表格であるドーパミン神経系は，中脳の腹側被蓋野（A-10）から発し，内側前脳束や視床下部外側野を通って扁桃体，帯状回，前頭葉など脳内の様々な部位に投射する．

一方，脳のほぼ中心にある視床下部は，繁殖，摂食，水分調節，睡眠，体温調節など，生存に直結する重要な機能を担っている．視床下部の中の神経核を見てみると，例えば性行動と深く関連した内側視索前野，摂食中枢とも呼ばれる外側視床下部，体温の調節を行う後核，体内の水分の調節を行う室傍核などがある．これら視床下部の一部の核は，血液中の化学物質の濃度変化を直接感知するケミカルセンサーとして働き，身体状態の物質的変化に迅速に対応できるようになっている．同時に視床下部は，自律神経系や内分泌系の最高中枢でもある．例えば，強い感動を覚えた時に顔が赤くなったり汗をかいたり，恐怖を感じた時に毛が逆立ったりするのは，視床下部の働きである．

このように視床下部は，身体と脳とのインターフェースとして体内環境を絶えずモニタし，動物が生存を維持するため適切な時に適切な行動をとるための原動力である性欲，食欲，睡眠欲をはじめとする様々な生理的欲求を発生させる神経回路として機能している．そのため，脳幹や後に述べる大脳辺縁系などと密接な神経連絡を持っている．

一方で，電気刺激によって怒りなどの不快感を発生させる脳の部位，すなわち懲罰系が存在することも知られている．例えば，ネコの視床下部の〈腹内側核〉というところに微弱な電気刺激を与えると，毛を逆立てたり，捻り声を上げげたり，飛びかかってきたりする．こうした怒りや恐れなどの不快感をもたらす脳内の場所は，快感を発生させる神経回路と近接して存在しており，脳幹上部にある中脳の中心灰白質を含む背側被蓋野や，視床，内側視床下部などがあげられる．これら懲罰系の神経回路では，アセチルコリンやサブスタンスＰという神経伝達物質が関与していると考えられている．

快不快といった原初的な感情や生理的欲求をふまえて，喜怒哀楽といった自覚できる主観的な感情を生み出し，好き嫌いを判定しているのが，大脳辺縁系と呼ばれる脳の部分であり，扁桃体，海馬体，帯状回などからなる．大脳辺縁系は脳の深部に位置し，視床や視床下部などの間脳を取り囲むような構造を持っている．進化的には古い皮質（古皮質）であり，情動や記憶に重要な役割を果たしている．すなわち，大脳辺縁系の機能は，大脳新皮質などと比較して，より動物に普遍的な機能ということができる．なかでも扁桃体は，好き嫌いの判断，すなわち自分にとって認識対象が有益か，有害か，無意味かを判断している．この能力がなければ，動物は危険や敵から身を守ることができない．例えばサルは通常，ヘビやクモに対して強い恐怖心を示すが，両側の扁桃体を除去すると，ヘビやクモのおもちゃを平気でつかんだり，食べようとしたりする．すなわち，好き嫌いの判断回路が狂ってしまう．

こうした快不快や好き嫌いを判定する情動神経系には，視覚，聴覚，味覚，嗅覚，体性感覚といった五感はもとより，内臓感覚や血糖値などのような血液中の化学物質に関する情報など，ありとあらゆる感覚情報が送りこまれる．そして，それらすべての情報を総合して，快不快の判断を一元的に下している．このことは，脳の情動神経系の仕組みに立脚して質感認知を考える上で，きわめて重要な意味を持つ．例えば，歯が痛くてたまらない時に，どれほど素晴らしい音楽を聴いてもさっぱり感動しないのは，誰もが経験することである．すなわち，快不快の判断は，視覚や聴覚といった感覚モダリティごとに独立して行われるのではなく，すべての感覚入力の高度な相互作用のもとで発動されるのである．

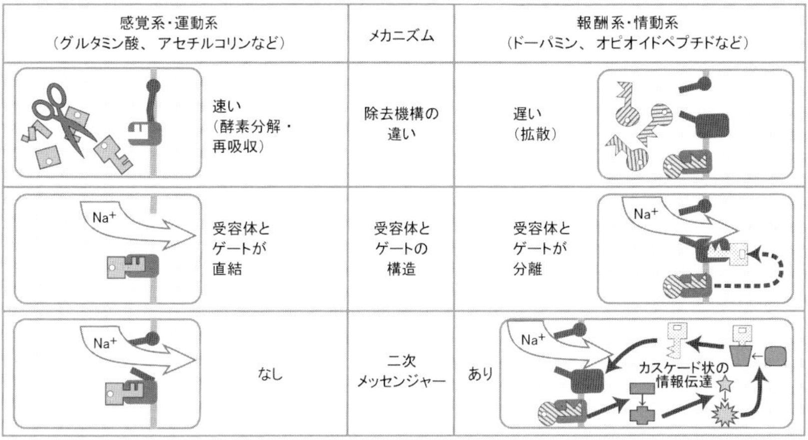

感覚系・運動系（グルタミン酸、アセチルコリンなど）	メカニズム	報酬系・情動系（ドーパミン、オピオイドペプチドなど）
速い（酵素分解・再吸収）	除去機構の違い	遅い（拡散）
受容体とゲートが直結	受容体とゲートの構造	受容体とゲートが分離
なし	二次メッセンジャー	あり　カスケード状の情報伝達

図 3.18　シナプスにおける情報伝達の特徴

情動神経系でも，他の感覚運動神経系と同じように，神経細胞と神経細胞とのつなぎ目であるシナプスでは，神経伝達物質が介在する化学反応が起こっている．特に情動神経系の神経伝達物質として重要な役割を果たしているのが，ドーパミンやセロトニンといったモノアミンと，βエンドルフィンなどのオピオイドペプチドである．これら情動神経系で作用する神経伝達物質は，単純な感覚神経系や運動神経系などで興奮を伝達するグルタミン酸などの神経伝達物質類とは，きわめて異なった挙動を示すことが知られている（図 3.18）．神経伝達物質がシナプス間隙に放出されると，受け手側の神経細胞の表面にある受容体に，ちょうど鍵と鍵穴のように結合して興奮を伝達する．この際，グルタミン酸による興奮伝達に関わる受容体は，細胞膜のイオンチャンネルというゲートに直結しているため，鍵である神経伝達物質がはまるとたちまちゲートが開いて，イオンが受け手側の神経細胞に流入して興奮を引き起こし，はずれると即座にゲートが閉まり興奮が停止する．その過渡応答はミリ秒のオーダーである．これに対して，美と快をつかさどるモノアミン系やオピオイドペプチド系の神経伝達物質の受容体は，いわば鍵穴とゲートが離れたところにあり，受け手側の神経細胞内にある二次メッセンジャーを含むより複雑で間接的な代謝経路を介して興奮を引き起こすため，効果の発現に時間的な遅れが生じ，神経伝達物質が受容体から離れてもその効果が残留する．さらに，オピオイドペプチド系の神経伝達物質は，主として受動的な拡散現象によってシナプス間隙から除去されるため，シナプス間隙内の滞在時間が長くなる．こうした分子生物学的なメカニズムにより，美と快などの情動・感性に関わる神経回路は，刺激に対して数秒から数分，長い場合は数時間の遅延と残留を伴う過渡応答を示しうる（Kehoe & Marty，1980）．このことは，後ほど詳しく解説するように，感性的質感認知に伴う脳の反応をイメージングなどの生理計測手法を用いて客観的に捉えようとする時，実験デザインに大きな影響を及ぼすので，十分な注意が必要である．

c. 感性・情動反応の生物学的意義

動物の行動を強力に制御する情動神経系が，そもそも動物が生きていく上でどのような意義を持っているのかについて，大橋が提唱した「情動による行動制御モデル」（大橋，2003）に沿って考えてみる．行動の自由度が飛躍的に上昇した高等動物においては，自分の周りの環境情報を捉え，それが自分の生存に適しているか否かを判断し，適切な行動を発現することにより環境を選択することが可能になる．そこでは，動物が遭遇する環境条件と，その動物が取りうる行動のレパートリーとの組み合せは膨大な数に達する．そうした状況下，生存にとって最適な行動を選択するためのレーダーの役割を担っているのが情動神経系であると考えられる．

すなわち，ある動物が自分にとって最適な本来の生存環境にいる時，快感が最大・不快感が最小になり，そこから離れるに従って快感が低下し不快感が上昇するように情動神経系の作動特性をセットしたとする（図3.19）．すると，そうした神経回路をインストールされた動物は，起こりうるすべての状況についての行動プログラムをあらかじめ準備しておかなくても，快感が上昇し不快感が低下する

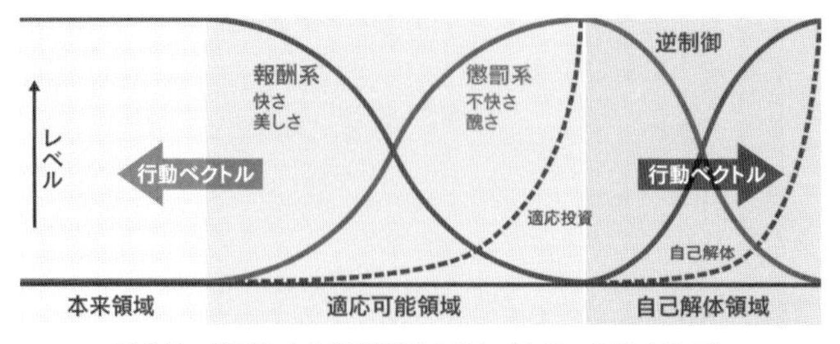

図3.19　情動による行動制御モデル（大橋，2003を改変）

方向へと行動を制御することにより生存値を高めることが可能になる．すなわち，情動神経系の本質的な働きは，最適生存環境を選択するためのレーダーであると言える．質感の感性的側面を取り扱う際にも，背景にあるこうした情動反応の生物学的意義を押さえておく必要がある．

また，空腹の時の美味しいものや，暑くてのどが渇いている時の1杯の冷たい水は幸福感や満足感を与えてくれる．逆に，満腹なのにさらに食べ物を詰め込んだり，のどが渇いていないのに無理に飲まされる水は，苦しさと不快感を引き起こす．ここでは，食物や水をあらかじめ快感を発生させるもの，不快感を発生させるものとして固定しておくことはできない．それらの物質がもたらす快不快は，物質そのものとしての性質だけではなく，その時の体内外の状況（この例では，血糖値や血液の浸透圧など）との相互作用によって動的に決められるのである．

一方，動物にとって適応可能な環境は有限である．ある一線を越えると，どれだけ努力しようとも，すなわち適応するために物質やエネルギーをどれだけ投資しようとも，生存することができない．こうした領域で生存を続けていくことは，物質やエネルギーを浪費することにより，環境全体にとってネガティブに作用する危険性が大きい．そこで適応不可能な領域に入った場合，快不快のチューニング曲線の位相が逆転し，生存にとって不都合な方に向かうほど快感が高まり，不快感が低くなるようにセットされたモデルを考えてみる．すると，動物は自滅する方向へと行動が駆り立てられ，自律的に己を解体して他の生物が利用可能な部品として生態系に戻すことが可能になる．実際，こうした快不快の逆転現象は，拒食・過食，リストカットなどの自傷行為，自殺など，情動神経系の異常がもたらすと考えられる病的な状態で発生することが報告されている（Kaye ら，1982）．

d. 感性的質感認知への脳科学的アプローチに際しての留意点

以上述べてきたような情動神経系の様々な特性を踏まえた上で，人間を対象として感性的質感認知に脳科学的にアプローチする時に留意すべき点について述べる．特にここでは，質感に伴う感性・情動反応に関連した脳の活動を，脳イメージング（あるいは非侵襲的脳機能計測法）を用いて記録することについて考察する．

1)　脳機能の〈全体性〉への着目

感性的質感認知は，単一の感覚モダリティにおける特定の感覚信号パラメータの分析的情報処理だけではなく，他のパラメータや異なる感覚モダリティの情報が相互作用を及ぼしつつ集約されて，最終的に快不快といった情動反応と密接に関連しながら生み出される．したがって，脳の機能を仮想的なモジュールとして細分化し，各モジュールの加算集合体として脳機能を捉えようとするパラダイムでは，感性的質感認知に対する効果的なアプローチが困難なことがある．

確かに，人間の脳機能を構成する素過程が，ある程度の独立性を備えた機能モジュールとして脳の中の特定の部位に存在することは，微視的レベルでも巨視的レベルでも明らかになりつつある．しかし，地球生命の進化の産物である脳の最大の特徴は，単にこれら機能モジュールの加算集合体として脳が存在するのではなく，モジュールどうしが高度な相互依存性や機能相関性を発揮し，きわめて全体性・包括性の高いシステムを形成しているところにある．まさに，「システムは要素の総和を超える」ものとなっているのである．

例えば，人間が自分自身の感覚・思考・判断・行動を自覚しモニタする意識の働きや，「赤い」という質感を伴ってリンゴを認識するクオリアなどは，必ずしも脳の特定部位に局在するのではなく，様々な脳部位が高度な相関性を持ったネットワークとして活動することによって生み出されるという考え方が主流になりつつある．このことは，動物の脳が「環境情報を捉え，環境に対して働きかける」ための機能が集積した器官として進化的に形成されてきたという事実に立ち戻って考えてみると，理解しやすいかもしれない．すなわち，単細胞生物以来，どのような進化的段階の生物においても，個体と環境とのインターフェースを担うために必要十分な全体性・包括性を有した何らかの仕組みが備わっていたと考えて差し支えないであろう．例えば，脳の視覚系で考えてみると，色・形・動きなど，現在の霊長類の脳で観察されるような，視覚情報の様々な個別的属性を処理するための専門分化したモジュールがアプリオリに存在し，それらの加算集合体として脳が形成されてきたわけではない．環境を総体として捉える何らかのシステムがまず先に存在し，個体と環境との間の相互作用の中で，より効率的な情報処理を行うことが進化圧になり，必要に応じて独立性を持った機能モジュールが徐々に分化生成されてきたと考えるのが自然である．

こうした感性的質感認知の持つ全体性・包括性といった特性を考慮して考えてみると，独立した機能モジュールが加算的に組み合わさったものとして脳神経系の働きを理解し再構成しようとするアプローチには大きな限界が隠されている可能性が否定できず，注意を払う必要がある．こうした限界は，脳イメージングを活用して人間の感性的質感認知を解明しようとする時に，しばしば大きな摩擦となって顕在化する．なぜなら先に述べたように，感性的質感認知を担う情動神経系は，すべての感覚入力を総合的に判断することによって，一つの快不快の反応を生み出すという高度な全体性・包括性を特徴とするからである．美しさ，快さに直結した脳の反応を記録するためには，記録対象となる被験者に対して，実際に「美しさ・快さ」の感覚を誘発しなければならない．そのためには，研究を行う人間に，他人に「美しさ・快さ」の感覚を生み出すことのできる，いわば芸術家としての能力が要求されるのである．

2)　個別性を超える実験デザイン

感性的質感認知を対象として脳活動の客観的計測を試みる時，最初に直面するのが，特定の刺激に対する人間一人ひとりの応答反応の個別性である．例えば，「人間に美と快感を導く，人為的に組み立てられた音のシステム」である音楽が導く応答反応の個別性は，その典型的な例といえる．商業音楽の増殖，異なる文化ごとの伝統音楽の相互浸透，放送やパッケージメディア，さらにインターネットを通じた個別配信により指数関数的に高まる流動性と拡散性などによって，現在私達が享受することのできる楽曲の候補は数知れないものになっている．こうした状況の中で，幼児期にたまたま経験し刷り込まれた音楽によって形成される人の嗜好の多様性は，はかり知ることができない．ある人にとって感動をもたらす楽曲が，別の人にとっては単に退屈なものとしか聴こえないことは決して珍しいことではなく，個別の楽曲に対する応答反応に科学的な検討に値する普遍性や，何らかの共通性を見出すことは事実上不可能に近い．

一方，感性的質感認知の個別性を前提としつつ，巧妙な実験モデルを構築することによって，この困難な問題を克服したザトーレ（Zatorre, R. J.）らの音楽の感動に関与する脳部位についての研究は，音楽にとどまらず広く感性的質感認知の個別性を取り扱う上で，啓示に満ちている（Blood & Zatorre, 2001）．ザトーレらはまず実験に参加する被験者ごとに，「背筋がぞくぞくする」あるいは「身震いする」ほど強力な音楽刺激として働きかける曲目とその中の箇所とを申告させた．こうして 10 名の被験者に，自分で選んだ感動をもたらす音楽とそうでない音楽とをセットにして聴かせ，その時の脳血流を PET を用いて計測し比較した．巧妙なのは，それぞれの被験者にとって感動を引き起こさない対象となる音楽を，他の被験者に感動をもたらす楽曲の中から選ぶよう組み合せを工夫したことである．そして，感動する音楽とそうでない音楽とを聴いている時の脳血流を，被験者全員をまとめて比較することにより，曲目の違いによる物理的な音刺激の違いが相殺され，感動の有無によって神経活動が変化する脳部位のみが見事に描き出された．この実験の結果，音楽を聴いて「身震いする」ような感性的質感認知が得られた時に神経活動が高まることが示されたのは，ポジティブな感情をもたらす脳の報酬系，すなわち脳幹に属する中脳背内側部，前頭葉下面，前帯状回などである．逆に扁桃体など負の感情に関わる脳の警告系と呼ばれる部分では，活性が抑制された．すなわち，音楽がもたらす感動という感性的質感認知は，報酬系を活性化するとともに警告系を抑制するという「飴と鞭」の神経回路の作用として発現することを見事に描き出したのである．

3)　感性・情動反応を妨げない計測環境

次に，実際に脳機能イメージングを用いて，美や快などポジティブな心の動きと関連の深い感性的質感認知に伴う脳の反応を計測するにあたり決定的な障壁となるのが，イメージングの手法自体が，被験者に不安や恐怖など無視できないネガティブな心理的・情動的バイアスを与える点である．

脳機能イメージングの多くは，元来，医療目的で開発されたものであり，病気に伴う異常所見を検出することを重視した設計になっている．そのため，検査室のしつらえや調度を含む計測環境や，検査手法が原理的に持っている計測時の厳しい制約条件などが，美と快に関わる感性的質感認知の発生自体を非常に困難なものにする．例えば，脳の微弱な電気現象を検出する脳波は，外来の電磁ノイズの影響を受けやすいため，被験者は電磁シールドされた檻や密室の中に閉じ込められ，接着剤によって頭皮に固定された無数の電極を装置に繋がれ，寝心地の悪いベッド上で計測が行われることが多い．また，ポジトロン断層撮像法（PET）では，大型装置のベッド上に頭部を拘禁された状態で，腕の血管に注射針を刺されて放射性同位元素を注入される．機能的磁気共鳴画像法（fMRI）では，窮屈なトンネルに拘禁された被験者がジェット機なみの騒音に曝露される．実際，健康な被験者のうち無視できない数が，潜在的に持っている閉所恐怖症の傾向が検査時に顕在化してパニック状態に陥り，検査の中止を余儀なくされる．こうしてみてくると，非侵襲脳機能計測の多くは，質感認知を感性の側面から検討する場合，ほとんど「破壊検査」ともいうべき乱暴さを備えている．

こうした感性的に劣悪な計測環境は感性的質感認知の計測に決定的なインパクトを与える．脳の中に広がる美と快を発生させる報酬系神経回路は，内部に高度で複雑な構造を含みながらも，全体として一つのまとまった神経回路網を構成している．そこには視覚，聴覚など様々な感覚系からの情報だけでなく，臓器感覚や他の脳部位で処理された情報などが流入するという全方位開放型の性質を持ち，それらの包括的統合的反応として情動・感性が誘導される．つまり，従来の脳機能イメージングの計測環境のように，それ自体が強い嫌悪や恐怖を誘導し，美と快といった報酬反応を高度に抑制するような環境下では，めざす情動・感性反応を伴う感性的質感認知を誘発することがきわめて困難になる．たとえ痕跡程度の美と快の反応が誘発されたとしても，計測環境自体が発する情報によって誘導される振幅の大きなネガティブな情動・感性反応のノイズに埋もれてしまう危険性が大きい．

したがって，感性的質感認知に伴う脳の反応を捉えるためのイメージングでは，鋭い感性を持った実験者が，脳機能イメージングの計測環境や制約条件が持つネガティブな心理的影響を一つひとつ丹念に排除する，あるいは問題にならないレベルまで軽減することが重要になる．

4) 報酬系の特性に応じた実験デザイン

感性的質感認知を支える報酬系神経回路の時間特性が，従来の脳機能イメージングの計測対象となってきた感覚，運動，認知，言語，思考などの脳機能に関連した神経回路の時間特性と異なることが，深刻な問題に繋がることについて触れる．前項でも述べたように，脳の中で情動・感性を支える神経回路の中核をなすのは，脳幹に拠点を置くモノアミン系およびオピオイドペプチド系の神経伝達物質を持つ一群の神経系である．これらの神経伝達物質は，感覚神経系あるいは運動神経系などで興奮を伝達する，例えばグルタミン酸などの神経伝達物質とは，きわめて異なった挙動を示すことが知られている（図 3.18 参照）．すなわち，感覚あるいは運動神経系のシナプス伝達の過渡応答が情報入力に対して数ミリ秒のオーダーであるのに対して，美と快をつかさどるモノアミン系やオピオイドペプチド系のシナプス伝達では，効果の発現に時間的な遅れが生じるとともに，情報入力が終わっても一定時間効果が残留する．その結果，美と快を伴う感性的質感認知に関わる神経回路は，刺激に対して数秒から数分，長い場合は数時間の遅延と残留を伴う過渡応答を示しうるのである．こうした分子生物学的なメカニズムは，音楽や映画が終わった後も感動の余韻がしばらく続くといった，誰もが経験したことのある体験ともよく一致する．こうした生体への入力と脳の反応との時間的な関係は，脳機能とアルコールとの関係に喩えることができるかもしれない．アルコールを飲んでもすぐに酔って気持ちよく（あるいは気持ち悪く）なるわけではなく，アルコールが消化管で吸収され，血流にのって脳に運ばれて「酔い」の効果を発現するまでには一定の時間がかかる．また，アルコール摂取をやめても血中アルコール濃度は即座には下がらないため，「酔い」の効果もそれに合わせて残留する．こうした化学物質が脳機能に及ぼす影響に似た特性を持った神経反応が，感覚情報処理によっても生じうるということは，脳において物質と情報とが等価性を持ちうることを示唆していて興味深い．

これに対して，心理物理学的アプローチによって感覚刺激の評価をさせたり識別を行わせたりする場合に用いられる実験デザインは，こうした脳機能の反応の時間特性を考慮していないことがしばしばある．例えば二つの感覚刺激を比較する場合，それらをできるだけ時間的に近接させて呈示し，被験者に比較させるような実験デザインがしばしば用いられる．これは，感覚神経系の短期記憶の容量と保持期間に限界があるため，時間的に離すと比較が困難になることを前提にしていると思われる．こうしたデザインは，感覚刺激の物理的なパラメータを知覚したり識別したりする場合には有効性が高い．その一方で，感性的質感認知のように感性・情動神経系が介在するような印象を評価させる場合には，こうした時間的に近接した感覚刺激の呈示が，脳の情動神経系の反応特性とマッチしないことによって，誤った評価結果を導くことがある．その典型的な事例を次項で紹介する．

e. ハイパーソニック・エフェクトへのアプローチの実例

感性的質感認知への脳科学的アプローチの一例として，筆者らが行った〈ハイパーソニック・エフェクト〉，すなわち人間の可聴域上限を超える空気振動の高周波成分を豊富に含む音によって脳内の情動・感性に関わる神経回路が活性化し，音の感性的質感認知が顕著に向上する現象（Oohashi ら，2000）の発見に至る研究を紹介する．

一般に，20 kHz を超える超高周波は，単独では人間に音として知覚されない．ところが，耳に聞こえない超高周波成分を豊富に含む音は，それを除外した音に比べて，耳に快く響くという感性的質感認知の顕著な向上が，多くの音楽家や音響エンジニアなど「音の料理人」の体験から証言されてきた．しかし従来の正統的な音質評価実験を用いた心理学的検討によると，20 kHz 以上の超高周波成分を含むか否かは，音質に全く影響を及ぼさないとされてきた（例えば Muraoka ら，1978）．特に興味深いのは，主観的には超高周波成分の効果を確信している「音の料理人」たちを被験者として音質評価実験を実施しても，やはり 20 kHz 以上の超高周波の有無の影響はないという結果が得られた．そのため，音響学者と「音の料理人」との間には立場の違いを背景とした深刻な意見の相違が存在し，それが長期間放置されていたのである．そこで私達は，従来の音響心理学が採用する主観的音質評価とは異なる切り口の生理学的アプローチを導入し，20 kHz 以上の高周波成分の有無により，感性的質感認知に関わる脳の反応に何らかの違いが生じるかどうかを検討した．

まず，優れた時間分解能を持ち比較的単純な装置によって計測可能な頭皮上脳波の計測から着手することとし，その既成技術と計測環境を根本的に見直すところから探索的検討を開始した．通常の脳波検査室は，病院や研究棟の奥に閉ざされた密室として存在することが多い．また，音響実験室は音を締め出すことを優先して視覚的にも完全な遮蔽状態を作る．これに対して，筆者らは，遮音処理を施した二重ガラス窓を屋外に向けて大きくとり，自然光と外の景色を確保した実験室を構築した（図 3.20）．内装は木質系を基本とした自然志向のデザインに仕上げ，室内各所に自然を描いた環境絵画や観葉植物などを配した．さらに，見えるものが誘発する連想が被験者に実験中であることを意識させる度合いを減じるように，スピーカー以外の実験機器のすべてを視野外に置くと同時に，ケーブル類は床下のピット内に納めるなどの工夫を行った．

被験者から脳波を記録する方法についても吟味し直した．電極装着が被験者に与えるネガティブな効果を最低限に抑えるため，電極を縫い付けたキャップを短時間で安定した装着ができるよう改造し，平均 5 分程度で多チャンネル電極の装着を可能にした．また，脳波データをワイヤレスで伝送するシステムを開発し，被験者がケーブルに拘束されずに自在に行動しながら計測に臨むことを可能にした．また電極からヘッドアンプまでの電線を短くすることによって共振周波数を上げ，体動に伴って混入するノイズを大幅に減弱するとともに，電磁シールドを施していない実験室でも電源ノイズを受けることなしに計測することを可能にし

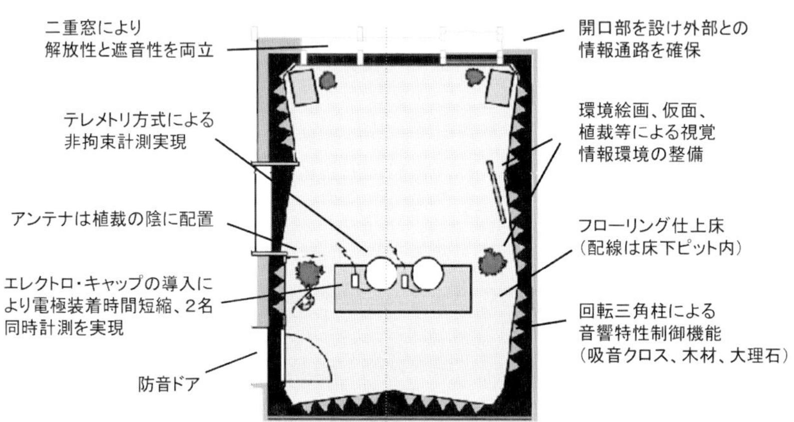

図 3.20 美と快に関わる感性的質感認知の脳機能計測を実現するために構築した脳波実験室

た.

こうした工夫を積み重ねることにより，被験者があたかも高級オーディオが置かれた洒落たリスニングルームで音楽を楽しむような計測環境を構築することに成功した．その結果，20 kHz を超える高周波成分を豊富に含む音を聞いている時には，それを除外した音を聞いている時と比べて，脳の基底状態を反映すると考えられている後頭部から記録される自発脳波の α 帯域（8-13 Hz）の成分のパワーが，統計的有意性をもって増大することを発見した（図 3.21）.

脳波は良好な時間分解能を持つものの，空間解像度が低く，検出された脳波の変化が脳内のどこで発生したかが曖昧である．そこで次に，高い空間解像度で脳活動を観測できる PET を用いて，これと脳波とを同時計測することにより，感性的質感認知に伴う脳の活動部位を同定することを試みた（図 3.22）．病院内にある PET 検査室を休日に借り切り，脳波室同様の計測環境の改善を図った．室内

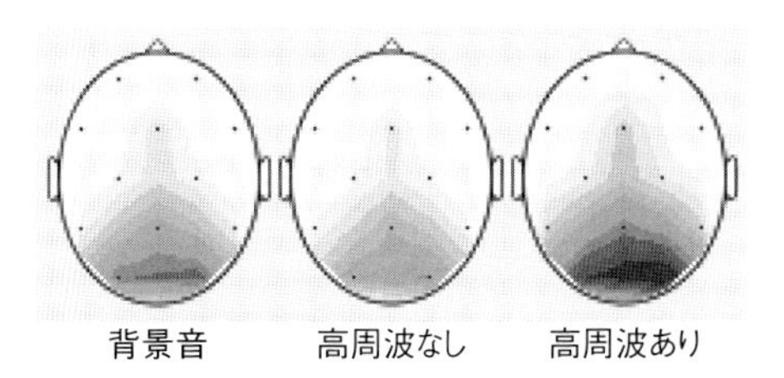

図 3.21 超高周波成分を豊富に含む音による後頭部脳波 α 帯域成分の増強

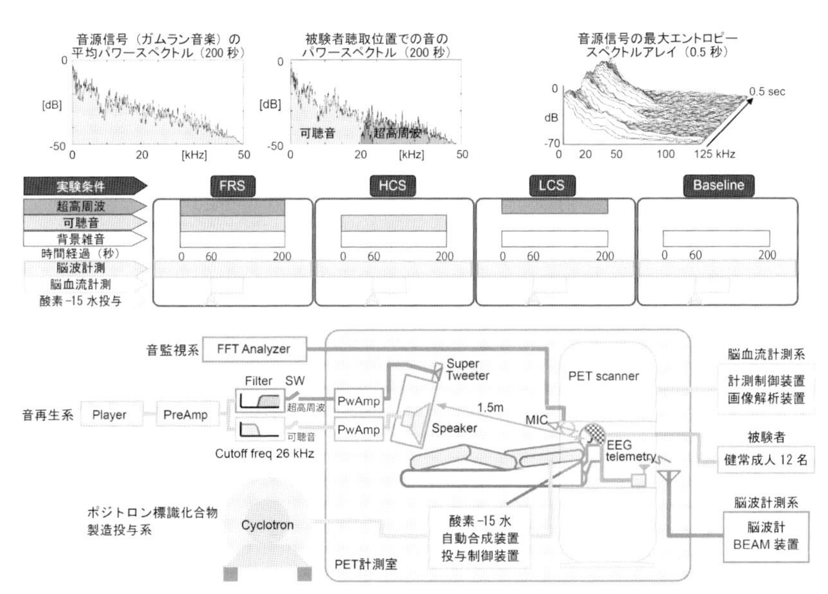

図 3.22 脳波とポジトロン断層撮像法を組み合わせたハイパーソニック・エフェクトのマルチモダリティ脳機能イメージング実験の模式図

の音響特性を改善し，放射性同位元素を体内に投与するチューブや注入機が被験者の視界に入らないよう，植栽などを巧みに配置した．被験者がベッド上に仰臥するため，室内の温湿度を快適に保つようことさらの注意を払い，温度 25 ～ 27 度，湿度 60 ～ 70％にコントロールした（図 3.23）．

こうして得られた脳血流データから，20 kHz 以上の超高周波成分を豊富に含む音を聴いている時には，同じ音から超高周波成分だけを除外した音（すなわち同じ可聴域成分のみ）を聴いている時と比較して，中脳，視床，前帯状回，前頭前野などに分布する報酬系神経回路と，脳幹，視床下部など生体の恒常性をつかさ

図 3.23　ハイパーソニック・エフェクトの脳機能イメージング実験の様子

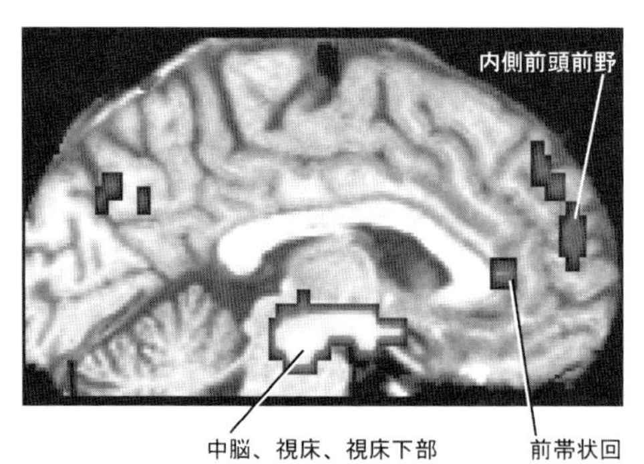

図 3.24　可聴域上限をこえた超高周波成分の共存によって音の感性的質感認知が向上する時に活性化される神経ネットワーク

どる部位を総合的に活性化することが見出されたのである（図 3.24）．同時にこれらの領域の脳血流量は，脳波 α 波のパワーと高い正の相関を示すことが明らかになり，脳波 α 波のパワーはこれら脳深部の神経活動の様子を間接的に反映していることが示された．また，この実験によって描き出された脳部位は，先に紹介したザトーレらが音楽の感動に関連する脳部位として見出した神経回路と一致している．

ここで一つの疑問が生じる．従来の音響学はなぜ，こうした超高周波がもたらす音の質感向上効果を捉えることができなかったのであろうか．実はそこには，先に紹介した情動神経系の時間特性を無視した実験デザインの落とし穴があるのである．

人間の可聴域上限を超える高周波成分の有無が音質に及ぼす影響について，CD

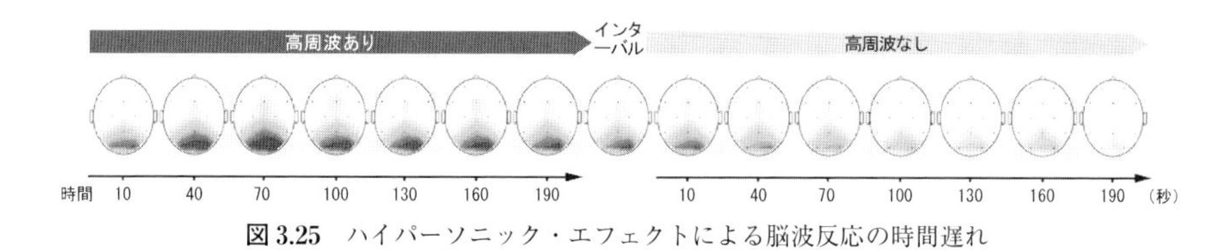

図 3.25 ハイパーソニック・エフェクトによる脳波反応の時間遅れ

のフォーマットを決定するために1970年代に行われた心理学的音質評価実験では例外なく，二つの音試料の音質を比較するために，1秒以下から長くても20秒までの短い音の試料が，0.5秒ないし1秒程度のわずかな間隔で切り替えられて提示され，それらが同じ音質であるか否かを被験者に判定させた．これは，国際無線通信諮問委員会（CCIR，現ITU-R）が，人間の短期記憶の限界を根拠にこうした実験法を推奨しており，そうした国際的勧告（ITU-R，1997）に従って実験が行われたためである．これに対して筆者らは，従来の実験デザインの常識からするときわめて異例であるが，200秒の楽曲全体を音刺激として用いた．これは，先に述べた感性的質感認知に関わる神経回路の時間特性を考慮したからである．そして脳の反応を時間分解能に優れた脳波を用いて計測したところ，高周波成分を含む音を提示した時に発生する脳波α成分の増強は，音刺激の提示から数秒以上遅れて現れ，刺激提示終了後も数十秒から100秒程度残留することを見出した(図3.25)．

この所見は，先に述べた美と快を伴う感性的質感認知を支えるモノアミン系あるいはオピオイドペプチド系の神経回路の時間特性と整合性が高い（図3.18参照）．なぜなら，脳波α波のパワーと神経活動とが正の相関を示す脳深部は，モノアミン系やオピオイドペプチド系の神経回路が集中している場所でもあるからである．この知見は，なぜ従来の主観的な音質評価実験では可聴域を超える高周波成分の有無による音の質感の違いを検出できなかったかを合理的に説明している．すなわち，それらの実験で用いられた短い音試料を短時間で切り替えるデザインでは，脳の反応，特に情動神経系の反応が刺激の切り替えから大幅に遅れることにより，現在聴いている音に対する反応と以前に提示された音に対する反応とが混ざり合ってしまい，必然的に二つの音の質感の違いを判別することが困難になってしまったと考えられる．実際，200秒の楽曲全体を用いて，高周波成分を含む条件と含まない条件との間に十分な休息をとって主観的音質評価実験を行うと，高い統計的有意性を持って音の質感の違いが検出された．

このことは，従来の主観的音質評価法では，体験的に高周波成分が音の感性的質感認知に及ぼすポジティブな効果を確信している「音の料理人」を被験者としても，高周波成分の有無を音の質感の差として検出できなかった事実を説明可能にする．なぜなら「音の料理」に際しては，時間をかけて素材を味わうのが通常であり，彼らの体験的確信は，音の断片を頻繁に切り替えて聴くような，主観的音質評価実験で広く用いられている不自然な聴取状況のもとで得られたものではないからである．

こうした先行研究が陥ったピットフォールは，脳イメージングを用いて感性的質感認知に関わる脳活動を計測する際にも同じような問題を引き起こす可能性が大きいため，十分な注意が必要である．

おわりに

本節では，感性的質感認知を支える感性と情動を生み出す脳について，その構造と機能および生物にとっての役割を解説するとともに，感性的質感認知に脳科学的にアプローチする時の留意点について述べた．本節の最後に，感性的質感認知の研究には，その研究を実施する研究者自身が，研究対象を「どう感じているのか」という一人称的力量が決定的な意味を持ってくることを指摘しておきたい．

例えば，先に紹介した超高周波の効果を確信する「音の料理人」たちの申し立てを知りながらも，当時の音響学者と音響学が超高周波の効果を取り逃がし，その可能性まで否定してしまった一因として，研究を設計し遂行した研究者自身が，音質の違いを感じ取る上で限界があった可能性，すなわち「音の質感」に対する感受性という一人称的力量が，超高周波成分の持つ効果を検出するために必要なレベルに及んでいなかった疑いを否定できない．しかし，こうした感性的能力は，意識で明瞭に捉えることのできない力量によって支えられる部分が大きい．そのため，研究を設計し遂行する科学的論理的思考能力とは別のものとして扱われ，それが訓練によって磨きうるものであり磨かなければならないものという認識がこれまで希薄だったかもしれない．

確かに，感性的質感認知に深く関係する快不快や感動といった一人称的世界は，同じ入力に対して誰でも同じ出力を導き出すことのできる言語に依存した論理的思考とは異なり，個別性が著しく，それ故に自然科学的な合理主義がなかなか踏み込めない領域である．その一方で，例えば多くの人々に舌鼓を打たせる稀代の料理人や，時代を超えて感動を呼び起こす天才芸術家，さらに豊かな質感に溢れた至宝の工芸品を生み出す名工などのように，高い普遍性を持って一人称的世界を制御することのできる現象学的活性が実在することも事実であり，またそうした活性が，少なくとも一定の範囲では，訓練によって磨きうるものであることも事実である．

すなわち，質感の感性的側面を科学しようという人間は，客観的な三人称科学の力量を磨くだけでなく，まず自らが感性豊かな存在である必要があり，同時に自らの感性が捉えた質感を科学的検討の対象とする一人称科学の力量を求められると言ってよいであろう．それはまさに，「科学は，それを営む人間そのものと切り離された無機的な客観性を持てない」という，現代科学哲学の知見そのものである．感性的質感認知への科学的アプローチは，脳と心の科学に対する最も現代的な挑戦であるといえるかもしれない． ［本田　学］

文　献

Blood AJ & Zatorre RJ (2001) Intensely pleasurable responses to music correlate with activity in brain regions implicated in reward and emotion. *Proc Natl Acad Sci U S A*, **98**：11818-11823.

本田　学 (2013) 感動する脳の仕組み．音楽・情報・脳（仁科エミ，河合徳枝編），放送大学教育振興会，pp. 36-52.

ITU-R (1997) Methods for the subjective assessment of small impairments in audio systems including multichannel sound systems. ITU-R Recommendation BS 1116-1.

Kaye WH, Pickar D, Naber D et al. (1982) Cerebrospinal fluid opioid activity in anorexia nervosa. *Am J Psychiatry*, **139**：643-645.

Kehoe JS & Marty A (1980) Certain slow synaptic responses：their properties and possible underlying mechanisms. *Annu Rev Biophys Bioeng*, **9**：437-465.

Muraoka T, Yamada Y & Yamazaki M (1978) Sampling-frequency considerations in digital audio. *J Audio Engineer Soc*, **26**：252-256.

Olds J & Milner P (1954) Positive reinforcement produced by electrical stimulation of septal area and other regions of rat brain. *J Comp Physiol Psychol*, **47**：419-427.

大橋　力 (2003) 音と文明～音の環境学ことはじめ，岩波書店．

Oohashi T, Nishina E, Honda M et al. (2000) Inaudible high-frequency sounds affect brain activity：hypersonic effect. *J Neurophysiol*, **83**：3548-3558.

第 3 部

質感の分析と表現

第4章
質感の工学

4.1 質感を生み出す光と物の性質

我々は何らかの物体を前にした時に，その物体の質感を視覚的に捉え，認識することができる．もちろん我々の眼球は光を感じる器官であるから，その物体の(視覚的な)質感は光を介して我々に認識されているということになる．それでは，実世界を構成する多様な物体の質感はどのような形で光の中に表現されているのだろうか．実物体と写真の本質的な違いはどのような点にあるのだろうか．本節では，我々が生活する空間を埋め尽くす「光」が持つ膨大な情報量と，それを生み出す物体，そしてそれを感じる目の関係について考えていくこととする．

a. 物体とその見え方の関係

ここではまず，我々を取り囲む様々な物体と，その見え方の関係について考えよう．我々はつい，目に見えるものは，その形や素材などを瞬時に，間違いなく認識できるものだと考えがちである．しかしそれは本当だろうか．

図 4.1 は，異なる物体が視覚またはカメラにより同じように見える例を示している．左の図は反射率が一定の半球に正面から光が当たり，陰影の効果により半球の輪郭部分が中央部よりも暗く見えている場合で，それに対し右の図は，反射率の分布が一定ではない平面を観察した場合を示している．この時反射率の分布をうまく調整すると，左の図と全く同じ像が得られる．これはちょうど，左図のカメラ画像を平面に印刷し，それを再度撮影したような場合に生じる．この時，全く同一のカメラ画像（または網膜像）が得られるのだから，理屈の上では，これらの像から対象物体が左のように立体的であるのか，それとも右のように平面的であるのかを区別することはできないはずである．

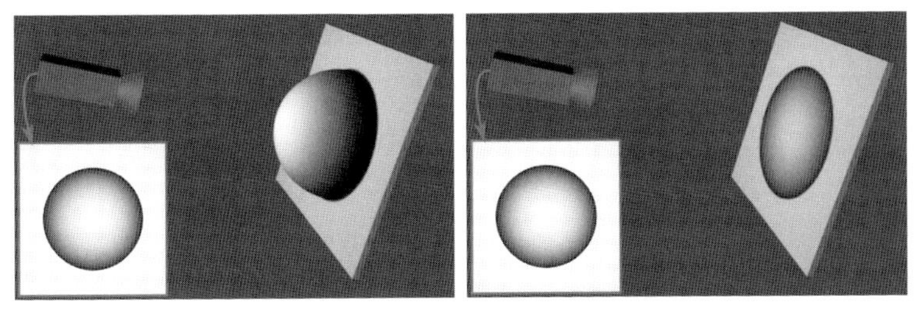

図 4.1　異なる物体が同じように見える例

このような例は，極端な，つまり普通はあり得ないような例だと思われるかもしれない．しかし実のところ，我々はこのような現象を日常的に利用している．我々が常日頃目にする写真，新聞や雑誌，テレビやパソコンの画面，そして今読者が手にするこの書籍でも利用されている現象なのである．テレビの画面では単に，各点の明るさや色彩が動的に制御され変化しているだけであるが，これによって我々は，テレビの向こう側の出来事を見ているかのような感覚を得ることができるのである．裏を返せば，このように「実物と同じように目に映る」，つまり実物と同じ像が網膜に映るようなものを作ることで，我々の視覚はいとも簡単に騙されてしまうということであり，逆にもしテレビが我々の視覚を騙すことができないのであれば，このような「メディア技術」は存在する価値がないということになる．大袈裟に言うと，視覚にしろ聴覚にしろ，メディア技術とは我々の知覚を「にせもの」によって騙すことなのである．

さて，それでは本当に，我々の視覚はこのようなメディア技術により完全に騙されているといえるのだろうか．もちろん，そうではない．テレビや写真によって見る像は，その物体を直接的に見るのとは同じには見えないし，我々はその像が本物でないことを常に認識している．実際に図 4.1 に示したような像をテレビ画面で見たとすると，我々はその対象物体が半球状のものであると認識しつつも，それが平面的なテレビ画面上で表示されているにすぎないと認識している．このように我々がメディアを介して像を見た時，ほとんどの場合においてその認識には多重性・多義性があると考えられる．

このようなメディア認識の多義性の原因は，メディア機器の性能が不十分であり，感覚器官への刺激を完全に再現できていないからであると考えられる．しかし，このことが即，メディア技術の有用性を損なうわけではない．我々が日頃，写真やテレビで目にする映像でも，被写体の様子や出来事を認識するには十分であることがほとんどである．そしてこのような性質は，質感の提示についても同様であると考えられる．実物と全く区別がつかないほど高度な感覚刺激の提示ができなくても，必要とされる用途，例えば品質管理や官能評価などの目的が果たせればよいからである．このような考え方は，コストや使い勝手の面で合理的なメディア技術を達成する上で非常に重要なことである．なぜなら実物と全く同じ視覚的刺激を提示するには，後に述べるように高次元かつ高精細な光線情報の記録と再現が必要であり，それが可能なメディア機器を実現することは容易ではない．そのため，質感の記録と提示のような問題に対しても，「実用上問題がない」「用途を十分に果たすことができる」というような条件が満たされる限りにおいて，できるだけ合理的な（つまり，低コストで簡便な）手段を模索する必要がある．豊かな質感を表現可能なメディア技術の実現と普及にとって，「質感の科学」の中心的課題である，人の質感認知の性質やメカニズムの理解が必要不可欠であるのはこのためである．テレビや印刷技術は，我々の視覚系が赤・緑・青の3原色により色を知覚していることを最大限に利用しているが，これと同様のことが質感の記録と提示においても必要なのである．

質感の工学について論じる本節では，もし可能であるならば，このような合理的な質感記録・提示手法についてその指針を示すべきであろう．しかし，この問題はまだまだ研究が緒についたばかりである．またその基準や指針は，解決すべき問題の種類によっても大きく変化すると我々は考えている．そこでここでは，最も基本的な問題である「完全な質感記録・提示とは何か」について論じることとする．これは現在の技術水準では到底実現ができない，ある意味で荒唐無稽とも言えるほど高度な光の記録・提示を必要とする．しかしこのことは，とりもなおさず，上で述べた「合理的な質感記録・提示技術」の開発が必須であることの理由であり，また，それぞれのメディア技術の特性や過不足点を考察する点でも重要な枠組である．

b.　反射現象の表現

本項ではまず物体表面における反射について，これを記述するためにはどの程度のデータ量を必要とするのか，またそれは物体の種類によってどの程度異なるのか，などについて考えていくことにする．

基礎的なコンピュータグラフィックスでは，物体表面の反射を図 4.2 のように二つの成分の和で表すことが多い．拡散反射成分は石膏や紙など荒い面を持つ物体に見られる反射であり，この成分による反射光の輝度は，物体をどの方向から観察しても同じである（そのため，図 4.2 では拡散反射光の強度分布を，入射点を中心とした半円で表している）．また一般に，「物体の色」として認識される色は，この成分によるものであることが多い．なぜなら，拡散反射は物体内部の顔料の影響を受けるためである．これに対し鏡面反射成分は物体と空気との界面で鏡の反射方向に光が反射される成分であり，物体内部に光が入らないため，多くの物体では反射光の色は光源の色と同じになる．また，平滑な面では鏡面反射はその名の通り，鏡の反射の方向に鋭く尖った反射光強度分布を持つ．

まずはこのような単純な物体について，反射光の分布を表現するためのデータ量がどのように異なっているのかについて考えてみよう．図 4.3（a）に示すように，光源 L からの光が物体表面で反射し，視点 V の方向から観測される時，入射角 θi と観測方位 θr の二つの角度に関する観測輝度の分布は，拡散反射のみからなる物体では図 4.3（b）のようになる．先に述べたように，拡散反射とはその反射光の輝度が観測方位によらずに一定となる成分である．そのため，図 4.3（b）に示す 2 次元的な輝度変化の分布を行列の形で表すと，その行列のすべての行は同一の値を持ち，この行列のランクは 1 である．

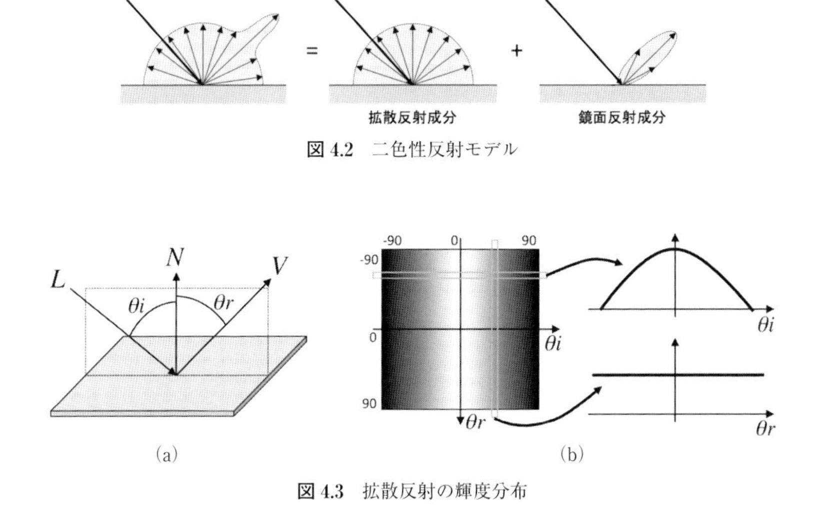

図 4.2　二色性反射モデル

図 4.3　拡散反射の輝度分布

次に，鏡面反射を有する物体（光沢のある物体）について考える．この時，入射角 θi と観測方位 θr の関係が正反射方向に近い時，すなわち $\theta i = -\theta r$ の周辺では鏡面反射成分が観測されるため，輝度分布は図4.4のようになる．この場合，反射光の輝度分布の行列はもはや縮退することなく，フルランクの行列となりうることがわかる．つまり，鏡面反射を有する物体は拡散反射のみを有する物体よりも，反射輝度の分布の情報量は大きい．

上の二つの例では簡単のため，図4.3（a）に示したように光源の方位 L，観測方位 V と物体表面の法線 N とが同一の平面上にある場合について示した．しかし実際には，これらの方位が同一平面上にない場合も考えられる．また，織物や磨かれた金属板（第1章の図1.4）など，物体表面の反射特性に方向性がある物体も存在する（非等方性反射といい，物体を法線 N 回りに回転させた時に反射特性が変化する物体をさす）．さらに，すべての物体に対して図4.2に示したような二色性反射モデルが適用できるとは限らない．特に布や皮革など複雑な構造を持つ物体ではより複雑な反射を起こすため，より高度な反射モデルが必要となる．そこで，反射の様相を数式等によりモデル化したり，図4.2に示したように成分ごとに分離して取り扱うことをせず，すべての光の入射方位と観測方位の組み合せについての観測輝度をそれぞれ独立したデータとして表現することを考える．この方法なら，物体によらずその反射を表現できるはずである．このような方法による反射の表現を双方向反射率分布関数（Bi-directional Reflectance Distribution Function：BRDF）と呼ぶ（向川，2010）．この表現は図4.5に示すように，ある面を照らす光の入射方位 L を二つの角（θi, ϕ_i）で表現し，また，その表面を観測する方位（物体から見たカメラや眼球の方位）V を（θr, ϕ_r）で表した時，次のような関数により表面の輝度を表すことができるというものである．ただし θi

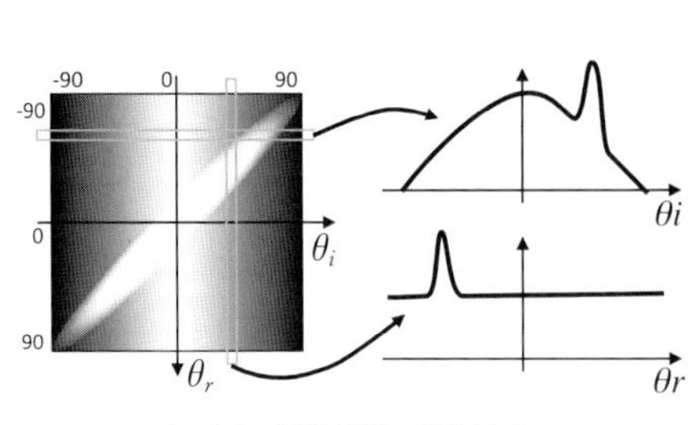

図4.4　鏡面反射の輝度分布

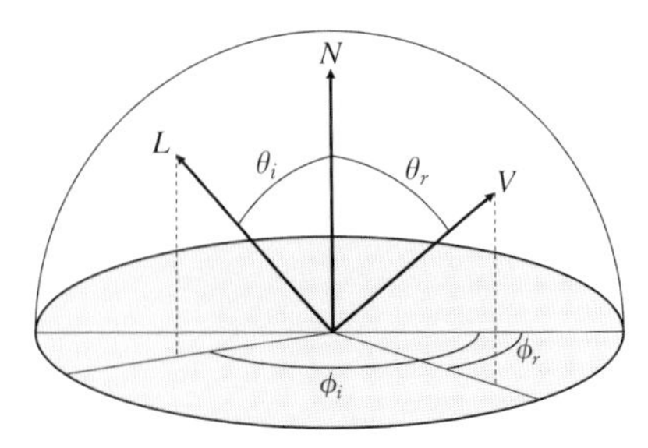

図4.5　BRDFを構成する四つの変数

は 90 度以下であるとし，そうでない場合の輝度は 0 になる．

$$I = f_{\mathrm{BRDF}}\ (\theta_i,\ \phi_i,\ \theta_r,\ \phi_r)\ \cos(\theta_i)$$

では，この BRDF の値はどの程度の情報量を持つのであろうか．先に述べたように，拡散反射のみを有する物体であれば，輝度は観測方位 V を表す 2 変数（θ_r, ϕ_r）には依存せず，また等方性により方位角 ϕi によっても変化しないため，BRDF は実質的に 1 変数関数であり，特に Lambert 則が成り立つ物体（輝度変化が入射角 θi の余弦 $\cos(\theta_i)$ に従う物体）では定数となる．しかし一方で，ヘアライン仕上げされた金属板やサテンの布のように非等方性で複雑な反射特性を持つ物体では 4 次元的な配列となり，これを密に計測することは容易ではない．例えば四つの角をそれぞれ 1 度刻みで計測するとした場合，計測データ数は約 1×10^9 個となり，仮に 1 秒間に 30 点を計測しても丸 1 年を要してしまうし，このデータを倍精度浮動小数値で表現すると，データ量は約 8 GB にもなってしまう．

c. 表面下散乱とテクスチャの表現

次に，光がにじむ物体や，表面に模様（テクスチャ）のある物体について考えよう．光がにじまない物体では，光が入射した点のみが輝いて見え，その他の点の輝度は 0 である．それに対し光がにじむ物体では，光が入射した点から離れた点について観測される輝度を表現する必要がある．

図 4.6 では，簡単のため，ある直線上に光が入射する点 X_L と観測点 X_V の 2 点をとり，それらの位置関係の変化によってどのように観測輝度が変化するかを表している．光のにじみ（表面下散乱）のない物体では，先に述べたように，入射点と観測点が一致する時，つまり $X_L = X_V$ を満たすところでのみ非零の値が観測されるため，この分布を行列としてみた時，その行列は対角行列となる（図 4.6

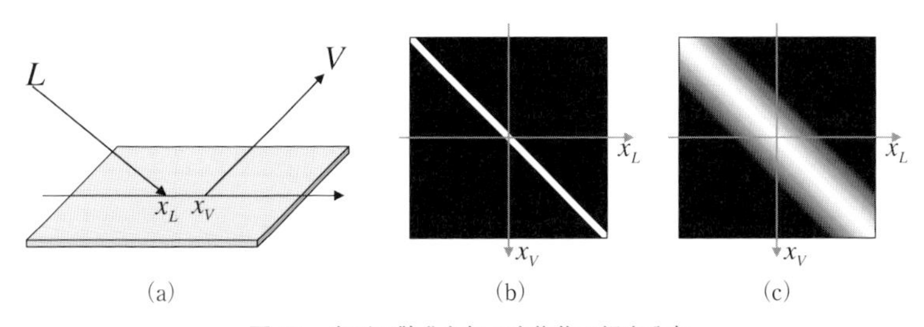

図 4.6　表面下散乱を起こす物体の輝度分布

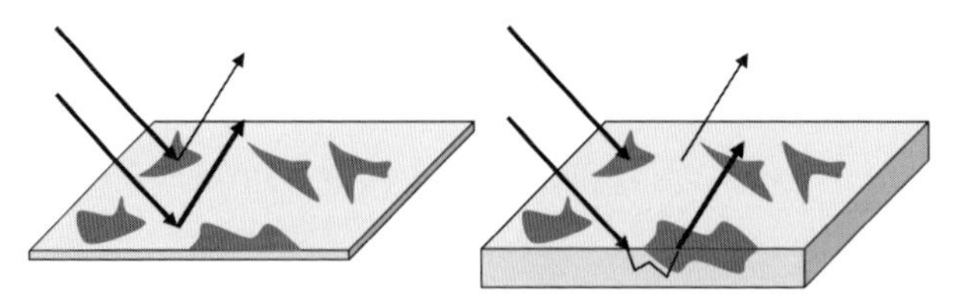

図 4.7　テクスチャを有する物体の反射の様子

(b))．それに対し，表面下散乱を有する物体では非対角成分にも非零の値が見られることとなる（図 4.6（c））．

次に，物体表面が均一でなく，位置ごとに反射特性が異なるような物体について考える（図 4.7）．各点の反射率の違いを独立に表現しようとすると，4 変数関数であった BRDF に，観測点の座標（x，y）の 2 変数を追加した以下のようなモデルで反射特性が表されることになる．

$$f_{\mathrm{BTF}}\ (\theta_i,\ \phi_i,\ \theta_r,\ \phi_r,\ x,\ y)$$

これを双方向テクスチャ関数（Bi-directional Texture Function：BTF）と呼ぶ．さらに光が滲む場合には，光の入射点（x_i，y_i）と，その光が射出する点（x_r，y_r）の位置関係を表す必要が生じ，

$$f_{\mathrm{BSSRDF}}\ (\theta_i,\ \phi_i,\ \theta_r,\ \phi_r,\ x_i,\ y_{\mathrm{i}},\ x_r,\ y_r)$$

のような 8 変数の関数として表される．これを双方向散乱面反射率分布関数（Bi-directional Scattering Surface Reflectance Distribution Function：BSSRDF）と呼ぶ．このような反射特性を余さずに表現しようとすると，文字通り天文学的な時間と記憶容量が必要であることは数値の例を示さずとも理解されるであろう．

d.　反射光の色と蛍光現象

我々が日頃，物体の「色」と呼んでいるものは，入射光に対する反射光の色の変化のことであることが多い．例えば白い物体に赤い光を照射すると，その物体は赤く見えるはずであるが，物体そのものは依然として「白い物体」である．より正確にいうと，それぞれの波長の入射光に対し，物体がどのような割合で光を反射するのかを求めることで，物体の色を表すことができる．これを模式的に表したのが図 4.8 である．

図 4.8 において，光源 L から物体へ入射する光のスペクトル分布を $L(\lambda_i)$ とし，それに対する反射光のスペクトル分布を $V(\lambda_r)$ とする．この時多くの物体では，

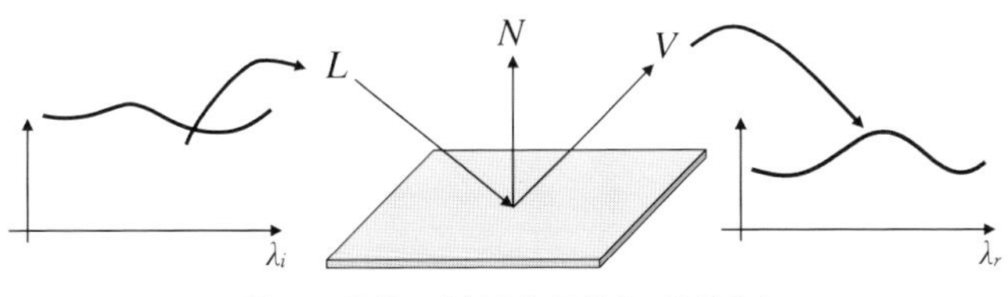

図 4.8 物体の入射光と反射光の波長分布

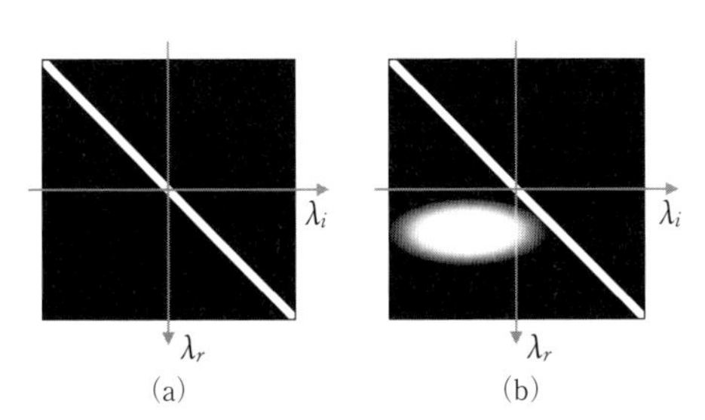

図 4.9 波長領域における蛍光の表現

それぞれの波長の光の照度に対して反射率が乗じられ，再び同じ波長の光として観測される．このような場合には，反射光の分光スペクトル輝度は分光反射率 $\rho(\lambda)$ を用いて

$$V(\lambda) = \rho(\lambda)\ L(\lambda)$$

のように表される．この時，物体の分光反射率は図 4.9（a）のように表され，$\lambda_i \neq \lambda_r$ に相当する部分はすべて 0 の対角行列のような特性となる．それに対し蛍光を有する物体では，ある波長の光が入射した時，その光エネルギーがより波長の長い光エネルギーとして物体から発せられる．この時の入射と反射の分光反射率は図 4.9（b）のようになり，非対角成分が現れる．つまり，蛍光を有する物体の反射特性をもれなく表すためには，蛍光を持たない物体よりもはるかに大きな記憶容量を必要とすることになる．

このように一般化を進めていくと，最終的には物体の反射特性は一般に，幾何学的な 8 変数に加え，波長の 2 変数を加えた以下の関数で表すことができるといえる．

$$f_{\text{bispectral-BSSRDF}}\ (\theta_i,\ \phi_i,\ \theta_r,\ \phi_r,\ x_i,\ y_i,\ x_r,\ y_r,\ \lambda_i,\ \lambda_r)$$

e. インバースレンダリング

これまでに述べたように，物体の反射特性をあまさず記録するには10次元空間に広がる膨大なデータを収集する必要がある．これを完全に取り込む装置はいまだ存在しないが，光の入射・反射方位に関する計測に特化したゴニオリフレクトメータ（BRDF計測装置）や波長に特化した分光輝度計などを組み合わせ，反射現象の特定の側面を部分的に計測することは広く行われている．図4.10に示す装置は筆者らが開発した，物体を多様な方位から照明し高解像度撮影することで微細な質感を有する物体のBTFを計測することができる「質感サンプラー」である．

一方で，我々の視覚はこのような大掛かりな装置を用いずとも物体の質感を把握することができる．他の章で述べられているように，このメカニズムを生理学的・心理物理学的に調べる研究も行われているが，工学分野ではより少ない計測回数で物体の質感を計測する手法が求められる．特に，物体を撮影した画像（1枚または照明方向や観察方向を変えて撮像された複数枚の画像）を用いて，対象物体の反射特性や形状，シーンの照明分布を推定する手法をインバースレンダリング（Inverse Rendering）と呼び，コンピュータビジョン（計算機視覚）やコンピュータグラフィックス（CG）などの分野において熱心に研究が行われている．従来のCGでは第1章の図1.5に示すように，物体像を決定する3要因である物体の形状，反射特性，シーンの光源分布が与えられた上で物体が描画される（レンダリングと呼ぶ）．それに対し画像を通してシーンを構成する三つの要素のいず

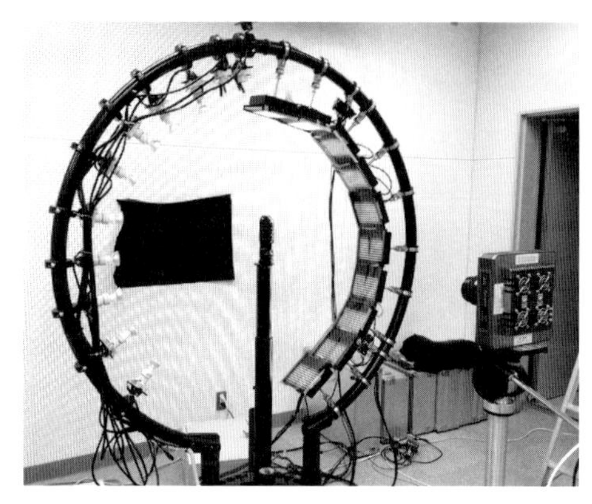

図4.10　質感サンプラー

れか，またはすべてを推定する技術は，レンダリングの逆問題を解くことに相当するため「インバース」レンダリングと呼ばれるのである．しかし，先に述べたように反射特性だけでも膨大な自由度があるのに加え，物体の形状やシーンの光源分布にも大きな多様性があり，これらすべての要素を少数の画像から同時に求めることはきわめて困難である．例えば，荒い表面を持つ球を小さな点光源により照らした時の画像と，滑らかな表面を持つ球を広がりのある照明により照らした時の画像は大変似通っており，見分けることは困難である．

そこでインバースレンダリングでは，多くの場合，3 要素のうちいくつかの要素は既知であると仮定して，未知である要素を推定するアプローチがとられる．どの要素を既知あるいは未知とするかによってインバースレンダリング技術は次の三つに分類される．

① 対象シーンの幾何形状，反射特性が既知という条件のもと，シーンの光源分布を推定するインバースライティング（Inverse Lighting）．

② 対象シーンの反射特性と光源分布が既知という条件のもと，シーンの幾何形状を推定するインバースジオメトリ（Inverse Geometry）．

③ 対象シーンの幾何形状と光源分布が既知という条件のもと，シーンの反射特性を推定するインバースリフレクトメトリ（Inverse Reflectometry）．

これらのうち，②はコンピュータビジョン分野の主要な課題である画像からの 3 次元形状推定問題に対応するため，古くから研究が行われてきた．それに対し，①や③は比較的新しい研究分野であると言える．また③のインバースリフレクトメトリでも，一般的な反射モデルを仮定すると自由度が高すぎるために解が得られないため，多くの場合では少数のパラメータを持つ関数により反射を表現するモデル（パラメトリック反射関数モデル）を用い，このパラメータを画像から推定するアプローチがとられる．

インバースリフレクトメトリの例の一つを**口絵 7** に示す（Sato ら，1997）．物体表面のつやに相当する鏡面反射は，照明方位と観測方位が正反射方向に近い領域でしか観察されないため，物体表面のすべての点について十分な観測を行うことが難しい．そこでこの研究では，①鏡面反射光が光源と同色となることを利用して，色情報から鏡面反射成分と拡散反射成分を分離し，②物体色が同一の領域内では鏡面反射特性が均一であるという仮定と，拡散成分の色情報に基づき物体表面を領域分割し，③領域ごとに反射特性を推定する，という方法でパラメトリック反射関数モデルの一つであるTorrance-Sparrow反射モデルの各パラメータを物体表面全体について推定した.

一方，パラメトリック反射関数による近似を用いずに，画像からBRDFそのものを計測する手法も提案されてきている．先に述べたようにBRDFは4自由度（入射方向，反射方向それぞれに2自由度）を持つため，すべての組み合せを観察するためには，膨大な計測を要する．しかし例えば，物体全体が均一な反射特性を持つと仮定すれば，立体的な物体の表面の法線の違いによって生み出される物体の明るさの違いをもとにしてBRDFを画像からサンプリングすることができる（Marschner & Greenberg，1997）．画像に基づくBRDF計測（Image-based BRDF measurements）と呼ばれるこの技術は，対象とするシーンの形状や照明条件を高精度にキャリブレーション（較正）することにより可能となる.

パラメトリック反射関数モデルにはLambertモデル，Phong反射モデル，Cook-Torrance反射モデル，Torrance-Sparrowモデルなどがあるが，これらは主にリアルなCGレンダリングをめざして考案されたものである．これらの人工の（手作りの）反射モデルには，少ないパラメータで石膏やプラスティックでできた物体を良好に近似することができるという利点があるものの，肌や皮革，木目，布地など複雑な物体をよりリアルに表現するために拡張することが容易ではない．そこで，単なるデータの羅列であるノンパラメトリックなBRDFデータとCG由来の人工的な反射モデルの間に位置するものとして，反射光分布の周波数特性に着目し，BRDFを球面調和関数で展開した展開係数で表現するアプローチ（球面調和関数展開は，球面上におけるフーリエ展開に相当する）が提案されている（Ramamoorthi & Hanrahan，2001）．音声のような時間信号では，記録すべき原信号の上限の周波数に対し，サンプリング周波数はその2倍あればよいことが知られている．これと同様の原理に基づき，著者らは物体の反射の空間周波数特性（表面が荒い物体ほど映り込みがぼやけ，通過する空間周波数の上限が低い）に球面調和関数のサンプリング定理を適用することで，どのような間隔で光源を配置すれば，あらゆる照明条件においてその物体の見え方の変化を完全に再現するために十分であるかを明らかにした（Satoら，2007）．**口絵8**は，この手法により求めた反射特性をもとに，5種類の照明条件（最上段）における物体の見え方をレンダリングした結果である.

f. ライトフィールド

ここまでは，物体の表面に入射する光と，その物体により反射される光の関係を完全に記述する方法について述べた．それに対し，現実に広く用いられているカメラやディスプレイは，どの程度の情報を記録・提示するデバイスであり，どのような情報が欠落するのだろうか．また，質感を完全に再現しうる究極のカメラとディスプレイとはどのようなものなのか．これらについて考えるには，レンズにより像へと変換される前の，カメラへ入射する光線について考える必要がある．そこでまず，3次元空間を飛び交う光線について述べ，次に従来のカメラがそれをどのように画像として記録しているのかについて考えていくこととする．

図4.11に示すように，カメラは光源からの光や，それが物体により反射された光により満たされた環境中に置かれているとする．この時，被写体が置かれた3次元空間を埋める光線は以下の変数を用いて表現することができる．第1は光線が通過する位置で，これは3次元座標の三つのパラメータ（X，Y，Z）で表す．光線の向きは，その向きを軸とした回転は必要がないので2パラメータ（θ，φ）となる．さらに光の波長λと時刻tのパラメータを加えることで，3次元空間を満たす光の分布は以下の数式で表すことができることになる．

$$I = P\ (X,\ Y,\ Z,\ \theta,\ \phi,\ \lambda,\ t)$$

この7変数の関数Pをプレノプティック関数と呼び，またこのような光線で埋められた3次元空間をライトフィールド（光線空間）と呼ぶ（Adelson & Bergen, 1991）．

次に，カメラによる光線の記録について考える．環境を埋める光線のうちごく一部がカメラのレンズへ飛び込み，カメラはそれを画像として出力する．この時，カメラが記録する画像とは，プレノプティック関数の7変数のうち方位に関する2変数（θ，ϕ）の分布である．他にも，カメラの各画素には赤・青・緑のカラー

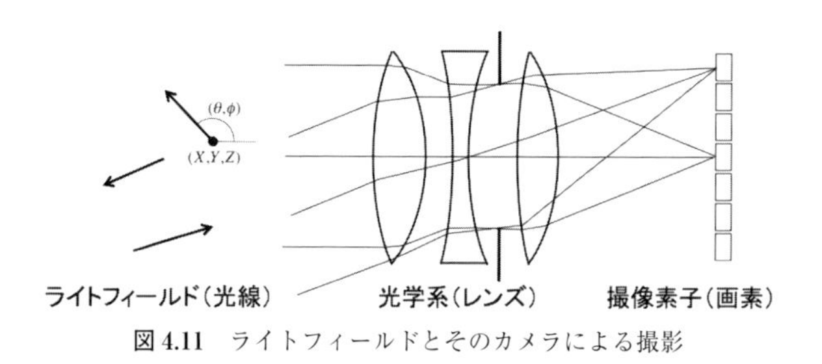

図4.11　ライトフィールドとそのカメラによる撮影

フィルタが備わっており，これは3サンプルだけであるが波長λに対応する．さらに，複数画像を連写するならば時刻tに関する分布を得ることもできる．しかし，光線の通過位置（X，Y，Z）に関する情報はカメラでは記録されることがなく，失われてしまう．なぜなら図4.11に示すように，並行光を一点に集めることこそがレンズの働きであり，画素位置（x，y）はその平行光の向きだけに対応するからである．つまり，ある画素に到達した光が，レンズの中心付近を通ったものか，それともレンズの縁を通ってきたものかを区別することはできない．

それでは，通常のカメラとは異なり，光線の通過位置の分布も記録する装置は可能であろうか．そのような装置の一つとして，図4.12（a）に示すようにカメラを多数並べたカメラアレイがある．この場合，それぞれのカメラとそのレンズは光線を取り込む位置がずれているため，光線の通過位置に関して複数のサンプル値を取り込むことができる．具体的には，図4.12（a）の画素aとbは方位の異なる光線を捕えるのに対し，画素aとcは並行であるが通過位置の異なる光線をそれぞれ記録する．先に述べたように，環境中の光の分布は（波長λと時刻tは，光の通過位置・方位などの幾何学的情報とは性質が大きく異なるので，いったんこれらを除外すると），光の通過位置（X，Y，Z）と通過方位（θ，ϕ）の五つの自由度を持つ．しかし，空気中や真空中では光は減衰することなく，また直進することから，光線の強度（輝度）は光の通過方位に沿って一定である．よって，その冗長性を利用することで変数一つを省略し，4変数で光線の幾何学的配置を決めることができる（Levoy & Hanrahan，1996）．図4.12（a）のカメラアレイでは，レンズが並べられた平面を通過する光の位置（X，Y）と方位（θ，ϕ）の四つの変数ですべての光線を記録することができることを利用している．もう一

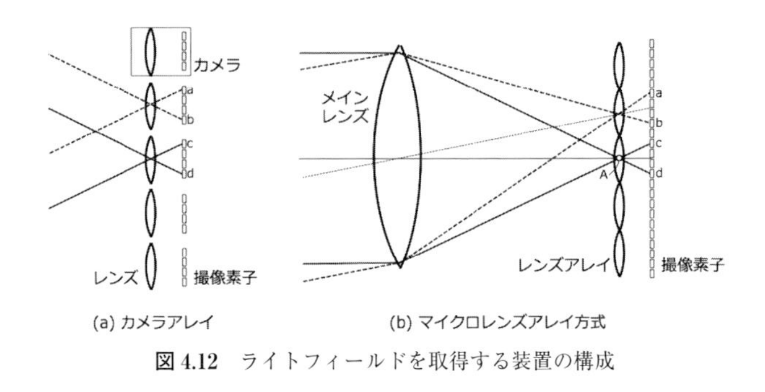

図4.12　ライトフィールドを取得する装置の構成

図 4.13　スタンフォードのマルチカメラアレイ（Levoy & Hanrahan, 1996）

つの方法として，通常のカメラのように単一のメインレンズを備え，図 4.12（b）のように撮像素子の直前にマイクロレンズアレイを設置するものもある．

図 4.12（a）に示した構成の実現例を図 4.13 に示す．また，静的な対象物体に関する質感の取り込みではカメラを多数並べる代わりに，スライドステージやロボットアームにカメラを取り付け，カメラを移動しながら逐一画像を撮影していく方法でもライトフィールドを得ることができる．**口絵 9** はミケランジェロの彫刻の見かけを網羅的に記録すべく行われたプロジェクトにおける装置とカメラ移動軌跡を表した図であり，合計 24,304 視点からの撮影が行われた（Levoy & Hanrahan, 1996）．

g. 立体テレビにおける光線の再生

ライトフィールドカメラやカメラの逐次移動により，空間中の光線の分布を得ることができる．それでは逆に，ライトフィールドを用いた画像の提示とはどのようなものなのか．図 4.14 に，インテグラルフォトグラフィ方式と呼ばれる立体テレビの原理を示す（吉田ら，2000）．ライトフィールドカメラは図のように，

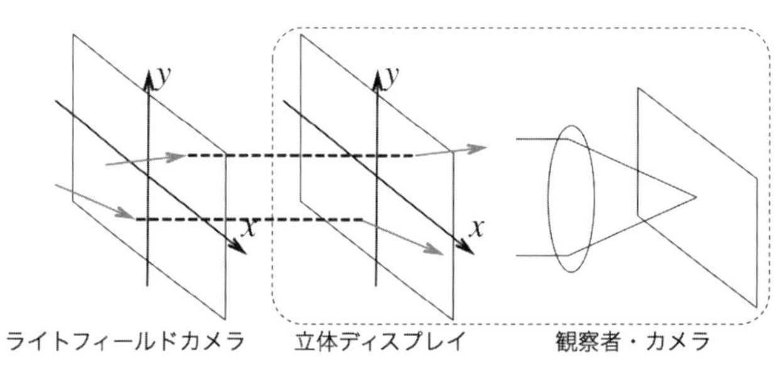

図 4.14　インテグラルフォトグラフィ方式立体テレビ

(x, y) 平面へ入射する光線の入射位置と方位を記録する．それと反対に，インテグラルフォトグラフィ方式のディスプレイは，ディスプレイ面のそれぞれの位置から，様々な方位へ異なる強さの光を発することができるディスプレイ装置である．一般のテレビやPCのモニタなど通常のディスプレイは，それぞれの位置（画素）の明るさを個別に制御することはできるが，そのディスプレイを見る方向によって映像を変えることはできない．よって，それを観察する人の両目には同じ映像が見えることになる．そのため映像は常に平面的で，両眼立体視による奥行き感を与えることはできない．質感に関しては，鏡面反射（つや，てかり）の再現に実物との相違が生じる．実物体を観察している場合では，物体に対する観察位置を変えると，実物体表面上に光源が映り込む位置は変化する．しかし，一般のディスプレイではこのような変化は再現できない．それに対し，インテグラルフォトグラフィ方式の立体テレビでは，観察者がディスプレイを見る方位に応じて映像が変化する．もちろん両眼ではその視点に応じた異なる映像（視差のある映像）が知覚されるため，両眼立体視による奥行き感が感じられる．

図4.14のように，ライトフィールドカメラが取り込む光線をそのまま，同じ方向に射出するのがインテグラルフォトグラフィ方式立体テレビであるので，このテレビは「画像を提示する」というよりも，「光線を再生する」装置である，と考える方が適切だといえよう．そのため，この方式は「光線再生方式」とも呼ばれる．そして，もしカメラとディスプレイの両方が非常に高精細であれば，実物を直接視認しているのと全く同じ感覚が得られるはずである．我々が建物の中から窓の外を見た時，窓ガラスの向こう側の面には野外の風景からの光が入射し，それとほぼ同じ位置・方向に窓ガラスの手前側の面から光が射出される．これと同じことを実現できる理想的なインテグラルフォトグラフィ方式の立体テレビは，窓を通して外を見るのと同じ感覚で対象を見ることができることになる．よって両眼立体視だけでなく，水晶体調節などすべての感覚が実物を視認した場合と同様となる．

インテグラルフォトグラフィ方式の立体ディスプレイの構造の詳細については紙幅の関係で割愛するが，簡単には，図4.12（a）にあげたカメラの各画素を発光素子に置き換えたものであると考えればよい．

h. ライトトランスポートとリフレクタンスフィールド

ここまでに述べた光線の取得と再生では，光源環境が固定されていることを前提としていた．しかし実際には，物体の見え方は照明条件によって様々に変化する．そのため，物体の見えを余すことなく記録するには，様々な光源状況下での画像の獲得が必要である．

それでは，光源の状況はどのようなモデルで表すことができるだろうか．実は，光源から発せられ物体を照らす光もライトフィールドにより表すことができる．つまり，光源から物体へ入射する光の分布は，光線の通過位置と方位を合わせて四つの変数で表すことができる．これは図 4.15 に示すように，インテグラルフォトグラフィ方式立体テレビにより 4 変数独立に光源からの光線を再生していると考えればよい．つまり図 4.15 に示すように，対象物体へ差し込む**入射光のライトフィールド**（X_l, Y_l, θ_l, ϕ_l）と，それに対し反射光が形作る**出射光のライトフィールド**（X_o, Y_o, θ_o, ϕ_o）の間の関係が物体の反射現象であると言える．この時，物体の形や反射特性は任意でよく，つまり物体そのものをブラックボックスとして捉えた時の入出力関係だけに注目していることに留意されたい．このような，シーンへの光の入出力関係をライトトランスポートと呼び，（X_l, Y_l, θ_l, ϕ_l, X_o, Y_o, θ_o, ϕ_o）の 8 変数からなる関数であると考えることができる（Seitz ら，2005）．また，このライトトランスポートを物体の表面のすぐそばで定義したものをリフレクタンスフィールドと呼ぶことがある．

ここまで読み進まれた方は，このライトトランスポート（またはリフレクタンスフィールド）と，c 項で述べた物体の反射を記述するために必要となる関数とが似ていることに気づかれたであろう．どちらも，波長を除いた幾何学的な変数は 8 個であり，そのうち 4 個が入射光の方位と位置に，また残りの 4 個が観測点

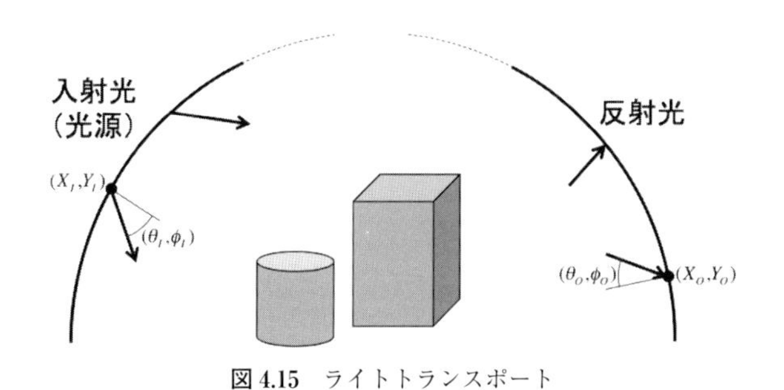

図 4.15　ライトトランスポート

の位置と観測方位に対応している．実際，これらは同一のものである．ライトトランスポートはそもそも，様々な形状や反射特性の物体を含む複雑なシーン全体を表す包括的な表現として考案されたものである．つまりシーン全体をブラックボックスとして扱い，それへの光の入力・出力関係を記述するものであり，例えば，凹部の1点で反射した光が物体の他の部分を照らす効果（相互反射）などを解析する際に用いられてきた（Seitz ら，2005）．一方，BRDF はよりミクロな視点で物体表面の反射特性を表すための表現方法として考案されたものであり，それがテクスチャや光のにじみに対して拡張されたものが BTF や BSSRDF である．しかしどちらも，物体（またはシーン）への光の入力と出力の関係を記述したものであるという点で，本質的には違いのないものである．**[日浦慎作・佐藤いまり]**

文　　献

Adelson EH & Bergen J (1991) The plenoptic function and the elements of early vision. In Computational Models of Visual Processing, pp. 3-20.
Levoy M & Hanrahan P (1996) Light field rendering. Proc. ACM SIGGRAPH 96, pp. 31-42.
Marschner S & Greenberg D (1997) Inverse lighting for photography. Proc. IS&T/SID Fifth Color Imaging Conference, pp. 262-265.
向川康博（2010）反射・散乱の計測とモデル化．情報処理学会研究報告コンピュータビジョンとイメージメディア，Vol. 2010-CVIM-172, pp. 1-11.
Ramamoorthi R & Hanrahan P (2001) A signal processing framework for inverse rendering, Proc. ACM SIGGRAPH 2001, pp. 117-128.
Sato I, Okabe T, Sato Y et al. (2007) Appearance sampling of real objects for variable illumination. *Int J Com Vis*, **75** : 29-48.
Sato Y, Wheeler M D & Ikeuchi K (1997) Object shape and reflectance modeling from observation, Proc. ACM SIGGRAPH 97, pp. 379-387.
Seitz SM, Matsushita Y & Kutulakos KN (2005) A theory of inverse light transport. In Conf Com Vis, pp. 1440-1447.
吉田達哉，苗村　健，原島　博（2000）インテグラルフォトグラフィを用いたインタラクティブ3次元 CG の合成．3次元画像コンファレンス 2000，pp. 39-42.

4.2　熟練者が作り出す質感

a．宝飾品と質感

宝飾品が多くの人々を魅了していることは論を待たないが，紀元前の太古の昔から魅了し続けているとなると，不思議でもあり，何か理由があるに違いないと思いたくなる．旧約聖書にすでにダイヤモンドの記述があるという説や，クレオパトラがとてつもなく大きな真珠のイヤリングを酢に溶かして飲み干したという話も伝わっている．大昔から王族や貴族はこぞって金や真珠などの宝飾品を好んだが，古代日本でも高位の人が威信の象徴として勾玉を身につけた．価値のあるものとないものが混ざっている様子を玉石混淆と言うが，玉（ぎょく）とはもちろん「価値のあるもの」すなわち宝石である．特に翡翠はその色と半透明の美しい質感から，数ある玉の中でも珍重された．翡翠の勾玉が古代日本人にとって特別な意味を持っていたこととも関係する．

b.　生産品としての真珠

ダイヤモンドやエメラルド，翡翠などの宝石は，地中から採掘され，それが加工されて価値のある宝飾品となるが，真珠はやや性格を異にしている．真珠は生体鉱物の一種であり，外套膜上皮細胞が偶然貝の体内に入りこむことでできたものが天然真珠である．このような偶然は滅多に起きないので，天然真珠は現在なお大変貴重であり高価である．現在，私達が目にする真珠のほとんどは，20 世紀初頭の 1907 年[†1]に御木本幸吉らによって発明された真珠養殖技術によって，いわば「生産」されたものである．

図 4.16　真珠鑑定の現場

[†1] 現在最も普及している真球の真珠の養殖に成功した年．1893 年には半球の真珠の養殖に成功していた．

この養殖技術によって，真珠も工業製品や農産物と同様に，生産，加工，販売といった一連のプロセスを経て市場に流通することになった．同時に品質管理の重要性も高まることとなるが，真珠の場合はいわゆる熟練鑑定士による目視のみによって品質が評価されている（図 4.16）．目視評価は真珠に限らず，様々な場面で行われており，高度に機械化された生産現場であっても，評価プロセスを完全に機械に置き換えることは難しい．ただし，品質評価がほぼ完全に鑑定士の目視のみによって行われている点は真珠ならでは，である．生産過程で自然環境の影響を大きく受ける点では農産物も同じであるが，農産物の品質計測技術は近年大きく進歩しており，外観検査のみならず，糖度や酸度などの成分計測も非破壊非接触で行うことが可能である．もちろん，食品の「美味しさ」がどのような化学成分や食感などの機械的特性と具体的に関わっているかは未だ不明な点も多いが，甘さや酸っぱさなどの味に関わる基本要素がある程度特定されており，その物理化学的要因も比較的明らかであることから，こうした品質計測が可能となっている．

真珠の品質がなぜ未だ目視によってしか計測できないのか？ それは，真珠らしい質感が何に由来して，その物理的要因が何であり，真珠の見栄えにどのように影響を与えているのか，そして真珠の「良さ」がそれらとどう関わるのかという，定量計測には欠かせない情報が未だよくわかっていないから，言い換えれば，鑑定士にとっては自明であっても，科学的には自明でないからである．

c. 真珠の構造と真珠らしさ

真珠は図 4.17 に示すように核とそれを取り巻く真珠層から構成されている．真珠層は半透明の炭酸カルシウム結晶とタンパク質シートで構成されており，1 層わずか 0.3 ～ 0.4 μm のアラゴナイト結晶層が数百～数千積層したものである（Bar-

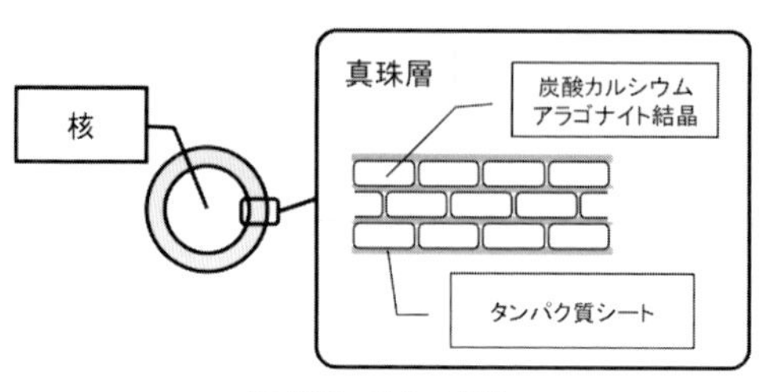

図 4.17 真珠の構造

thelat ら，2007）．真珠らしさの源である干渉色は，半透明で多層膜構造の真珠層に起因しており，ちょうど結晶層の厚さが可視波長に近いためピンクや青などの干渉色（多層膜干渉）が現れる．真珠層の厚さや結晶層構造の一様性によってその色や強さが変化し，これが真珠の品質を左右するといわれている．

真珠の品質は通常，3段階（1～3級，あるいはA～C）にランク分けされる[†2]が，判定のための統一基準というものはなく，地域の組合や加工会社などによって独自の判定基準が用いられている．例えば，ある真珠仕入れ・加工企業では図4.18に示すように様々なグレードの真珠サンプルセットが作成され，品質鑑定の基準として用いられている．この例では，色調，光沢，巻き，キズ，形状の5項目について様々なグレードのサンプルが示されているが，なかでも色調，光沢や巻き（干渉色）のように真珠質感と関連が深い項目については，特に定量化が難しく，したがって現在もなお真珠品質の計測は目視によらざるを得ないのが現状である．

d.　真珠品質の計測と照明

これまでにも，真珠らしさに関わりが深い真珠層に関しては，走査型電子顕微鏡，透過型電子顕微鏡，光干渉断層法などの技術を用いて非破壊計測が試みられてきた（Rousseau ら，2005；Ju ら，2010）．鑑定士が目視で評価している対象は真珠の映像であり，真珠層そのものを目視で確認することはできない．しかし，

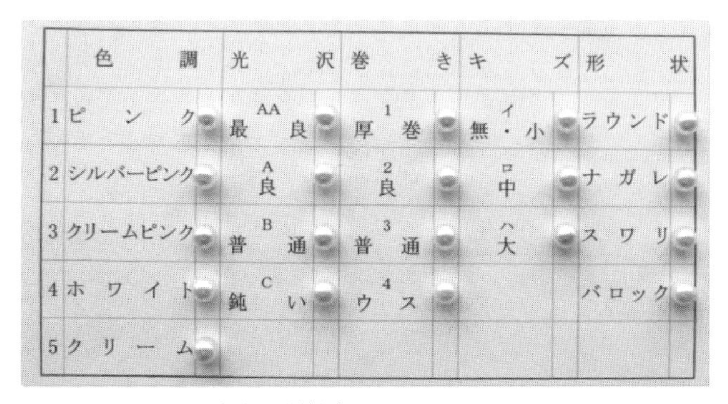

図4.18　真珠の品質評価で用いられているサンプル

[†2] これらに加えて「花珠」と呼ばれる特に高品質のグレード真珠を区別することがある．

図 4.18 にある「巻き」とは真珠層の良さ（厚さ）をさす言葉として用いられている．すなわち，鑑定士は真珠像を生み出している物理的構造としての「巻き」の状態と真珠像の関係を熟知していて，真珠層を要因とした真珠像に現れる視覚的特徴を「巻き」と呼んでいると考えられる．

さて，通常，真珠の鑑定は直射日光の入らない北窓光が用いられている．ただし，実際には北窓ということだけが決められているだけで，照度も写り込みの画像的要素も，実際にはほとんどコントロールされてはいない．ただ，こうした「自然な照明場」が真珠らしい質感にとっては重要とされている．**口絵 10** に 2 種類の照明環境下におけるアコヤ真珠と模造真珠（イミテーション）の真珠像を示す．明らかに自然照明光・白背景の方が普段目にする真珠らしく，点光源・黒背景のそれは真珠のようには見えない．図 4.17 に示したように，真珠は半透明の真珠層で覆われているため，真珠を取り巻く様々な方向からの照明光が真珠層内部にまで到達し，散乱・伝搬して眼に届くすべての光によって真珠像が形成されている（Nagata ら，1997）．したがって，点光源のようにある一定の方向からの光で照射された場合と自然照明光の場合では，眼に届く真珠像は大きく異なるのである．

一方で，次のようなことにも気づく．比較用に示した模造真珠は，自然照明光下ではある程度は真珠らしく，本物のアコヤ真珠とよく似ているが，点光源下では両者の違いがむしろ明瞭となっている．アコヤ真珠は中央がやや緑，その周辺が鮮やかなピンクに色づいて見えるが，模造真珠にはそうした特徴は見られない．これはアコヤ真珠には多層膜構造の真珠層があり，干渉色が現れているのに対して，模造真珠にはそのような構造がないためである．真珠像を表面反射の成分，真珠を取り囲む光が真珠層を経由して全体を明るくする成分，そして干渉色の成分に分けて考えれば，自然照明光ではそれらがバランス良く真珠像を形成しているのに対して，点光源下では干渉色が特に強調された結果として，普段目にしたことがない真珠像となった，と理解することができる．

e. 真珠干渉色の計測

先に真珠品質の中でも光沢と巻き（干渉色）が特に重要であると述べた．光沢は真珠表面の物理的粗さが主な要因である．したがって，研磨などの方法によってある程度，光沢の強さを上げることは可能であり，また逆に真珠の保管管理の仕方が悪いと光沢は下がる．模造真珠であっても，表面を綺麗に磨けば真珠に負けない光沢を出すことは可能である．しかし，真珠層に起因する干渉色は加工によって変化させることはできず，真珠そのものの品質を表すものとして最も重要視されている．

そこで，干渉色の分光・空間的特徴と，鑑定士が目視によって判定した真珠品質の関係を調べた．そのために，あらかじめ鑑定士によって3段階のランク（A，B，C）に評定されたアコヤ真珠を，さらに5段階のサブランク（A1 ～ A5，B1 ～ B5，C1 ～ C5）に分類したサンプル（各サブランク6個，合計90個）を準備した．

これらサンプルの品質はあくまでも目視評価による「主観的」な品質であり，大きさや重量などとは異なり，現時点で対応する物理指標は明らかでない．それを見出すのがここでの目的であるが，そのために次のような方針を立てた．まず，サンプルはすべて同一のサイズ，傷の有無や形状も同じ条件のものであることから，先に述べたように巻き，すなわち真珠像に現れる干渉色のパターンに真珠品質と相関が高い特徴量が現れると考えた．鑑定士は**口絵10**に示した自然照明下の真珠像から干渉色に関わる成分を正しく分離しているが，実際には鏡面反射による映り込みや，タンパク質シートに起因する実体色（色調）の影響などを考えると，自然照明光下の真珠像から干渉色成分のみを抽出することはそれほど容易ではない．

そこで，点光源下の真珠像に干渉色が強く現れることに着目した．ただ，点光源であっても真珠像には鏡面反射が乗ってしまう．そこで，我々は真珠の底面から光を照射し，その時の真珠像を真上から計測した（Toyota & Nakauchi, 2013）．こうすることによって，真珠表面における反射成分から真珠層を伝搬・散乱する成分のみを抽出することができる．この方法によって撮影した真珠像を**口絵11**に示す．ここでは，A ランクと C ランクの2種類の真珠像の例を示しているが，品質が高いと判断された A ランクは，**口絵10**の点光源の時と同様に，中央が緑，周辺がピンクに色づいて見えるが，品質が低い C ランクではそのような傾向は見られない．

f. 真珠干渉色の空間・分光パターン

口絵10や**11**に見られるように，真珠の干渉色は中央から周辺にいくに従って

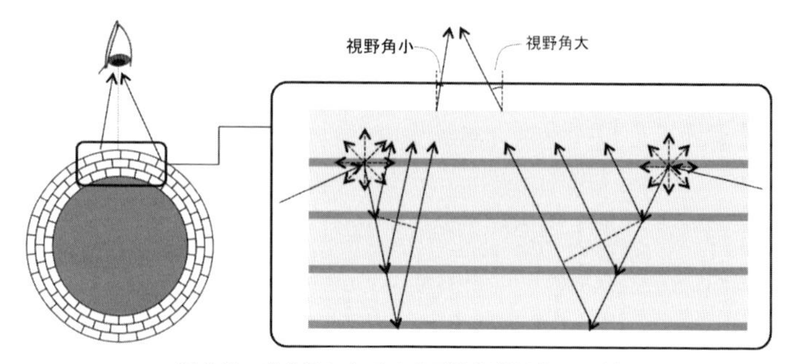

図 4.19　真珠層における光干渉と視野角の関係

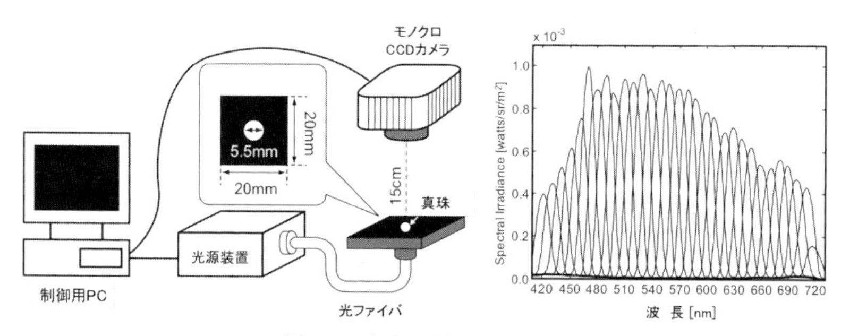

図 4.20　真珠干渉色の計測実験

変化しており，点対称の空間パターンとなっている．これは，干渉が生ずる波長が結晶層の厚さだけでなく，観察点との角度（視野角）にも依存するためである．つまり，理想的な球形の場合，干渉色変化の仕方は視野角（真珠像の半径方向）のみに依存し，照明光の位置には依存しない（Nagata ら，1997）ため，中心から周辺へ干渉色は滑らかに変化することになる（図 4.19）．

こうした干渉色の分光特性とその位置依存性を調べるため，真珠底部より中心波長 420 ～ 720 nm の単色光（半値幅 20 nm，20 nm 間隔）を照射し，上部からモノクロ CCD カメラにより撮像した（図 4.20）．撮像した画像を光源や撮像カメラ感度の波長依存性を除去するために正規化し，干渉色の波長依存性の空間パターンを可視化したものを図 4.21 に示す．真珠の場合は，中心と周辺の間で光強度が異なり，さらに波長によって中心と周辺の強弱が逆転していることがわかるが，多層膜構造を持たない模造真珠には干渉そのものが生じないため，そのような特徴は見られず，むしろ塗装のムラが可視化されている．また，同じ真珠であって

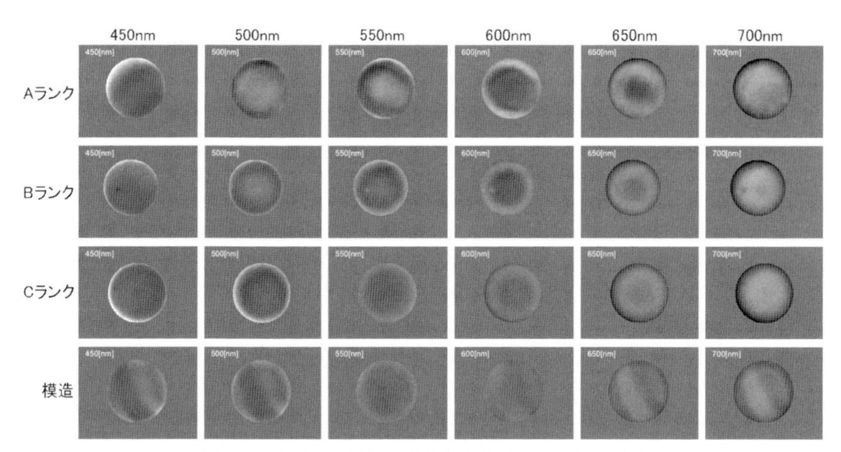

図 4.21 干渉色の波長依存性と真珠グレードとの関係

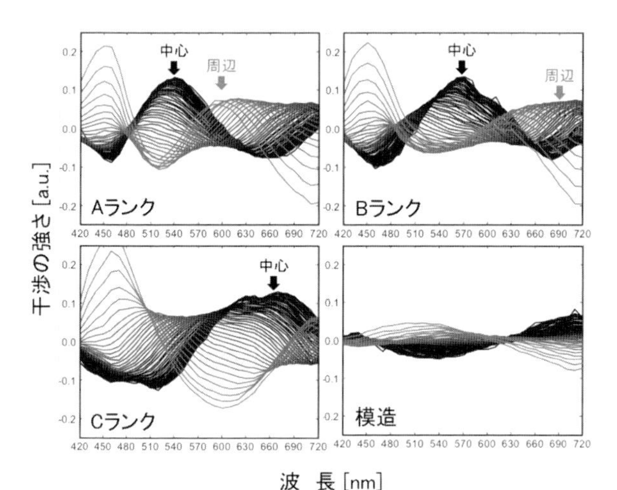

図 4.22 光干渉の波長依存性と真珠品質との関係

もランクによって干渉の波長依存性に違いが見られることもわかる.

そこで図 4.21 に示した画像について, 異なる半径の同心円部分の平均画素値を波長ごとに求め, ランクと干渉の波長依存性を調べた (図 4.22). ここで, 黒線が真珠中心部, 灰色が周辺部の干渉の強さを示している. この結果からも, 真珠の干渉色は特徴的な波長依存性を示すことがわかる. 中心から周辺に従って波長依存特性のピークが長波長側にシフトしており, 図 4.19 に示した光干渉の視野角依存性が現れている．さらに，ランクAからCへとグレードが下がると波長依存特性のピーク波長がより長波長側になっていることもわかる．**口絵11**に示した画像では，Aランクの真珠は中心が緑，その周辺でピンク色の干渉色を確認することができ，Cランクの真珠は中心にやや黄色味を帯びた干渉色が見られるが，周辺では明瞭な色が確認できない．こうした特徴は図4.22に示した波長依存性と定性的に一致している．

g. 真珠干渉色の特徴と鑑定士による真珠品質評価

以上示した解析から，鑑定士が判断した真珠の品質（ランク）と干渉色の違いには一定の関係が認められることがわかった．こうした関係にどの程度一貫性があるか，90個すべてのサンプルについて鑑定士の評価との比較を行った．ここで着目したのは，干渉色が中心と周辺で異なる色を示すこと，また図4.21に示した例からもわかるように，ランクが高い真珠ほどその空間コントラスト（中心―周辺の干渉強度の差）が大きくなる傾向が見られる，という点である．

そこで，計測した波長ごとの画像に対して，空間コントラストを求め，その値と鑑定士の評価との相関値を指標として，その値が最大となる最適波長を求めた．その結果，520 nmにおける干渉色の空間コントラストが鑑定士の判定と最も相関が高いことがわかった（図4.23）．サブランク内（各6個）のばらつきは十分に小さく，鑑定士の判定と正の相関が確認できる．520 nmは緑色に見えることから，真珠像の中央に強い緑色，周辺部にピンク色の干渉色がクリアに現れるものほど，

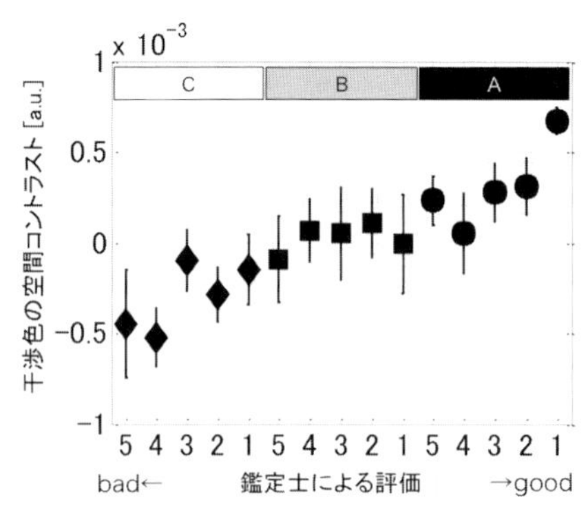

図4.23　520 nmにおける干渉色の空間コントラストと鑑定士の真珠品質評定

鑑定士が高い評価を与えていることを意味する．

なお，ここでは特定の波長との単相関を指標として鑑定士の評価そのものを分析することを主眼に置いたが，真珠品質の非破壊検査という観点から考えれば，より多くの波長情報を用い，またその他の統計手法を用いることで，より精度の高い品質推定が可能であり，質感計測という新しい技術展開も期待される．

h. 真珠の物理構造と干渉色コントラストの関係

鑑定士の評価した真珠品質は，当初予想したように真珠の干渉色と強く結びついたものであった．図 4.18 に示したように，鑑定士は真珠の品質に関わる項目の一つを「巻き」という言葉で表現しており，真珠を見て「これは巻きが厚い，薄い」と品質を表現している．真珠層の厚さと干渉色の強さが関係することは物理光学的にも辻褄が合っている．しかし，何度も強調するように，鑑定士は真珠層そのものを目視することはできず，あくまでも結果としての真珠像からそれを想像しているに過ぎない．

では，その想像はどの程度正しいのだろうか？ 真珠層の厚さと干渉色の関係を実際に確かめるために，養殖真珠の干渉色の空間コントラスト値と，真珠層およびそれを構成するアラゴナイト結晶の厚さを破壊計測し，両者の関係を調べた（青木ら，2013）．計測した真珠は 2012 年 7 月にアコヤガイ 3 年貝に直径 6.22 mm の核を挿入したものを三重県英虞湾で飼育し，同年 12 月に取り出したものである．シミや傷のない 20 個の真珠を計測対象とした．図 4.24 にその結果を示す．真珠層が厚くなるほど干渉色コントラストは高く，正の相関を示す一方で，真珠層を

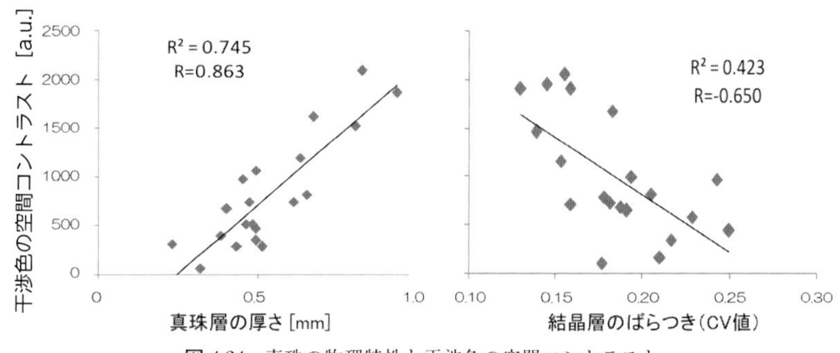

図 4.24　真珠の物理特性と干渉色の空間コントラスト

形成するアラゴナイト結晶層の厚さは 0.3 ～ 0.4 μm であり，その厚さのばらつきと干渉色の空間コントラスト値の間には負の相関が見られた．

したがって，鑑定士が高い評価をした真珠は干渉色の空間コントラスト値が高い傾向にあり，そうした真珠は真珠層が厚く，また個々の結晶層の厚さが揃っていると言える．鑑定士が使う「巻きが厚い」あるいは「巻きが薄い」という表現に，結晶層の厚さが揃っているか揃っていないか，という意味も含まれるかどうかは定かではないが，以上の結果から考えれば，鑑定士は単純に真珠層の厚さだけでなく，その「質」を反映する干渉色そのものを真珠像から見極めて真珠の品質を評価していると考えてよかろう．

おわりに

本節では，真珠質感を対象として，品質評価が鑑定士による目視で行われていること，したがって，真珠層という物理要因そのものではなく，結果としての真珠像に質感判断の手がかりがあること，そして干渉色の空間コントラストと鑑定士の判断した品質との間に相関が認められたことを示した．また，干渉色の空間コントラストは真珠層の厚さやそれを構成する結晶層の厚さの均一性と関連していることから，鑑定士は干渉色の現れ方を通じて真珠層の良さを評価していることがわかった．

以下，紙面の都合で述べることができなかった 2 点について補足したい．真珠品質の評価には統一的な基準は存在しないと冒頭で述べたが，産地の異なる真珠を別の鑑定士がそれぞれ評価した場合であっても，干渉色のコントラストが同程度の真珠はやはり同じグレードに判別されることも示されている（Toyota & Nakauchi, 2013）．目視による定性的な評価とはいえ，鑑定士の間で真珠質感に関する何らかの基準が共有されていることが伺える．こうした現象の背景には，質感認知に関わる学習と社会（真珠市場）を介したフィードバックが重要な役割を担っていると推察される．

真珠は宝飾品として販売されており，それを購入する消費者が存在する．消費者もまた購入に際して真珠の品質を一定程度は判別しているに違いないが，鑑定士（熟練者）と一般消費者（非熟練者）の共通性と違いに関して，多くのことが未解明である．我々が行った実験（Tani ら，2014）によれば，判断の一貫性に関しては確かに熟練者の方が優れているものの，これまでほとんど真珠に関心を示してこなかった非熟練者であっても，真珠質感の違いを判断する能力が著しく低いとは言えないことがわかった．ただし，真珠質感と真珠品質の対応づけ（価値づけ）については，熟練者と非熟練者の間に大きな差が認められた．価値づけに関しては，まさに真珠市場を介した学習効果が大きな役割を果たすことがその理由と考えられる．なお，真珠質感の判別能力の学習に関しては，真珠という物体に特化したものなのか，一般的な環境や物体に学習効果が波及しているかという点は未解決の課題である．熟練者は美術工芸から製品検査に至る様々な場面に存在するが，特に質感認知とその学習という側面から解決すべき課題は多く，それ故，魅力的な研究テーマが山積していると言える．　**［中内茂樹］**

文　献

青木秀夫，鈴木道生，田中真二ほか（2013）アコヤガイ真珠における干渉色の強度に及ぼす真珠層の構造の影響について．第14回構造色シンポジウム，2013年10月26日，大阪市立科学館．

Barthelat F, Tang H, Zavattieri PD et al.（2007）On the mechanics of mother-of-pearl：A key feature in the material hierarchical structure. *J Mech Phys Solids*, **55**：306–337.

Ju MJ, Lee SJ, Min EJ et al.（2010）Evaluating and identifying pearls and their nuclei by using optical coherence tomography. *Opt Express*, **18**：13468–13477.

Nagata N, Dobashi T, Manabe Y et al.（1997）Modeling and visualization for a pearl-quality evaluation simulator. *IEEE Trans Vis Comput Graphics*, **3**(4)：307–315.

Rousseau M, Lopeza E, Stempflé P et al.（2005）Multiscale structure of sheet nacre. *Biomaterials*, **26**：6254–6262.

Tani Y, Nagai T, Koida K et al.（2014）Experts and novices use the same factors — but differently — to evaluate pearl quality. *PLoS ONE*, **9**：e86400.

Toyota T & Nakauchi S（2013）Optical measurement of interference color of pearls and its relation to subjective quality. *Opt Rev*, **20**：50–58.

4.3　質感を読み取る技術

a.　機械は質感を認識できるか

物体の質感，特にその表面の質感を，人が目で見て感じるのと同じように機械で読み取ることは可能だろうか？　この問題は，対象物の物理量の「計測」と，計測結果を用いて行う「計算」の二つに分解できる．人間も同様に，自らの感覚器官（＝眼）で測った物理量をもとに，脳内で何らかの計算を行って，質感を得ているはずである．現在のカメラは，性能面で人の眼と同等かそれ以上の性能を持つと考えられるから，計測と計算では後者の計算が鍵になる．

機械による質感の読み取りをめざす時，考えるべきは，計算の結果，何を出力すべきかである．この問は，人が質感を感じるという時，実際には何を感じているか，その感覚は脳内でどのように表現されているか，という問いに通じるが，その答えは十分には見つかっていない．そこで，質感に関わりの深い形容詞をいくつか選び出しておき，その形容詞の度合いを数値化し，出力とすることを考える．この数値は，選んだ形容詞の尺度において，人の感覚を反映したものとなるようにする．

次に，一口に質感といっても様々であり，どのような質感をターゲットとするかを考えなければならない．ここでは，人が画像1枚だけからでも感じ取れる質感に対象を絞ることとする．具体的には，画像1枚をディスプレイ上あるいは写真として人に提示した時，人が感じ取れる質感である．このようにして画像1枚を見るのと，目の前の物を裸眼で直接見るのとではいくつかの違いがあり，その違いは時に大きい．その一方で，画像1枚だけからでも，人は多くの質感を忠実に感じ取れるのも事実である．

なお，人が物の表面の質感を感じ取る上では，視覚だけでなく触覚も強く関与する．例えば光沢感や透明感など，目で見る以外に感じようがなく，その意味で視覚のみと結びつく質感がある一方で，硬さや柔らかさ，暖かさや冷たさ，ざらつきなど，触覚が主体となる質感がある．また，潤いや乾きといった，両者の中間にあってどちらが主体であるとは言いにくいものもある．このように多様な質感があるが，興味深いことに，視覚と結びつきの深い質感はもちろん，本来的には触覚とより強く結びつくはずの質感であっても，人は視覚だけで，また提示された画像1枚だけからでも，かなりよく感じ取れるように思われる．視覚は外部情報を受け取るチャネルとして最大であり，非接触性などの利便性から，生物の生存に果たす役割が大きいことも理由にあげられるかもしれない．

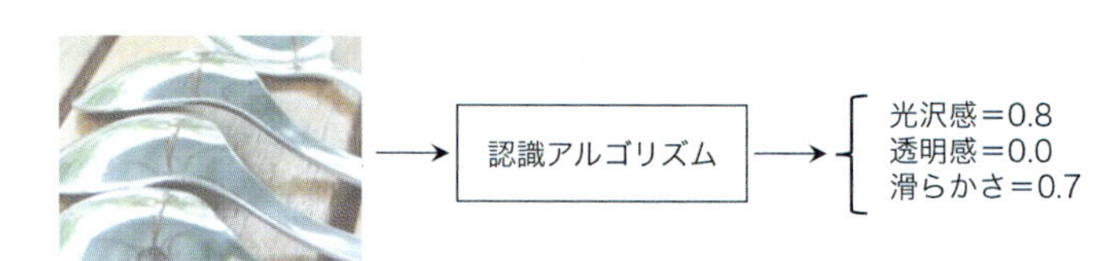

図 4.25 質感の画像認識
ここでは，1枚の画像からそこに写る物体表面の質感（具体的には予め選んだ質感を表す形容詞）の強弱を数値で答える問題を考える．

以上を踏まえて，質感を読み取るという問題を，図 4.25 のように，画像 1 枚を入力として受け取った時，これをコンピュータで解析することで，そこに写る物の質感をあらかじめ選んでおいたいくつかの形容詞を数値化して出力することであると定義する．これを質感の画像認識と呼ぶことにする．

b. 画像認識

画像認識とは，画像からそこに写るものの情報を読み取ることを言う．例えば画像に写る文字が何であるかを判断する「文字認識」や，図 4.26 のように，物体の名前（カテゴリ）が何であるかを判断する「物体カテゴリ認識」がある．本稿で関心があるのは質感の認識であるが，その研究は現在進行中であり，決まった方法論があるわけではない．そこで，まず一般的な画像認識について説明し，質感の画像認識との関係を考える．

図 4.26　物体カテゴリ認識
画像 1 枚からそこに写る物体の名前（カテゴリ名）を答える問題．

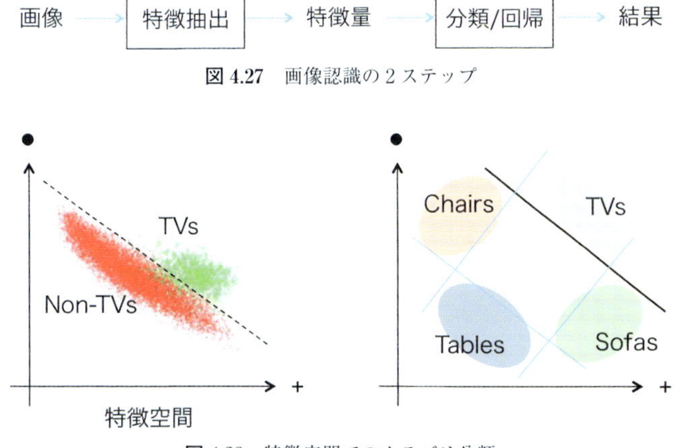

図 4.27　画像認識の 2 ステップ

図 4.28　特徴空間でのカテゴリ分類

1)　機械学習に基づく画像認識

あらゆる画像認識の方法は図 4.27 のように，特徴抽出と，分類ないし回帰の 2 ステップに分離できる．1 番目の特徴抽出とは，入力された画像 1 枚に対し，その画像の中身を何らかの形で表現した「特徴量」を取り出すことを言う．具体的な方法は次項で述べるが，取り出した特徴量の実体は（その画像を表す）数百～数万個の数の集合（ベクトル）である．2 番目のステップでは，先に取り出された特徴量に基づいて入力画像（に写るもの）のカテゴリが決定され，あるいはその何らかの情報が数値化される．前者を分類，後者を回帰と呼ぶ．

この 2 番目の分類／回帰のステップでは，学習データを使った機械学習が用いられる．例えば，テレビを認識したいとし，簡単のため，テレビとそれ以外という 2 種類の分類を考える．このためにまず，テレビが写った画像とテレビが写っていない画像を，それぞれ大量に（例えば数千枚ずつ）集める．次にそれらの画像に対し，上述の特徴抽出を行い，特徴量を取り出す．画像 1 枚に対し，取り出した特徴量は，特徴空間（特徴量の成分数の次元の空間）の 1 点と見なすことができる．テレビとテレビでないものの画像集合に対応する特徴空間の点群それぞれは，図 4.28 左のように，（良い特徴抽出が行えていれば）この空間内で分離して存在する．もしそれらが重複なく分布していれば，両者を分離するような線を引くことができる（特徴空間は高次元空間なので，線ではなく実際には超平面となる）．

このようにしてテレビと非テレビを分離する線（超平面）が決定できれば，準備した画像集合に含まれない新しい画像 1 枚が与えられた時，同じように特徴量を計算し，それを同じ特徴空間に写した時，その点が分離線の上にあるか下にあるかによって，テレビかそうでないかを判定することができる．以上はテレビとテレビでないものの 2 カテゴリの分類だが，図 4.28 右のように，一つのカテゴリをそれ以外と分ける分類を必要なカテゴリ数繰り返すことで，複数カテゴリの分類に拡張できる（One-vs-Rest 法と呼ぶ）．

2)　自然画像を対象とする画像認識

質感の画像認識では，自由に選んだ一般物を様々な条件下で撮影した「自然画像」を対象とする．同じように一般物の自然画像を対象とする画像認識に，テクスチャ認識，マテリアル認識，物体カテゴリ認識などがある（図 4.29）．

テクスチャ（あるいはサーフェス）認識とは，図 4.29 左のように物体表面を大きく写した画像をもとに，その表面を認識（同じ表面をそれと判別）することである．同じ物の表面であっても，画像に写り込む方向や照明の違いによって見え方が変化するので，その変化を乗り越えて正しく認識することが課題となる．なお，これはかなり高い精度で行えることが知られている（Zhang ら，2007）．

マテリアル認識とは，図 4.29 中央のような画像を対象に，そこに写る物体の材質，つまり物体が何でできているかを認識することである．同じ素材・材料でも，物としての姿・形は様々であり，その違いによらず材質を正確に言い当てることが課題となる．また，物体カテゴリ認識はすでに説明した通り，画像に写るものの名前（カテゴリ名）を答える問題である（図 4.29 右）．同じ名前で呼ばれる物体が，違う色や形を持つことは普通であり，さらに画像への写り方（角度や照明）による見え方の変化と合わせて，これらの違いによらず正しく認識できるかが課題である．マテリアル認識はまだ難しい問題であり，人と同程度の正確さで認識することはできていない（Sharan ら，2013）．

さて，図 4.25 に示した質感の画像認識は，以上の三つの中では，テクスチャ認識およびマテリアル認識とより関係が深いが，そこには大きな違いがある．まず，これらはすべてカテゴリ分類が目的だが，質感の画像認識は出力が連続値である（回帰問題である）点で違う．さらにより重要な違いは，認識すべき対象が物理世界そのものの情報ではなく，人がどう感じるかという人の感性であることである．マテリアルや物体のカテゴリの区別は，人が決めたものであるとはいえ，その決定には一種の合理性があるおかげで，人と無関係に存在しうる．一方で質感は，人の脳内にしか存在していない．先述のように形容詞をあらかじめ選んだとしても，その強弱は人の感性を反映しなければならない．このような違いをどのように取り扱うかが，質感の画像認識を実現する上で重要な問題となる．

3) 特徴抽出の難しさ

先述のように，マテリアルおよび物体カテゴリの画像認識技術は，まだ人の視覚と同レベルの精度を達成できていない．なぜうまくできないかというと，図 4.27 に示した 2 ステップのうち，1 番目の特徴抽出が難しいからである．2 番目の分類・回帰のステップは，サポートベクターマシン（SVM）などの機械学習の方法論の進展により，今ではさほど困難ではない．

なぜ特徴抽出が難しいかといえば，対象物の見え方の変動が大きいことに理由を求めることができる．物体カテゴリ認識では，図 4.29 のように，同じテレビ受

図 4.29　テクスチャ（あるいはサーフェス）認識，マテリアル認識および物体認識の画像例
それぞれ研究用データセット CUReT，Flickr Material Database（FMD）および ImageNet（"television set"）から抜粋.

像機（television set）というカテゴリであっても世の中には多様な製品があり，その姿は様々である上，どの方向からどういう照明の下で見るかに応じて，その見え方は色々に変化し得る．よい特徴には，この変化に影響されないような寛容さ（torelance）あるいは不変性（invariance）が求められる．また同時に，テレビをラジオや電子レンジと区別できなければならず，特徴にはそのような性質（弁別力（discriminatibility））も求められる．この二つの性質は一般には相反する傾向があり，その両立が難しい．次項では，以上のような難しさを克服しようと考案された特徴抽出の方法を説明する．

c. 一般的な特徴抽出の方法

先述のように，自然画像を対象とした画像認識には色々なタスクがあるが，現状ではどの問題でも，有効な特徴抽出の方法は基本的には同じである．現在有効性が広く認められている方法は二つあり，ビジュアルワードによる画像表現と，ディープニューラルネットワークである．以下順に説明する．

1） ビジュアルワードによる画像表現

基本的な考え方は，自然画像を対象とする時，その多様さはきわめて大きいが，画像の局所的な部分のみに限定して考えるとその多様さはずっと小さく，しかも有限個のパターンに類型化できるだろうとすることである．その類型化された局所部分の見えの種類のことを，ビジュアルワードと呼ぶ．この名前は，一つの文書が単語（ワード）の組み合せでできているのと同様，一つの画像はそのような類型化された見えの組み合せでできていると考えることからきている．

この局所部分の見えは，Lowe（2004）の SIFT（Scale Invariant Feature

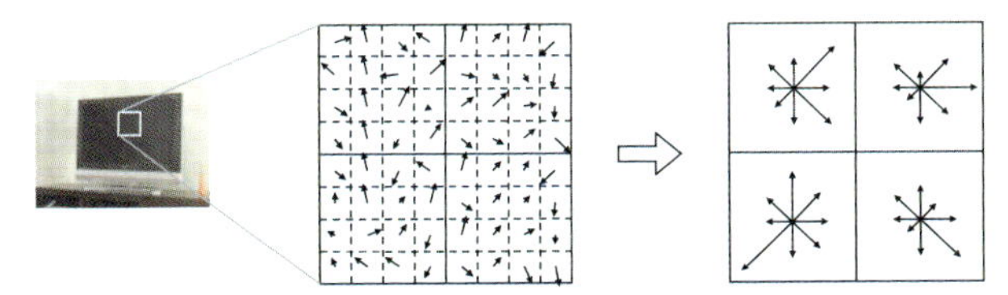

図 4.30　局所特徴 SIFT の概要
画像の小領域を $n \times n$ のブロックに区切り，その中の各点の濃淡勾配からブロックごとに方向ヒストグラムを作る．具体的には，まず画像に正方形の小領域を決める．この正方領域内の画像の濃淡を表す量を考える．この正方領域を，$n \times n$ の正方形に等分割し，一つの正方形をブロックと呼ぶ（通常 $n = 4$ 程度）．これらブロックをさらに 8×8 程度の正方形に分割し，一つの正方形をセルと呼ぶ．各セルについて，そのセル内で空間微分を求める（各ピクセルでの空間微分を求め，その大きさが最大となるものとする）．その空間微分を 8 方向に量子化する（あらかじめ決められた 8 方向のうち，最も近い方向に置き換える）．ブロック内の全セルについてこれを求め，ブロック内での 8 方向のヒストグラムを作る．この時，空間微分の大きさをそのままヒストグラムの各方向の大きさとする．

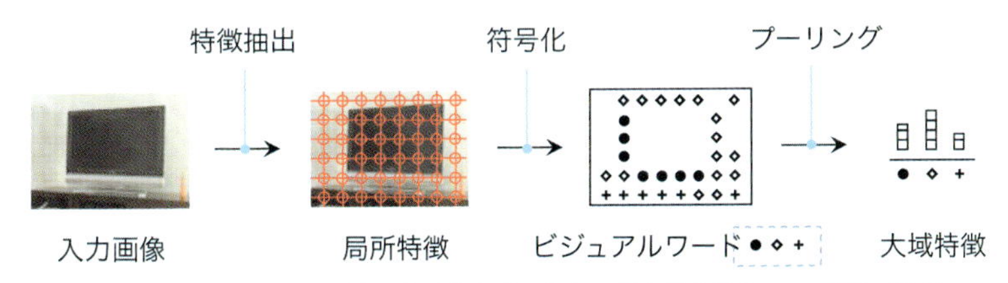

図 4.31　ビジュアルワードに基づく画像表現のうちで最も基本的な BoF 表現の概要

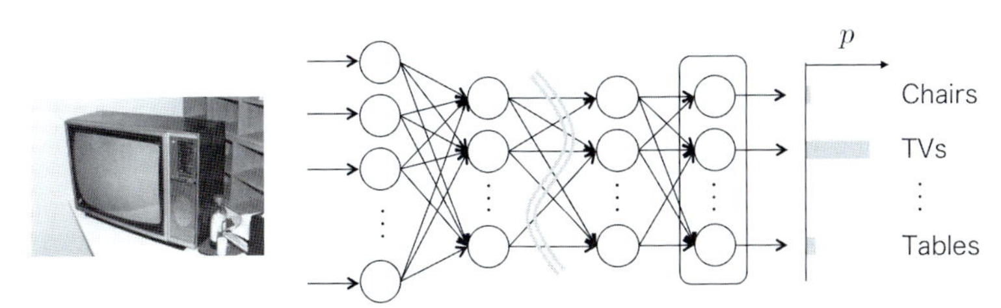

図 4.32　ディープニューラルネットワークによる画像認識のイメージ
入力層には画像の画素数と同数のユニットがあり，画像の画素値がそのまま入力される．出力層からは分類したいカテゴリ数分のユニットがあり，入力画像がどのカテゴリらしいかが数値として出力される．途中の層は畳込み層とプーリング層が何度か繰り返される構造をとる．

Transform）に代表される方法で特徴化される．SIFT はもともとは，シーンを違う角度から撮影した２枚の画像がある時，その画像間でシーンの同一点がそれぞれの画像のどこに写っているかを知りたいという動機で生み出された．そのため，同じ物体を違う方向から見た時に生じる見え方の変化を吸収できるように特徴量が設計されている．SIFT で取り出す特徴量は，画像の小さな領域における形やテクスチャを捉える．領域内の各位置でのエッジ特徴（線素）を，その位置と向きを粗く量子化し，特徴量としたものである．詳しくは図 4.30 の説明を参照されたい．

このようにして得られる局所特徴から，１枚の画像全体を表現する大域特徴を得るまでの流れを図 4.31 に示す．まず，画像上にとった格子の各点で，局所特徴を抽出する．これら多数の局所特徴は，ビジュアルワード，つまり，典型的な局所的な見え（の特徴）に分類され，その後，各ビジュアルワードの画像内での出現回数をカウントし，ヒストグラムが生成される．このヒストグラムが画像の大域特徴になり，次の分類・回帰のステップに送られる．局所特徴から大域特徴を得るこのような考え方を，Bag-of-Features（BoF，あるいは Bag-of-Visual-Words とも）と呼ぶ．なお，同じビジュアルワードを用いる方法で，BoF を発展させた方法がいくつかある．その中で最も高性能だと見なされているのがフィッシャーベクトルに基づく方法である（Perronnin ら，2010）．

なお，ビジュアルワードはあらかじめ大量の自然画像を用いて決定しておく．典型的な見えを類型化するため，例えば数千枚規模の画像の大量の点から SIFT 特徴量を取り出し，それらを特徴空間でクラスタリングする．例えば画像が 1000 枚あり，画像１枚あたり１万点（領域）の SIFT 特徴を求めたとすると，特徴空間の点群は個数が 1,000 × 10,000 ＝ 1000 万になる．この大量の点群は SIFT 特徴の空間で均等に分布するわけではなく，偏りを持って分布するので，その偏りの中心（＝クラスタセンタ）を数百個程度選び，それらがビジュアルワードになる．

この BoF 表現の最大の特徴は，各局所特徴が画像のどこに現れたかという情報を基本的に捨ててしまっていることである．この大きな決断は，良い特徴に求められる性質の一つにあげた，見えの変動を吸収する寛容さを得るのに貢献している．その一方で，この割り切りによって貴重な情報を失っていることも事実である．この点で近年，ビジュアルワードを使う方法を置き換えつつあるのが次項に述べるディープニューラルネットワークを用いる方法である．

2)　ニューラルネットワーク

生体の神経回路網を参考にした人工ニューラルネットワーク（以下ニューラルネットと呼ぶ）を，画像認識を含む各種 AI（人工知能）の問題に応用する研究が近年盛んである．様々なタイプのニューラルネットがあるが，図 4.32 のようなフィードフォワード型が中心である．これは，神経細胞 1 個を模した「ユニット」を層状に並べ，層間でのみこれらユニットを結合してネットワーク構造としたものである．ある層のユニットには，その下の層の複数のユニットからの出力に，それぞれ異なる重みが掛け合わされた値が入力され，これを非線形変換したものが，次の層に伝えられる．カテゴリ分類を行う場合，最後の出力層には分類したいカテゴリと同数のユニットをおき，そこから各カテゴリの確率（そのカテゴリらしさ）を出力する．なお，特に層数が多いもののことをディープニューラルネットと呼ぶ．

ディープニューラルネットは AI の色々な分野で使われているが，画像認識では特に畳込みニューラルネットワーク（以下畳込みネット）と呼ばれる特殊な構造を持つものが，様々な画像認識の問題で高い性能を示している．

この畳込みネットは，1950 年代の単純型細胞および複雑型細胞と呼ばれる神経科学の知見と，それを 1980 年代初頭にモデル化したネオコグニトロン（Fukushima & Miyake，1982）にルーツがある．1980 年代後半に，誤差逆伝播法と呼ばれるニューラルネットの学習方法と組み合わされ，文字認識に高い性能を示すことが示された（Lecun ら，1989）．さらに近年になって，自然画像からの物体カテゴリ認識に適用されるようになり，高い性能を示すことが明らかになった（Krizhevsky ら，2012）．

畳込みネットは，その途中の層に畳込み層およびプーリング層と呼ぶ，特別な配線構造を持つ層を含むのが特徴である．畳込み層では，画像とフィルタ（小サイズの画像）の畳込み（フィルタの係数を重みとする画素値の積和計算）を行う．畳込み層の出力は画像の形式をとる．プーリング層では，その畳込み層の出力に対し，各画像の点周りの局所領域内の値をまとめて一つの値に（例えばその最大値をとるなど）集約する処理を行う．このような構造を持つネットワークの入力層に画像を入力し，順次各層を伝播し，計算が繰り返され，最終層からカテゴリ認識結果を出力する．

以上の構造を持つ畳込みネットで望みの分類が行えるよう，データを用いた学習を行う．学習は，与えた入力に対するニューラルネットの出力を望みの出力（カテゴリの正解）と比べ，両者の差異（＝誤差）を最小化することで行う．各層のユニット間の結合の重み（畳込み層ではフィルタの係数）を徐々に変化させて，この差異が最小になるようなものを探す．具体的には，各結合の重みを変えた時のこの差異の変化量が，最も大きくなる方向（微分勾配）に，この重みを変化させる方法（勾配降下法）が使われる．各層の重みについての差異の変化量を算出するのに，誤差逆伝播法と呼ばれる方法が用いられる．

畳込みネットは，画像認識のいくつかのタスクで，先述のビジュアルワードに基づく方法を性能面で大きく凌駕することがわかっている．例えば，ILSVRC という物体認識のコンテストが 2012 年に開催されているが，そこでは，1000 カテゴリの認識精度で，ビジュアルワードに基づく方法が誤り率約 4 枚の入力画像あたり 1 度であったのに対し，畳込みネットは約 7 枚の画像あたり 1 度しかなかった．さらに 2014 年のコンテストでは，畳込みネットの誤り率は，約 15 枚の画像あたり 1 度にまで低下し，一層性能を上げている．物体カテゴリ認識では，まだ人の認識性能に届いたとはいえないが，道路標識や人の顔の認識では，すでに人の性能を超えていると言われる．ただし，その他の認識タスクでのビジュアルワードとの優劣はまだはっきりしていない．

畳込みネットワークが高性能であるのは，画像から取り出す特徴量自体が，学習によって決定されることによる．先述の寛容さと弁別力を両立するような特徴が，学習によって獲得されていると考えられる．ただし，どうしてそういう特徴が学習できるのかは，まだよくわかっていない．

また物体認識を学習した畳込みネットが，物体認識以外の認識問題に流用できることも最近わかっている．この畳込みネットに目的の画像を入力した時に得られる，出力層の直前の層の各ユニットの活性状態を，この画像の特徴として取り出し，認識に利用する方法である（Donahue ら，2014）．上述の ILSVRC で約 100 万枚の画像を学習させた畳込みネットは，様々な画像認識の問題で高い性能を示すことが確かめられている．一般に多層の畳込みネットの学習には大量の学習データが必要だが，この方法を用いれば，手元の問題の学習データが少ない場合でも，高い認識性能を実現できる．

d. 比較情報を用いた質感認識

さて，以上を踏まえた上で改めて質感の画像認識（図 4.25）を考える．その目標は，ある物体の画像 1 枚が与えられた時，その表面の質感を表すある形容詞，例えば「滑らか」や「光沢のある」などについて，その強弱を人の感性とマッチするように数値化することである．以下ではこのような考えに基づいて質感の画像認識を筆者が実際に試みた例を紹介する．

画像からどのような特徴を取り出すかを，まず考えなければならないが，ここでは，自然画像の他のタスクで有効性が確かめられている上述の方法を用いる．すなわち，ビジュアルワードに基づく方法あるいは，大量データで物体認識を学習した畳込みネットから特徴を取り出す方法である（図 4.33）．

このように，画像からの特徴の取り出し方が決まれば，解くべき問題は，画像

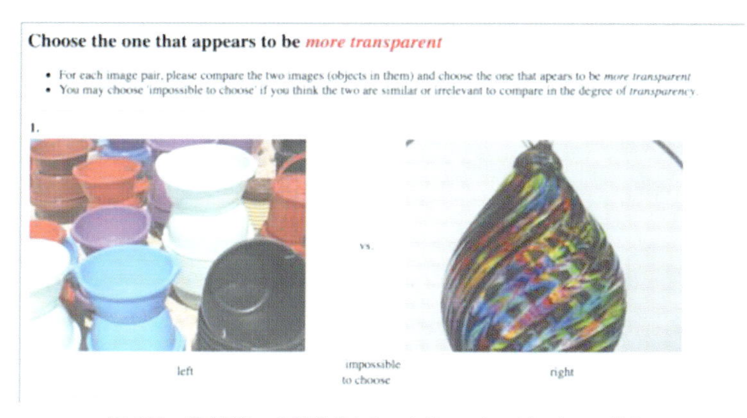

図 4.33　質感属性の比較情報をクラウドソーシングによって得る

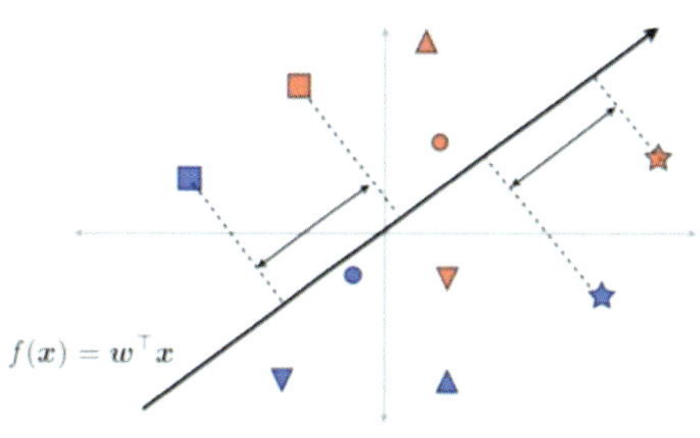

図 4.34　特徴空間で画像間ペアのある質感属性に関する大小関係を最も保存する方向を選ぶ

から取り出した特徴をもとに，選んだ形容詞一つの強弱を予測する問題，つまり回帰問題に帰着される．回帰問題とは，入力xに対する出力yが，未知の関数$y = f(x)$により与えられている時，それを複数サンプルした$\{x_i, y_i\}$ $(i = 1, \cdots)$を用意し，これらが最もよく再現される（すなわち$y_i \sim \hat{f}(x_i)$）ような，未知関数fの推定$\hat{f}$を求めることである．今の場合，xは上述の方法で画像から取り出した特徴量であり，yは質感を表す一つの形容詞を数値化したもの（例えば滑らかさが0.8という具合）である．形容詞ごとに異なるfを考えることになる．

fを推定するには，入力に対する望ましい出力のペアを多数集めたデータ$\{x_i, y_i\}$ $(i = 1, \cdots)$があればよい．しかしながら今の場合，未知関数fは人の感性に相当するから，これを直接，標本化する$(y_i = f(x_i))$のは簡単ではない．理屈の上では，被験者に画像を見せ，例えば滑らかさを数値で，例えば5段階評価させることで可能かもしれない．しかしながら，被験者ごとの違いや，同一被験者内の再現性など，安定してデータを得るのは難しいと考えられる．

このような難しさを解決するには，比較情報を利用する方法がある．この場合の比較情報とは，2枚の画像を被験者に提示し，ある質感属性の尺度で見た時，どちらの画像（に写る物）がより強く，どちらが弱いかという情報である（Pankh & Grauman, 2011）．つまり，2枚の画像（の特徴）ペアx_iとx_jに対し，$f(x_i) > f(x_j)$なのか，$f(x_i) < f(x_j)$なのかという2値の情報を集めることになる．実際には，強弱が同じくらいである$(f(x_i) = f(x_j))$とか，形容詞と画像ペアの組み合せによっては，必ずしも比較すること自体が妥当でない場合もある．そこで，被験者には2枚の画像ペアを与え，3択（片方がより強い，もう一方がより強い，あるいはどちらでもない）を選ばせた．

このような比較情報はなるべく多くの画像ペアについて求めるのが望ましい．インターネット上の作業者にウェブを通じて仕事を依頼できるクラウドソーシングを用いて，各属性について約1000の比較情報を得た．それぞれ3人以上の作業者に同じ比較タスクを課し，個人差の存在を考慮し，3人全員が一致したもののみを選び，データセットを得た．用いた形容詞は，smooth（滑らか），aged（古い），clean（きれいな），hard（固い），light（軽い），sticky（粘着性の），resilient（弾力のある），transparent（透明な），fragile（壊れそうな），beautiful（美しい），glossy（光沢のある），cold（冷たい），wet（湿った）の13種類である．

こうして集めた比較情報のデータに対し，ランキングSVM（Support Vector

表 4.1 各特徴抽出手法ごとの予測精度

	smooth	aged	clean	hard	light	sticky	resilient
フィッシャーベクトル	93.7%	94.2%	90.5%	90.8%	91.3%	89.4%	96.9%
畳込みネット	94.8%	91.7%	93.5%	90.6%	91.1%	93.4%	96.9%
	transparent	fragile	beautiful	glossy	cold	wet	
フィッシャーベクトル	92.0%	92.6%	80.3%	84.1%	90.7%	94.4%	
畳込みネット	95.0%	92.8%	80.0%	85.9%	90.2%	93.6%	

Machines）という方法で，未知関数fの推定を得る．基本的な考え方は，図 4.34 のように，学習データ中の画像ペア間の大小関係を，なるべく保存するような方向を特徴空間で見つける方法である．ある形容詞について得た方向は，特徴空間内でその形容詞の尺度を与えると考えることができる．

集めた比較情報を二つに分け，各形容詞について，片方で上述の方法で学習を行い，残りを使って画像ペア間の（その形容詞の）大小関係を予測するテストを行った．テスト時の比較情報の予測が人の比較結果と一致すれば正解，そうでなければ不正解という判定基準で算出した精度を表 4.1 に示す．精度が高ければ，今の方法が人の感性をよく再現できている（＝画像から人と同じように質感を読み取れている）ことになる．結果は，resilient（弾力のある），wet，smooth などの精度が特に高く，残りの形容詞も 9 割前後の精度で（大小関係が）予測できていることがわかる．例外は beautiful で，この形容詞のみ審美的な感性に関わるものといえ，今の方法ではこれを再現するのは比較の上では難しいと言える．

なお，表には画像特徴にビジュアルワード（フィッシャーベクトル）を用いた時と，畳込みネットの上位層の出力を用いた時の両方の結果を示した．形容詞によって若干の違いは認められるが，両者どちらが有意に優れているということはできない．他の多くの画像認識の問題では，畳込みネットがおしなべてフィッシャーベクトルよりも優勢だが，このことは今の質感認識にはあてはまっていない．

また，これら各形容詞に関する学習結果を用いて，テストデータの画像をその強弱に従ってソートしたものを図 4.35 に示す．左ほどその形容詞が強く，右ほど弱いことを表す．上述の差異はあるが，各形容詞ともに人の感性と概ね合致することが確認できるだろう．

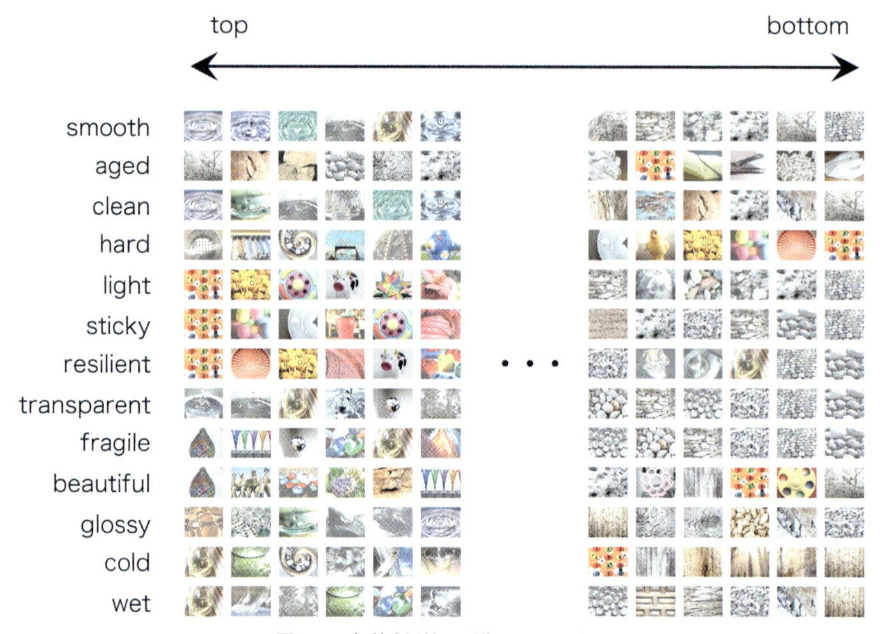

図 4.35　各質感属性の画像のソート結果

まとめと今後の展望

質感を読み取る技術，特に画像1枚から物体表面の質感を認識する方法を紹介した．このような技術の研究はまだ始まったばかりである．目標は，人ができるのと同じことを同等の精度で実現することである．上で紹介した著者らの実験では，その精度は100%に迫っているわけではなく，実現できていることと人の視覚の間にはまだギャップがある．当然，これを小さくすることをめざしている．

本当に人と同等の質感認識技術が実現できれば，様々な工学的応用が考えられる．また，人が，どのような脳内の処理によって質感を感じ取り，またそれはどのように脳内で表現されているかは不明な点が多いが，これらを解決するヒントを与えられるかもしれない．

このような目標へ向けて，課題は複数ある．一つは，画像からどのような特徴を取り出すべきかである．画像認識技術は長足の進歩を遂げつつあり，特に近年のディープニューラルネットワークの登場により，そのスピードは一気に加速した．現時点でのその質感の認識に対する有効性は定かではないが，研究の余地は広く，期待は大きい．

また，質感をどのように表現するかも大きな課題である．本節では，あらかじめ形容詞をトップダウンに選び，その強弱で質感を表現する方法を紹介した．この方法は，どのような形容詞を選ぶべきかに恣意性が残り，また質感を包括的に捉えることができていない．将来的には，特に言語情報を画像情報と組み合わせることで質感の意味空間を定義し，その中で画像から読みとった質感を表現する方法の実現を考えている．　**［岡谷貴之］**

文　献

Donahue J, Jia Y, Vinyals O et al.（2014）Decaf：Adeep convolutional activation feature for generic visual recognition. *In Proc. Int Conf Machine Learning*：647–655.

Fukushima K & Miyake S（1982）Neocognitron：A new algorithm for pattern recognition tolerantof deformations and shifts in position. *Pattern Recogn*, **15**：455–469.

Krizhevsky A, Sutskever I & Hinton GE（2012）ImageNet Classification with Deep Convolutional Neural Networks. In Adv Neural Inf Process Syst：1097–1105.

Lecun Y, Boser B, Denker JS et al.（1989）Backpropagation applied to handwritten zip code recognition. *Neural Comput*, **1**：541–551.

Lowe DG（2004）Distinctive image features from scale-invariant keypoints. *Int J Comput Vision*, **60**：91–110.

Parikh D & Grauman K（2011）Relative attributes, In Proc. Int Conf Comput Vision：503–510.

Perronnin F, Sánchez J & Mensink T（2010）Improving the Fisher kernel for large-scale image classification. In Proc. European Conf Comput Vision：143–156.

Sharan L, Liu C, Rosenholtz R et al.（2013）Recognizing materials using perceptually inspired features. *Int J Comput Vision*, **103**：348–371.

Zhang J, Marszalek M, Lazebnik S et al.（2007）Local features and kernels for classification of texture and object categories：A comprehensive study. *Int J Comput Vision*, **73**：213–238.

第5章 質感の表現

5.1 リアルな映像を作り出す技術

a. リアルな映像

物の質感を忠実に再現し，映像として表示するディスプレイがあれば，時空を超えてその物を私達の目の前に再生することができる．このようなリアルな映像を作り出すためには，その物の表面から反射もしくは発光により出射されて，私達の目に直接入ってくる光線を正確に再現しなければならない．今，ディスプレイを便宜的に透明な板と仮定し，観察者と再現したい物との間にその透明な板を置くとする（図 5.1）．リアルな映像を作り出すためには，物から透明な板を通過して観察者の目に入射する光線を，透明な板との交点においてディスプレイ上で再現する必要がある．一般に，空間を満たすこのような光線の集合をライトフィールドと呼ぶ．つまり，透明な板を通過するライトフィールドを正確にディスプレイ上で再現することができれば，物の質感を忠実に再現しリアルな映像を提示することができる．

しかしながら，私達が日常的に利用している液晶テレビなどのディスプレイ機

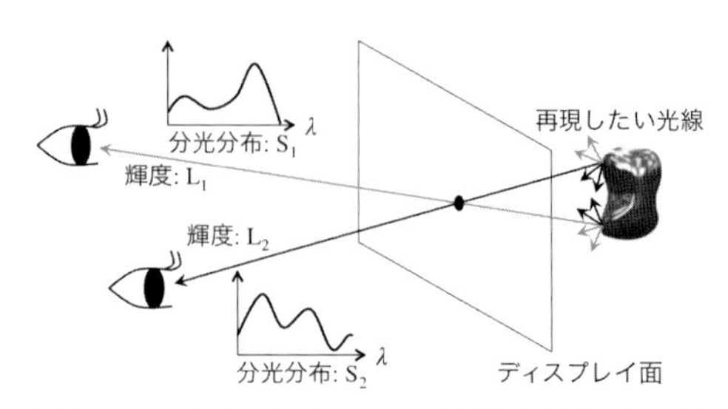

図 5.1 再現したい物の表面から出射される光線と，ディスプレイ・観察者との関係

器でライトフィールドを忠実に再現するためには，様々な課題を克服しなければならない．まず，現状のディスプレイ技術では，私達の生活する実世界の明るさの幅をすべてカバーすることは困難である．例えば，太陽の下で煌めく金閣寺と月夜に照らされる銀閣寺は，どちらも美しく観る人の心に触れるが，両者の明るさの幅は一つのディスプレイで表示できる限界を超えている．また，色域（表示できる色の範囲）も狭く，例えば，モルフォ蝶の羽やシャボン玉に見られるような多彩な構造色を正しく表示することは，一般に困難である．さらに，見る方向によって色が異なる物を正確に再現するためには，ディスプレイ上の同じ点から各方向に別々の明るさ・色を持った光線を出射させる必要があるが，従来のディスプレイ上の各点からはすべての方向にほぼ同じ明るさ・色の光線が発せられてしまう．このため，見る方向によって色が変化する織物や，鏡面反射を有する金属や漆器を正しく表示することは困難である．

本節では，このような技術的課題を解決し，ライトフィールドを正確に再現して物の質感をリアルに表示する取り組みを，最新の研究事例を織り交ぜながら紹介する．さらに，従来の二次元ディスプレイの概念とは異なるが，質感をより忠実に再現するという観点から，100%忠実な立体感を与えることのできる立体物への映像投影技法と，望みの反射特性を持つ物を印刷技術等によって実体化する技法の二つのアプローチについても紹介する．

b. 光線の明るさの忠実な再現

実世界の物から発せられる光線の明るさ（輝度）をディスプレイで忠実に表示することを考えてみる．現在市販されているディスプレイの多くは，光源から出た光を遮蔽する割合を調整することで明暗を作り出す．ここでは，遮蔽された光が通過する割合のことを開口率と呼ぶ．画像は明暗の二次元パターンとして表現されるが，これには画素ごとに独立に開口率を調節する空間光変調素子（代表的なものとして，液晶パネルがある）が用いられる．このため，再現できる光線の最大輝度は，光源の輝度と空間光変調素子の最大開口率の積となり，最小輝度は光源の輝度と最小開口率の積となる．最大輝度に関しては，消費電力を度外視すれば実世界の明るさを再現することは可能である．一方，最小輝度に関しては，現状では空間光変調素子の中で最小開口率が0%となるもの（言い換えれば，光を100%遮蔽できるもの）はないため，最大輝度を上昇させるために光源の輝度

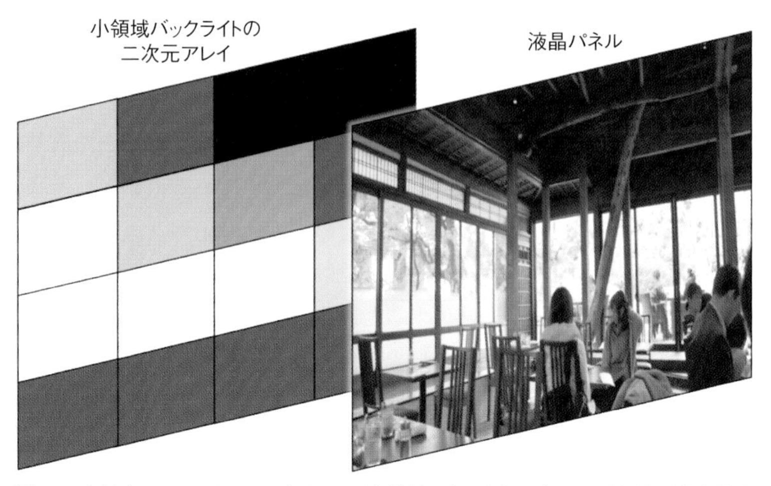

図 5.2　小領域バックライトの二次元アレイと液晶パネルを組み合わせる最小輝度抑制技法

を上昇させると，最小輝度もまた上昇してしまうというトレードオフが存在する．つまり，いかに光源からの光を遮蔽して最小輝度を低く抑えることができるかが，光線の明るさの再現を考える際に主たる技術的課題となる．その解決方法として，大きく分けて三つのアプローチが研究開発されてきている．それは，光源そのものの低解像度な空間変調と空間光変調素子の組み合せ，光源の高解像度な空間変調，そして，空間光変調素子の二重化である．

現在，市販されている液晶ディスプレイで用いられているものが，光源そのものを低解像度に空間変調した後，空間光変調素子で高解像度に再度変調するという組み合せのアプローチである（Seetzen ら，2004）（図 5.2）．液晶パネルに対して空間的に一様なバックライトを用いる場合，先述のように最大輝度を上げると最小輝度も同時に上昇してしまうという問題が生じる．そこで，小領域を担当する小さなバックライトを二次元アレイ状に並べ，各領域で表示コンテンツに適応的にバックライトの明るさを調節する．こうすることで，ある領域でのバックライトの輝度の上昇が，他の領域に影響を与えないようにすることができる．光源としては LED が用いられるが，一つの LED が小領域中の複数の液晶画素を照らすことになるため，バックライトによって調整できる輝度の空間解像度は液晶パネルに比べて低くなる．つまり，システムの最大輝度と最小輝度を表示できる解像度（以下，高コントラスト解像度と呼ぶ）は，このアプローチでは光源の解像

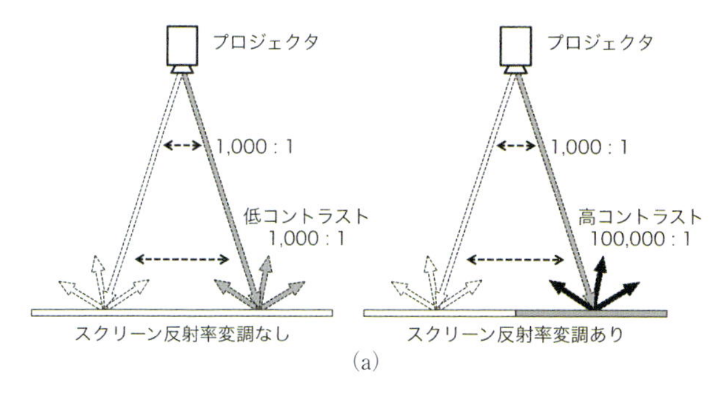

(a)

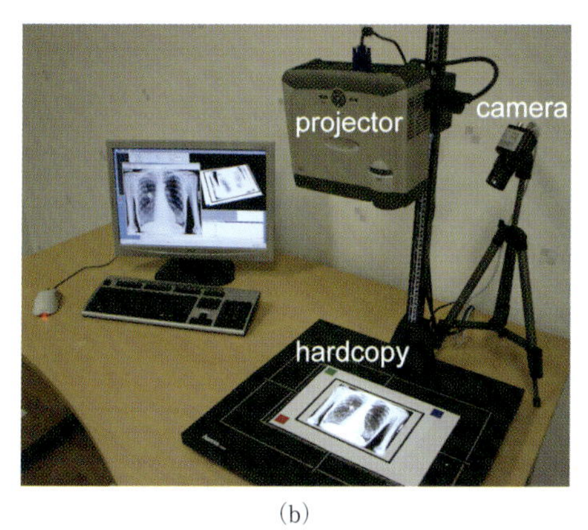

(b)

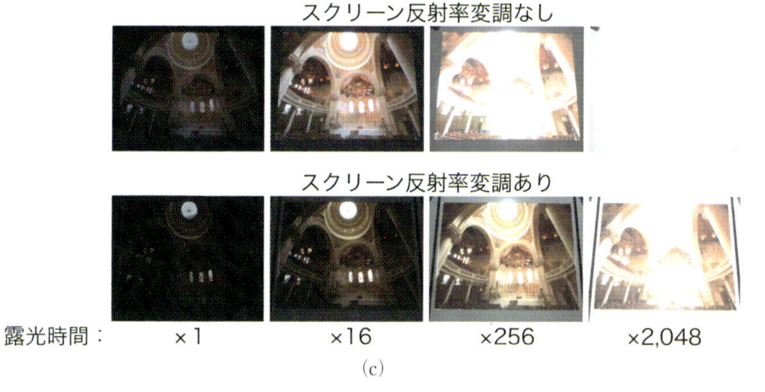

(c)

図 5.3 投影スクリーンの反射率を空間変調する最小輝度抑制技法（Bimber & Iwai, 2008）
(a) スクリーン反射率変調の有無による投影ディスプレイのコントラストの違い.（b）試作システム外観.（c）表示結果（スクリーン反射率変調ありの方が長時間露光撮影でも白飛びしておらず最小輝度が抑制されていることが確認できる).

度と同等になるため低い.

光源そのものを高解像度に空間変調するというアプローチでは，明暗を作り出す際に光線を遮蔽するのではなく，直接，光源の明るさを画素単位で調整する．光源に投入するエネルギーをゼロにすれば，完全に光線が出射しなくなるため，理論的には最小輝度を 0 cd/m^2 にすることが可能である．画素単位で光源の明るさを調整するため，隣り合う画素で最大輝度と最小輝度を表示することも可能である．このため，このアプローチでは高コントラスト解像度を高くすることができる．このアプローチで実現されるディスプレイとしては，有機 EL（Electro Luminescence）ディスプレイやレーザープロジェクタがあげられる．有機 EL ディスプレイでは，ディスプレイパネル上の各画素の発光量を独立に制御できる．レーザープロジェクタは，半導体レーザーの光線の投射方向を MEMS（Micro Electro Mechanical System）ミラーで反射制御する．どちらもすでに商品化されているが，有機 EL ディスプレイの大型化や，レーザープロジェクタのスペックルと呼ばれる画像のちらつきの抑制によって，さらなる普及が期待される．

空間光変調素子を二重化するというアプローチでは，光線が 2 回，異なる空間光変調素子を通る構成とする．この構成は，それぞれの最小開口率の積の最小開口率を持つ仮想的な空間光変調素子で光線の明るさを調節できることと等価になる．例えば，二つの素子の最小開口率がともに 1%の場合は，仮想的な空間光変調素子はその積の 0.01%の最小開口率を持つことになる．このアプローチでは，高コントラスト解像度は表示される画像の画素と同等となり，高い．具体的に実現する方法として，液晶ディスプレイのバックライトとしてプロジェクタを用いるシステムが提案されている（Seetzen ら，2004）．このシステムでは，光源から出た光線はプロジェクタ内と液晶パネル上の 2 回，空間光変調素子を通る．ほかにも，空間光変調素子の一種で，LCOS（liquid crystal on silicon）と呼ばれる反射型液晶を二つプロジェクタ内に設置して，光源から出た光線が 2 回，空間光変調素子を通った後にレンズより出射されるプロジェクタも提案されている（Kusakabe ら，2012）．さらに，投影スクリーンの反射率を空間的に変化させることで，スクリーンそのものを空間光変調素子として扱う技法も提案されている（Bimber & Iwai，2008）（図 5.3）．具体的には，写真のような印刷物をスクリーンとして用いる．この時，プロジェクタから最小輝度の光線を，最小反射率（つまり黒色）が印刷されたスクリーンに投影した時の反射光の輝度が，システム全体の最小輝度となる．通常の印刷物を用いる場合は，反射率の空間分布を動的に変更することはできないため，静止画のみ表示可能であるが，電子ペーパーのように動的に反射率分布を変化させることのできるデバイスを用いることで，動画にも対応することができる．

c. 光線の色の忠実な再現

実世界の物の色をディスプレイ上で物理的に忠実に表示するためには，物の表面から発せられる光線の波長の情報（分光分布）を正確に再現する必要がある．一方，人間の視覚特性を考慮すれば，光線の色は，その分光分布から XYZ 表色系の三刺激値を計算することで xy 色度図上にプロットされ，色度図上の異なる点にプロットされる色の線形結合によっても表示できることが示されている．つまり，知覚される光線の色の再現は，物理的に全く同じ分光分布の光線を再現する以外に，複数の原色の組み合せによっても実現できる．実際，多くの市販されているディスプレイでは 3 原色が採用されており，これらの原色が xy 色度図内にプロットされる点が構成する三角形（色域）内の色を表示できる．

しかしながら，実世界の様々な物の色を xy 色度図上にプロットすると，図 5.4 のようになり，3 原色ディスプレイがカバーする色域ではそれらすべてを表示することができないことがわかる（Yamaguchi，2012）．原色の分光分布をより単波長に近づける（図 5.5 のレーザープロジェクタの色域）と，xy 色度図の縁にプロットされるようになり色域が広がるため，より多くの物の色を表示可能になるが，すべてをカバーすることはできない．さらに，そもそも色の知覚（色覚特性）には個人差があるため，標準観察者と異なる特性を持つ観察者は，異なった色を知覚する可能性がある．このため，結局は再現したい光線の分光分布になるべく物理的に近い光を再現する方が好ましい．以上のことから，物の色をより忠実にディスプレイ上で再現するため，3 色以上の原色を用いる多原色ディスプレイの研究開発が進められている．最近では，通常の RGB の 3 原色に黄色を加えた 4 原色の液晶テレビが市販されている．

研究段階では，より多くの原色を用いたディスプレイの研究も進められており，例えば，2 台のプロジェクタからそれぞれ 3 原色ずつ，合わせて 6 原色の光を投影することのできる 6 原色プロジェクタが提案されている（Ajito ら，2000）（図 5.5）．これは，通常の 3 原色のプロジェクタに，RGB 各色のスペクトルを二分割

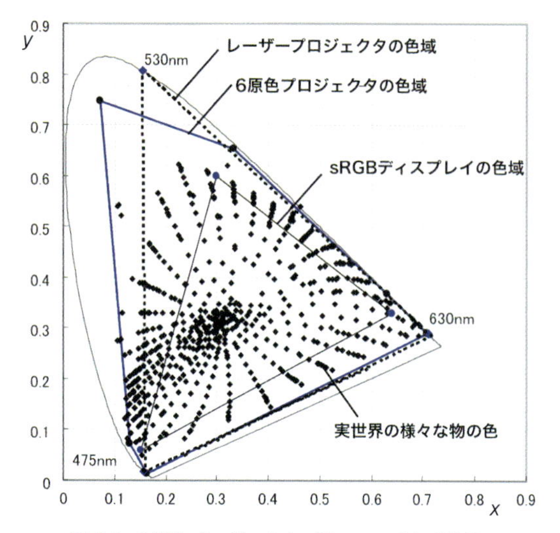

図 5.4 6原色プロジェクタ（Yamaguchi, 2012）
sRGB ディスプレイ（細実線），レーザープロジェクタ（点線），6原色プロジェクタ（太実線）それぞれの色域と実世界の様々な物の色（ドット）.

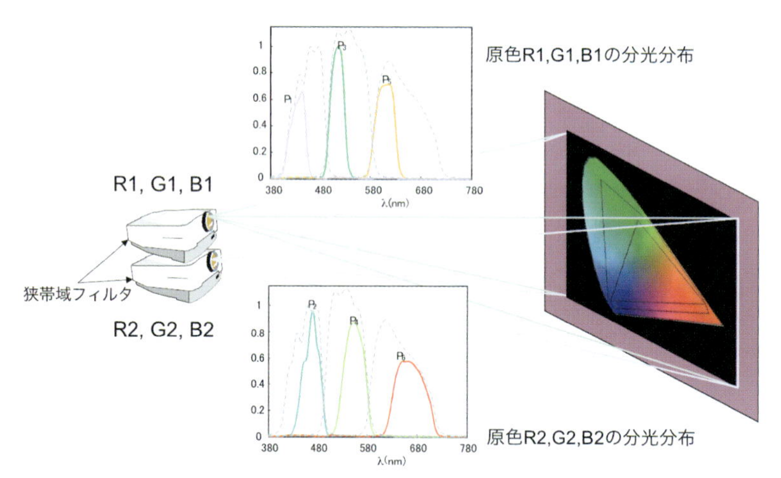

図 5.5 6原色プロジェクタのシステム構成（Ajito ら, 2000）

するような狭帯域フィルタを取り付けることで実現されている．このプロジェクタの原色を図 5.4 の xy 色度図上にプロットすると，先ほどの実世界の物の色のほとんどすべてをカバーできていることがわかる．さらに，より原色の数の多いハ

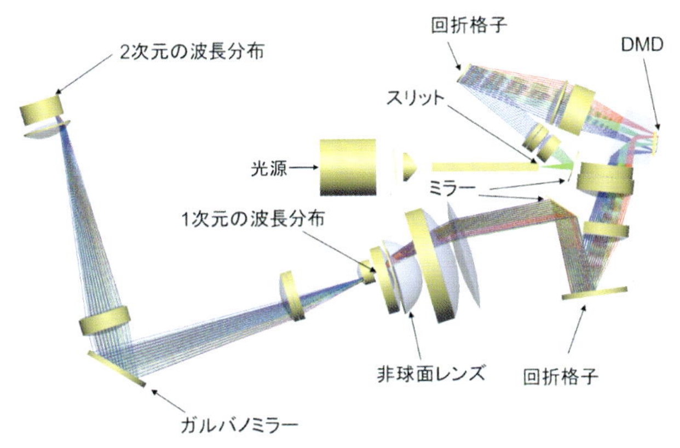

図 5.6　ハイパースペクトルディスプレイの光学構成（三橋ほか，2012）

イパーマルチスペクトルディスプレイの研究も進められており，一次元スリット光のハイパースペクトルパターンを走査する二次元画像生成技法により，32 原色で 96 × 128 画素の画像の表示が実現されている（三橋ら，2012）（図 5.6）．この試作ディスプレイでは，原色は波長 410 ～ 720 nm までの 10 nm 間隔の単波長であり，各波長で階調数が 64 階調となっている．原理としては，まず，可視域で波長特性がフラットな光源（キセノンランプ）からの光を一次元スリットに通して一次元のスリット光にする．次にこのスリット光を，回折格子を用いてスペクトルに分解する．この時点で，スリットに直交する方向に，分解されたスペクトルが並ぶ二次元画像になる．次に，空間光変調素子の DMD（Digital Micromirror Device）を用いて，画像中の不要なスペクトルを遮蔽し，一次元スリット光の各点の分光分布を生成する．その後，再度，回折格子を用いて分解されていたスペクトルを一次元のスリット光に戻すことによって，一次元のハイパースペクトルパターン（図 5.6 中では「波長分布」と表記）を生成する．この一次元ハイパースペクトルパターンをガルバノミラーでスリットと直交する方向に一次元走査することでハイパースペクトルな二次元画像を生成することができる．

d. 方向依存的な光線の忠実な再現

見る方向によって明るさ・色の異なる物の質感を正確に再現するためには，観察方向に応じてディスプレイ上の同じ点から異なる光線を出射させる必要がある．これが実現できれば，見る方向によって色が変化する織物や，鏡面反射を有する金属などの質感を正しく表示することが可能となる．しかしながら，一般的なディスプレイ機器では，各点からはすべての方向にほぼ同じ明るさ・色の光線が発せられてしまう．観察方向に独立な光線を出射させるディスプレイの研究開発は，3D ディスプレイの文脈で長い歴史がある．ここでは，まず，伝統的な 3D ディスプレイ方式を紹介し，その後，これらの方式の欠点を解決することをめざして行われている最近の研究例を紹介する．

3D ディスプレイでは，左目と右目それぞれに入射する光線を計算し，それらを左目と右目に独立に提示することを目的としている．大きく分けて，特殊なメガネを装着する眼鏡式と，装着の必要のない裸眼式の二つのアプローチが提案されている．眼鏡式の一技法であるアナグリフ方式では，左右の目に提示する画像をそれぞれ赤と青の光でディスプレイ上に重ね合せて表示し，左右に赤と青を通すカラーフィルタを取り付けた眼鏡で観察することで，左右の目に異なる光線が入射するようになっている．偏光眼鏡方式では，左右の目に提示する画像にそれぞれ直交する直線偏光をかけて重ねてディスプレイ上に表示し，これを偏光フィルタのついた眼鏡により左右の目に分離する．液晶シャッター眼鏡方式では，左右の目に提示する画像を高速に交互に切り替えて表示し，それと同期して開閉する液晶シャッターのついた眼鏡でそれを観測することで左右の目に異なる光線を入射させる．これら眼鏡式のアプローチでは，ディスプレイ上の同じ点から出射される光線の明るさや色をその出射方向に応じて独立に調整しているわけではないものの，左右の目に異なる光線を入射することが可能である．さらに，観察者の視点位置を計測するシステムと組み合わせることで，擬似的異方性を持つ光線を表示することができるが，複数人の観察者が異なる方角にいるような状況には適用することができない．

一方，以下で示す裸眼式では，ディスプレイ上の小領域の複数画素を一つのまとまりとみなし，各小領域中からその領域に含まれる画素数の分だけ異なる方向に別々の光線を出射させる．パララックスバリア方式では，左右に並んだ 2 画素ごとに一つの穴を設けた遮蔽板を立てることで両目に異なる光線を入射させる．レンチキュラーレンズ方式でも，左右に並んだ 2 画素を一つのまとまりとし，レンチキュラーレンズを用いることで左右の目の方向にそれぞれの画素からの光線を出射させる．これらの方法では，左目用・右目用の光線の方向がそれぞれ 1 方向しかないため，観察に適した領域（視域）は狭い．これに対して，インテグラルフォトグラフィ方式では，より多くの画素を一つのまとまりとして，マイクロレンズアレイを用いて様々な方向に別々の光線を出射することで，先の 2 方式と比べて広い視域を実現している．これらの方式では，空間解像度を犠牲にして方向の解像度を得ており，空間解像度と方向解像度との間にトレードオフが存在する．また，光線が出射する範囲も狭いため，視域はディスプレイ面に正対する方向の狭い範囲に制限される．

近年，空間解像度を犠牲にすることなく，別々の方向に異なる明るさ・色の光線を出射させることを実現する方法として，複数枚の液晶パネルを重ねる技法が提案されている（Wetzstein ら，2012）（図 5.7）．この技法では，バックライトから照射された各光線が，液晶パネルを通過するたびに，それぞれに表示される透過パターンに従って減衰させられる．これにより，光線はその位置と方向によって通過する液晶画素が異なるため，別々の明るさ・色を持つことになる．さらに，人の視覚の臨界融合周波数以上の速度で各液晶パネルの透過パターンを切り替えることで，観察者に切り替えられた複数の光線の明るさ・色の平均を知覚させる．これにより，知覚される光線情報を，より表示したい光線に近づけることができる．これは，少しずつ異なる場所から撮影した低解像度の画像を複数枚重ね合せることで，より高い解像度の画像を生成する超解像の技術と同様の考え方を採用したものである．これに加えて，バックライトも位置・方向に応じて異なる明るさの光を照射するようにすることで，視域を広げられることも示されている．このようなバックライトは，通常の平面バックライトに，液晶パネルとレンチキュラーレンズとを組み合わせることで構成することができる．

異方性を持つ光線を観測する視域を広くする方法の一つとして，テーブルトップ型ディスプレイの形態で，周囲 360 度から観察可能な裸眼立体ディスプレイが提案されている（吉田ら，2010）．指向性の光学性能を持つ円錐形状の光学素子をテーブルの下に設置し，そこに全周設置されたプロジェクタから映像を投影する．投影された光線は，錐体の稜線方向に拡散して円周方向には拡散せずに直進させる指向性のある光学素子を通る．これにより，視点位置に応じて異なるプロジェクタから投影される光線を観察することになる．こうすることで，テーブルの周囲上方に円環状に存在する観察者視点に対して別々の光線が出射される（図 5.8）．研究では，96 台のプロジェクタを机の下に配置して，円周 360 度の 1/3 程度，120 度から観察可能なシステムが構築されている．

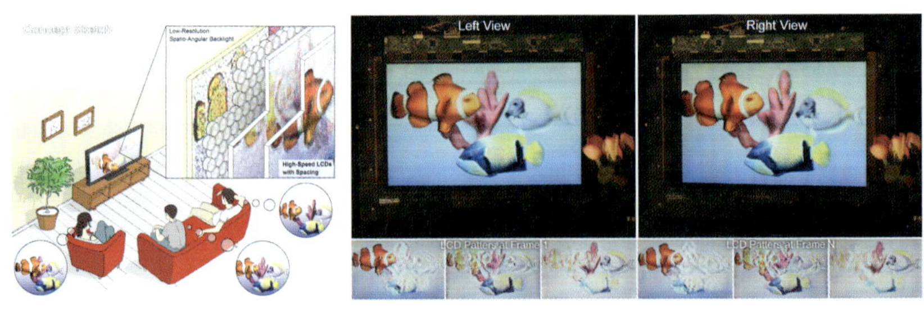

図 5.7　複数枚の液晶パネルを重ね合わせて実現されるライトフィールドディスプレイ（Wetzstein ら，2012）

左：コンセプト図．右上：異なる視点から観測した時の表示画面．右下：異なるフレームで 3 枚の液晶パネルに表示される透過パターン．

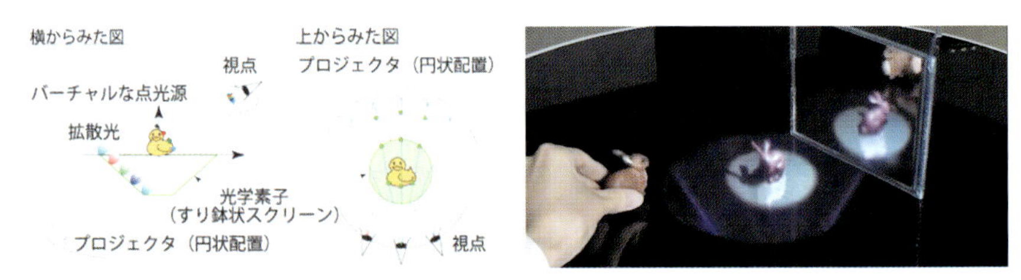

図 5.8　広視域ライトフィールドディスプレイ（吉田ら，2010）

(a) 原理．(b) 鏡に再生像（紫のバニー）の背面が映っている様子．

e. 立体物への投影

ディスプレイ上で再現したい物が立体である場合，3D ディスプレイを用いる以外に，その立体形状を 3D プリンタ等で再現し，その上にプロジェクタから映像を投影重畳（プロジェクションマッピング）する技法が研究されている（Raskar ら，2001）．この技法では，立体スクリーンの形状が提示したい物の形状と同じであるため，観察者に 100％忠実な立体感を与えることができる．具体的な処理としては，再現したい物の見えをコンピュータグラフィクス生成し，それをプロジェクタから位置合わせをして模型に投影する．位置合わせには，プロジェクタの焦点距離や画角といった内部パラメータ，およびプロジェクタと投影対象との位置姿勢関係の情報が必要となる．一般的に，これらの情報は形状既知の校正儀を用いて事前に求めておくことができる．

この技法においても，立体スクリーン上で反射する投影光が，表示したい物の発する光線を正確に再現する必要がある．光線の明るさについては，b 項で示した，スクリーンの反射率分布を空間光変調素子とみなして用いるアプローチを採用し，プロジェクタ内と立体スクリーン上の2回，空間光変調素子を経由する構成とすることで，投影光の最小輝度を低く抑えることができることが示されている（Shimazu ら，2011）．一方，立体スクリーンへの投影であるため，プロジェクタとスクリーンとの距離やスクリーンへの入射角は画素ごとに異なる．このため，プロジェクタの全画素から同じ明るさの光を投影したとしても，スクリーンに入射する投影光の照度はスクリーン上の各点で同じ値にならない．そこで，このように画素ごとに不均一になる入射照度を補正する色補正技法が提案されている（Bimber ら，2008）．さらに，スクリーンが凹曲面の場合は，向かい合う面の間で光線が相互反射を繰り返して不必要に明るくなってしまうため，このような相互反射を補償する技法も提案されている（Bimber ら，2008）．光線の色については，c 項で示した6原色プロジェクタを用いることで，再現したい光線の分光

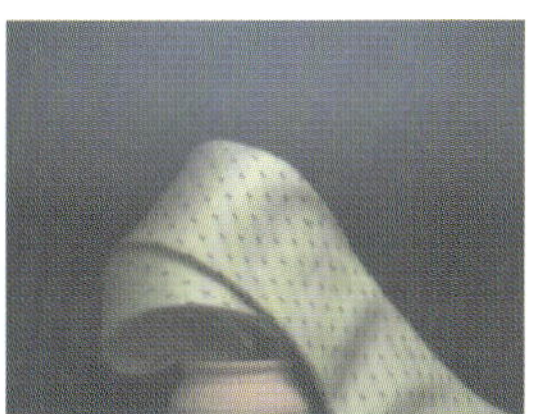

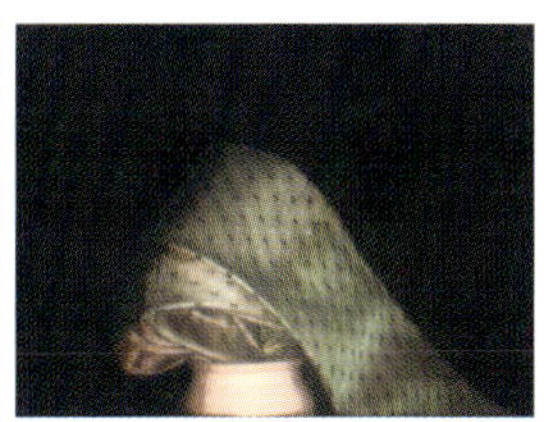

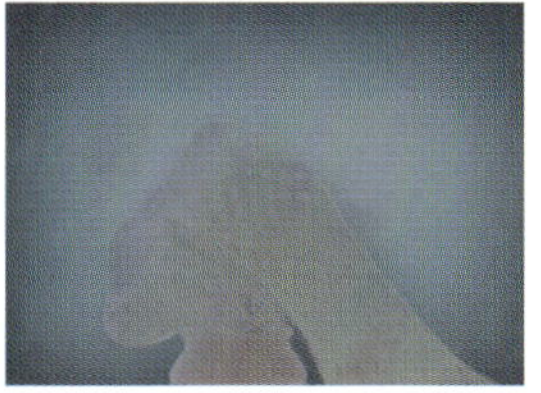

図 5.9　投影対象の見た目の質感操作（Amano，2013）

分布を考慮した広い色域の表示が実現できる（武内ら，2013）．異方性を持つ光線を再現することは，d項で述べた眼鏡式のアプローチを採用することで可能となる．一方，現状では裸眼式でこれを再現することは実現されていない．

光線を忠実に再現するという文脈からは少し逸れるが，物の見た目を操作することができるという投影ディスプレイの特性を活かし，質感を操作するようなシステムの研究を紹介する（Amano，2013）．この研究では，対象の物をカメラで撮影し，コンピュータ内で撮影画像の彩度やコントラストを操作し，プロジェクタからその画像を対象物表面に投影するという技法が提案されている．さらに，輝度ヒストグラムなどのグローバルな画像統計量を操作することによって，撮影された物の光沢感や透明感が操作できるという心理物理学の研究で得られた知見（Motoyoshiら，2007；Motoyoshi，2010）も利用し，様々な質感操作を実現している．図5.9に示されるように，操作対象の見た目を映像投影によって変更することで見た目の質感が操作されていることが確認できる．また，アンドロイドロボットのような人を模したロボットの顔の陰影を投影像によって操作することで，顔の肌の質感を変更して老けたように見せることを実現する研究も行われている（Bermanoら，2013）．

f. 望みの反射特性を持つ物の実体化

印刷技術および3Dプリンタ技術の発展に伴い，近年では様々な反射特性を持つ物を，実世界に実体化する技法の研究が盛んになってきている．ここまでに述べてきた技術は，ディスプレイを用いて光線をいかに再現するかということをめざして研究が進められてきた．一方，ここで紹介する技術は，光線ではなく，望みの反射特性を持つ物そのものを再現（実体化）することをめざしている．いったん，その物が実体化されれば，ディスプレイを用意する必要はなく，置かれた光源環境下におけるライトフィールドがその表面から生成される．これにより，観察者は様々な距離・角度から，その生成されたライトフィールドを観察することができ，さらにそれを手に持つこともできる．以下，様々な反射特性を持つ物体を印刷する技法と，動的に面の反射特性を変更できる技法について紹介する．

通常のCMYKだけでなく，メタリック色や金銀箔を紙に印刷できる特殊な印刷機を用いて，任意の鏡面反射特性を持つ画像を印刷する技法が提案されている（Matusikら，2009）．この研究では，ハーフトーニング（ディザリング）技法を用いることで，用意されているインクの持つ鏡面反射特性を補間できることを示している．一方，二次元面だけでなく，3D プリンタを用いて様々な BRDF を持つ物体を印刷する試みも行われている（Rouiller ら，2013）．この研究では，微小平面の法線方向の分布によって BRDF が定義されるという，Microfacet theory を利用し，3D プリンタを用いて微小平面を作成して，望みの BRDF を持つ物体を出力することを実現している．さらに，複数の材質を出力可能な 3D プリンタを用いて，表面下散乱を考慮した任意の BSSRDF を持つ物体を印刷する試みも行われている（Dong ら，2010）．この研究では，ベースマテリアルと呼ばれる 3D プリンタが出力できる材質を層状に重ね合わせることで，任意の BSSRDF を持つ物体を実世界に再現することを実現している．さらに，各層の厚みを空間的に変化させることで，空間的に変化する BSSRDF を持つ物体を再現している．この方法により，大理石や翡翠を削って作られた工芸品や，生の魚肉のような食品の形状および反射特性を精巧に再現することに成功している（図 5.10）．

一方，反射特性を動的に変えることのできるディスプレイの研究も進められている（Hullin ら，2011）．この研究では，水面をディスプレイ面として用い，水面を高速に振動させて正弦波を作り出すことで，ディスプレイ面上の表面粗さを調整することが実現されている．具体的には，200 Hz で水面を振動させる装置を二つ用意し，それらを直交するように配置する．これらが水面の振動の周波数や振幅を二次元的に調整することで，異方性の表面粗さを持つ反射面を動的に作り出すことが実現されている．

おわりに

本節では，物の質感を忠実に再現するために，リアルな映像を作り出す技術について紹介した．ライトフィールドの概念を導入し，光線の明るさ・色・異方性を忠実に再現する技法について述べた．さらに，従来の二次元ディスプレイの概念とは異なる新たなアプローチとして，立体物への映像投影と，印刷技術を利用して望みの反射特性を持つ物を実体化する技法を紹介した．

本節で述べたように，現状では光線のすべてのパラメータを忠実に再現することのできる実用的なディスプレイはまだ存在していない．一方，近年の質感認知に関わる認知科学・脳神経科学の研究の急速な進展により，質感認知にとって重要な光線のパラメータに関する知見が集まりつつある．これらの知見を活用すれ

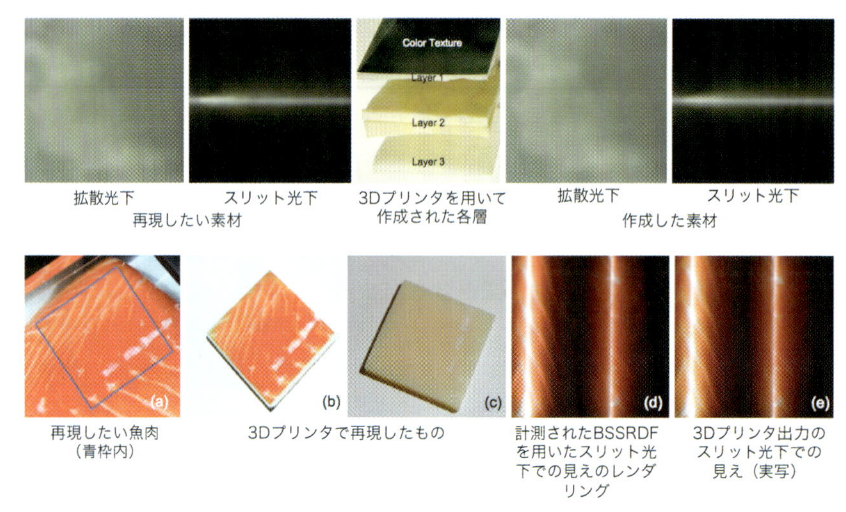

図 5.10 空間的に変化する BSSRDF の 3D プリンタを用いた再現（Dong ら，2010）

ば，質感を忠実に再現するために必要な光線のパラメータの優先順位を決められるようになり，適用する技術を適切に取捨選択できるようになる．今後，認知科学・脳神経科学との融合研究により，リアルな質感表現を可能とする実用的なディスプレイ技術が実現されるものと期待される． **[岩井大輔]**

文　献

Ajito T, Obi T, Yamaguchi M et al. (2000) Expanded color gamut reproduced by six primary projection display. *Proc SPIE*, **3954**：130–137.

Amano T (2013) Projection based real-time material appearance manipulation. *Proc IEEE Conference on Computer Vision and Pattern Recognition Workshops*, pp. 918–923.

Bermano A, Brueschweiler P, Grundhoefer A et al. (2013) Augmenting physical avatars using projector based illumination. *ACM Trans Graph*, **32**(6)：189：1–189：10.

Bimber O & Iwai D (2008) Superimposing dynamic range. *ACM Trans Graph*, **27**(5)：150：1–150：8.

Bimber O, Iwai D, Wetzstein G et al. (2008) The visual computing of projector-camera systems. *Comput Graph Forum*, **27**(8)：2219–2245.

Dong Y, Wang J, Pellacini F et al. (2010) Fabricating spatially-varying subsurface scattering. *ACM Trans Graph*, **29**(4)：62：1–62：10.

Hullin MB, Lensch HPA, Raskar R et al. (2011) Dynamic display of BRDFs. *Comput Graph Forum*, **30**(2)：475–483.

Kusakabe Y, Kanazawa M, Nojiri Y et al. (2012) A YC-separation-type projector：High dy-

namic range with double modulation. *J Soc Inf Disp*, **16**(2)：383-391.
Matusik W, Ajdin B, Gu J et al. (2009) Printing spatially-varying reflectance. *ACM Trans Graph*, **28**(5)：128：1-128：9.
三橋俊文，内川惠二，福田一帆ほか（2012）ハイパースペクトルディスプレイの開発：2次元画像提示可能なハイパースペクトルディスプレイの開発経緯．映像情報メディア学会技術報告，**36**(52)：33-34.
Motoyoshi I (2010) Highlight-shading relationship as a cue for the perception of translucent and transparent materials. *J Vis*, **10**(9)：6：1-6：11.
Motoyoshi I, Nishida S, Sharan L et al. (2007) Image statistics and the perception of surface qualities. *Nature*, **447**：206-209.
Raskar R, Welch G, Low KL et al. (2001) Shader Lamps：animating real objects with image-based illumination. *Proc Eurographics Workshop on Rendering*, pp. 89-102.
Rouiller O, Bickel B, Matusik W et al. (2013) 3D printing spatially varying BRDFs. *IEEE Comput Graph Appl*, **33**(6)：48-57.
Seetzen H, Heidrich W, Stuerzlinger W et al. (2004) High dynamic range display systems. *ACM Trans Graph*, **23**(3)：760-768.
Shimazu S, Iwai D & Sato K (2011) 3D high dynamic range display system. *Proc IEEE International Symposium on Mixed and Augmented Reality*, pp. 235-236.
武内真梨奈，岩井大輔，佐藤宏介（2013）投影型複合現実感のための6スペクトルバンドプロジェクタによる投影色補正．日本バーチャルリアリティ学会論文誌，**18**(3)：207-216.
Wetzstein G, Lanman D, Hirsch M et al. (2012) Tensor Displays：compressive light field synthesis using multilayer displays with directional backlighting. *ACM Trans Graph*, **31**(4)：80：1-80：11.
Yamaguchi M (2012) Realistic image display based on high-fidelity and wide-gamut color reproduction. *Proc International Display Workshop*, **19**：1359-1362.
吉田俊介，矢野澄男，安藤広志（2010）全周囲より観察可能なテーブル型裸眼立体ディスプレイ—表示原理と初期実装に関する検討—．日本バーチャルリアリティ学会論文誌，**15**(2)：121-124.

5.2 芸術における質感

a. 質感を愛でる文化

私達は様々な質感を見分けることができる．この質感認識の能力は，モノを掴む前にその滑りやすさや柔らかさを知ったり，食べ物を口に入れる前にそれが新鮮かどうかを知ったりするために有益である．しかし，人間はそうした生物学的機能のためだけに質感を認識しているわけではない．人類は，心地よく美しい質感そのものを愛でる習慣を持ち，自ら「質感を創る」という文化的営為を古くから続けてきた．服飾，調理，化粧，絵画，工芸，写真，映画，工業製品など，様々のジャンルにおいて質感がいかに重要な地位を占めてきたかは言うまでもない（本吉，2008）．私達がふだん使う日用品にも，ただ美しいというだけの理由で，様々な質感の工夫や意匠が込められている．荒々しく編み込まれた隙間だらけの籐籠は，モノを運ぶという機能においてはプラスチックの箱より劣るとしても，今も籐籠を愛用する人は多い．「質感」という言葉に独特の魅力があるのも，それが文化や美的感性というものと密接に関わるからだろう．

筆者はこれまで，光沢感や透明感などの質感知覚を支えている脳の情報処理のしくみを研究してきたが（Motoyoshi ら，2007；Motoyoshi，2010），質感の持つこうした文化的・芸術的な価値にも注目しないわけにはいかない．ここでは，今までの基礎研究の成果を足がかりとして，芸術における質感がどのように理解されうるかを，いくらか憶測も交えて論じてみたいと思う．

b. 絵画の質感について

陶磁器からスポーツカーまで，質感はあらゆる人工物の美的評価に関与するといえるが，本項では特に「絵画の質感」を取り上げたい．それは絵画が数多い芸術ジャンルの中で最も代表的なものであり，詳しく研究されているためである．また，日本語の「質感」という言葉の持つ広い意味を考える時，古今の絵画作品は人間がどのように質感の美を評価するかについてとりわけ興味深い洞察をもたらしてくれると思われるからでもある．

1） 絵画における二つの質感

1 枚の絵を鑑賞する時，私達はその画布の向こうに果物や人物を知覚し，その描写の見事さに感心することもあれば，純粋に絵としての構図や色の配置，線の流れの妙に魅了されることもある．絵画というメディアの持つこうした二面性を踏まえると，「絵画の質感」も少なくとも二つの意味で捉えることができる．一つは絵画の中に再現された物体の質感である．つまり，水滴の光沢や花びらの柔らかさといった対象の性質が絵画の中でどのように描かれているか，という問題である．もう一つは絵画そのものが持つ質感である．これは配色や構図，筆致，マチエールなど，純粋に二次元の平面あるいは凹凸面として見た時の質感であり，画風とか様式と呼ばれるものにも近い．ここでは，二つの意味の質感を分けて考察してみる．

c. 絵画における質感の再現

まず絵画の中の質感の再現について考えよう．ヨーロッパのいわゆる古典的な絵画では，絹のドレスから湿った花びらまで様々なものが現実と見紛うばかりに再現されている．それはミケランジェロやラファエロなどのイタリア・ルネサンス絵画における控えめな描写から，17 世紀フランドル・オランダ絵画における精緻をきわめた表現まで様々だが，ともかく他の地域の絵画に比べると圧倒的なまでのリアリティがある．ヨーロッパ絵画における質感再現はどのような技術や知識によっているのだろうか．

1）遠近法と陰影法

西洋絵画の写実性（フォトリアリズム）を支える代表的な要素としてよくあげられるものに，遠近法と陰影法（明暗法）がある．遠近法とは，三次元の空間の中で様々なモノがどのような形をしていてどのような距離にあるかを二次元の画面において指し示す方法論のことである．観察者の視点から見た三次元空間の一点は，二次元の画面上の一点に対応づけることができるため，遠近法は正確で明快なルールに従う．例えば，同じ大きさのモノは観察者からの距離に比例して画面の上では小さくなり，道や建物のなす直線は画面上の消失点に向かって収束するような構造をなす（線遠近法）．これとは別に，山々など遠くのものが大気の影響で霞み青みを帯びる様子を画面に反映させる大気遠近法もよく知られている．

陰影法とは，立体的なモノに光を当てた時にできる明暗の変化を描く方法のことである．私達もよく知っているように，出っ張りなど光の当たっている部分は明るく，へこんだ部分や物体の下の方などは暗い．そしてその中間には微妙な明暗のグラデーションがある（これをアタッチドシャドウという）．また，物体が置かれている地面や机などにはその物体の影法師ができる（これをキャストシャドウという）．これらの陰影が作る明暗の調子を正確に描ききった絵画には見事な立体感が生まれる．イタリアの画家カラヴァッジオの作品をはじめ，西洋の伝統的絵画ではこの明暗法（キアロスクーロ）が多用されており，またしばしば強調されている．シルクの織物が持つ独特な形と色をしたシワや，グラスや金属の鏡面反射の描写も広い意味では陰影法のうちに含めるとすると，まさに陰影法こそが質感表現のかなめといえるかもしれない．だが，それをどのように駆使すれば，あれほど迫真的な質感を描くことができるのだろうか．

2) カメラを利用する

一つのシンプルな解決法は写真を利用するというものである．写真という技術が発明されたのは19世紀だが，それ以前にもカメラ・オブスキュラやカメラ・ルシーダと呼ばれる装置が存在していたことをご存知の方もいるだろう．カメラ・オブスキュラというのは黒い箱や部屋のことで，小さな穴やレンズを通して内部の壁に外界の像が逆さに映る仕組みになっている．カメラ・ルシーダとは，プリズムを利用して手元の板や紙に対象の像を投影するための装置である．いずれの装置でも，投影された像をなぞることによって正確無比なデッサンができるというわけである．一般には，こうした「カメラ」を使ったのはフェルメールやカナレットなど一部の画家に限られると信じられているが，イギリスの高名な画家でもあるホックニーは，15世紀以降の多くの画家が同様の装置を使っていたという説を提唱している（Hockney，2001）．そのリストの中には，カラヴァッジオやアングルをはじめ美術史を彩る巨匠たちが含まれている．もし，彼らの作品の劇的な写実性も実はカメラを通した像のトレースをもとにしていたとしたら少し興ざめではあるものの，写真のような絵が写真に近い技術を基盤としていたというのは合理的に思われる．

しかし，カメラを使いさえすれば質感の表現もリアルになるかというとそれは疑問である．私達が写真をトレースして何とかリアルな絵を描こうとすることを想像してみよう．輪郭の形や位置関係の描写はずっと正確になるだろう．複雑な手の形や布のシワも投影された像をただなぞるだけで正しく描くことができそうだ．だが，果物の透明感や金属の光沢，髪の毛の流れなどの質感はどうだろうか．写真の中の一点ごとに対応する色を正確に置けばたしかに可能かもしれないが，筆という道具の持つ解像度や効率を考えると現実的ではない．像の単なるトレースだけで様々な質感を画布の上にうまく再現するのは難しいように思われる．

3) 手がかりとなる特徴を描く

絵画の中に質感を再現する別のやり方は，ある質感の「手がかり」となるような特徴を画面に描き込むというものである．いわばビジュアルな記号である．例えば，ある花瓶の絵の中の適切な場所に少しボケた真っ白な点（ハイライト）を描くと，それだけで花瓶の表面がつるつるとした光沢を持つように見える．このハイライトがよりシャープでいくつもあると，より強い光沢を持つようになる．さらに，ハイライトが表面に沿って流れるようなパターンをなすと，それは金属

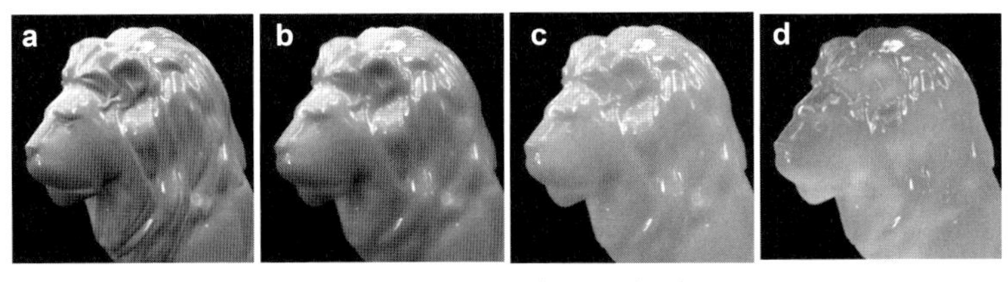

図 5.11 ハイライトと陰影による透明感の再現
(a) 原画 (CG で作成). (b) 陰影だけをぼかしたもの. (c) 陰影の明暗も弱めたもの.
(d) 陰影の明暗を反転させたもの.

のように見える．つまり，適切な強さとボケ具合のハイライトを画面の適切な場所に加えることで，写真のように正確ではないにせよ，それっぽい光沢感を再現することが可能になる．

同じようなやり方で光沢以外にも色々の質感を表すことができる (Motoyoshi, 2010)．例えば，光沢ハイライトをそのままに陰影だけをぼかすと，その表面はまるで陶器のような深みのある透明層を見せるようになる (図 5.11b)．また，ボケた陰影の濃淡が全体的に薄くなると，それはロウや大理石のような半透明な材質でできた表面に見える (図 5.11c)．そして，もし陰影の濃淡が逆転したりしているならば，それはガラスやゼリーのようにクリアで透明な質感を生じる (図 5.11d)．だから，例えば葡萄の実の透明感を簡単に描きたい人は，陰影をわざと上下逆転させて描き，最後に上の方にハイライトを置けばよい．ハイライトと陰影という，たった二つの要素の関係をちょっと変えるだけで，このように様々な透明感を演出できるのである．

その他にも，例えば女性の肌や絹のドレス，ベルベットなどのモチーフにおいて，比較的簡単なルールに基づいて質感を描き出していたのではないかと思われる例はたくさん見受けられる．また，現代のマンガやアニメの作品でも，よく似た手法で見た目の質感を巧妙にコントロールすることは広く行われていると考えられる．古典の画家も現代のアニメータも常に納期に追われる存在であることを考えると，彼ら / 彼女らが質感を素早く描くためにそうしたテクニックを駆使するのは不思議なことではない．

4) 経験知に基づく質感の知覚

手がかりを利用した簡便な質感描写は，一見すると手抜きのように思われるかもしれない．しかし，それは人間の視覚のしくみを考えると理にかなっているといえる．というのも，人間は質感を認知する時に映像の中の単純な特徴を手がかりとしていることがわかっているからである（2.1 節）．単純な特徴というのは，たとえば明暗のグラデーションや向き，色の斑点の分布のようなものである．例えば光沢のあるさらさらした毛皮の映像の中には，本当は様々な情報が含まれているのだが，脳は意識下でその多くを無視してハイライトや曲線の流れ方などの単純な特徴に注目し，毛皮の質感を判断しているらしい．だから，この決め手となる単純な特徴を見極めることができれば，画家はそれを絵の中に描くだけでリアルな質感を再現できるというわけである．

しかし，そもそも脳はどうやってその画像特徴がある質感の手がかりであると知りうるのだろうか．それは私達が外界のモノの質感と目に映る画像の対応関係を生まれた時からずっと学習し続けているからである．例えば，ある表面を濡らしたり磨いたりすると物理的に光沢（鏡面反射）ができる．そして，その光沢のある表面の映像にはたいていハイライトがつく．私達の脳は，こうした映像を幾度となく目にすることによって「光沢のある表面の映像にはハイライトがつく」という経験則を身につけ，その結果として「映像にハイライトがあるから光沢のある表面だろう」という推論を意識下で自動的に行うようになるのである．その証拠に，視覚経験がまだ浅い生後数か月の乳児は光沢を見分けることができないという（Jiang ら，2011）．手がかりを利用した質感の描写は，こうした脳の無意識の推論を逆手にとった巧妙なテクニックだといえよう．

d. 質感表現としての絵画

次に，構図や色の配置，筆致，マチエールなど，映像としての絵画そのものが持つ「質感」について考えてみよう．近代以降の絵画では，写実性より色使いや線のリズムといった画面の美の方がずっと重視されていて，その方向を徹底的に推し進めた到達点がいわゆる抽象画であることはご存知の方も多いはずである．ただ，この「絵画の質感」が抽象画だけにあてはまるものではないことに注意してほしい．私たちはラファエロやルーベンスの作品の中にも色彩や動きの妙を見てとることができるし，まさにそれらの妙こそが彼らの作品の芸術的価値を高めているからである．

私達は，たとえ美術に造詣がなくても，絵画の質感とか画風の違いを見分けることができる．いわく言いがたいことも多いとはいえ，そうした違いを言葉で言い表すことだってできる．例えば，ベラスケスやレンブラントの肖像画には少しざらざらとした心地よい光のうつろいがあるとか，ロココ時代の絵画はバロック期のものよりも明暗の調子が弱いとかである．ところが，いざ万人が納得するような形で画風の違いを述べよと言われると，途方に暮れてしまう．画風など結局のところ主観的にしか語りえないと思う人も多いだろう．たしかに，美術史などで語られるところの絵画論は，ほとんど権威ある歴史家や評論家の主観に基づいている．それ故，実証的な美術研究はどうしても描かれた内容に関するものに偏りがちである（イコノロジーやイコノグラフィーという学問はその代表である）．絵画の質感とか画風を客観的なデータに基づいて議論するのは無理なのだろうか．

1) 絵画の質感を分析する

筆者は，脳の視覚情報処理に関する最新の知識を駆使すれば，モノの質感の知覚と同じように絵画の質感の知覚の仕組みも客観的に理解できると考えている（Motoyoshi，2011；2012；本吉，2014）．そのための方法はとても単純で，とにかく絵画作品を単なる二次元の画像データとみなし，その画像から脳で検出されているような単純な特徴の集まりを取り出し分析するのである．その画像特徴を作家ごとに比較すれば，例えばモネとシスラーの画風がどう異なるかを数量的に記述することができるだろう．さらに年代や地域ごとの特徴の共通点を探ることによって，絵画の様式や歴史的変遷，作家どうしの影響や模倣に至るまで，きちんと説明できるかもしれない．

絵画の様式や質感に対するこうした科学的アプローチはまだ始まったばかりで，筆者を含め非常に数少ない研究者によって進められている．現在のところ，色々な絵画を画像特徴に基づいて分類する研究や（Wallraven ら，2007），贋作を見抜く技術に関する研究（Lyu ら，2004），などがある．もっと最近では，深層学習と呼ばれる人工知能アルゴリズムを利用して，任意の写真や絵を望みの画風に変換する見事な技術も提案されている（Gatys ら，2015）．以下では，その中でも芸術における美の本質について深く考えさせてくれる研究を紹介しよう．

2) 絵画の解析が示す美の原理

20 世紀を代表するアメリカの画家ポロックは，絵の具を画面にたらした模様を幾重にも重ねて作成した抽象画でよく知られている（図 5.12 左）．Taylor ら（1999）は，ポロックの作品の画像を数理的な手法で分析し，そこにフラクタル構造（同じパターンが異なるスケールで反復されている）があることを発見した．

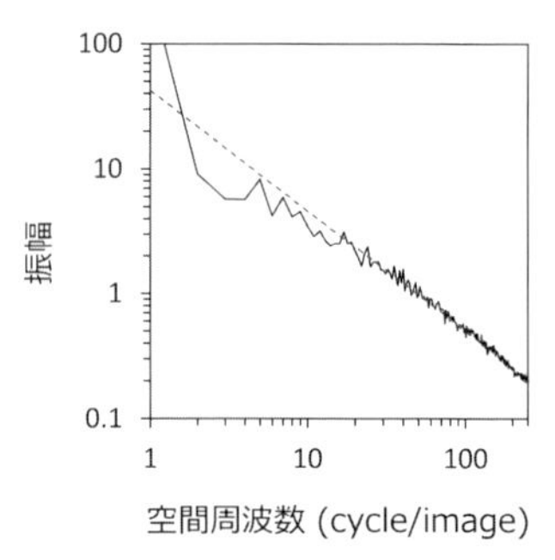

図 5.12　ポロックの抽象画の周波数解析

左：ポロックの作品の一部（Number 8, 1949, Neuberger Museum, State University of New York）．右：空間周波数スペクトル．横軸は空間周波数（f），縦軸は振幅（A）．直線は $A = 42/f^{0.96}$．

重要なことに，このフラクタル構造は私達がふだん生活している自然界の映像がほとんど普遍的に持つ特性なのである．デジカメで撮影した自然な風景の画像を周波数解析という手法で分析すると，$1/f$ スペクトルと呼ばれる（フラクタルと強く関連する）特性が現れる．ポロックの作品ももちろんそうである（図 5.12 右）．これはつまり，本人も人々も意識的には知覚できない抽象画の中に，人間が生きてきた自然環境の構造が潜在的に反映されていることを意味している．その後の研究でも，$1/f$ スペクトルは美術館に収蔵されている作品に具象・抽象を問わず広く認められることがわかっている（Graham & Redies，2010）．古代の賢人が教える通り，優れた芸術には自然の模倣が含まれるようである．

こう聞くと，人間の脳は「自然」と相似した性質を持つ何かに無意識のうちに「美」を感じるようにデザインされているのではないかと期待してしまうが，最近の研究はそれがロマンチックな幻想ではなく事実であることを示唆している．色々な周波数スペクトルを持つランダムなノイズ画像を多くの人に見せて，その好ましさや美しさを評価させると，たしかに $1/f$ スペクトルを持つ画像を，特に自然な風景の平均的な $1/f$ スペクトルを持つ画像を好むというデータが報告されている（Spehar ら，2003）．スペクトル以外の画像の特性については必ずしもそうでないという指摘もあるが（Graham ら，2016），美が自然の性質と関連するという基本原則はありそうである．

ただ，自然への嗜好もやはり脳の学習の産物であることを考えると，人間は自然と類似した映像を好むというよりは「見慣れてきた世界」と類似した映像を好むというべきだろう．好みや選択行動に関する心理学研究には，それを裏づける有名な実験結果がある（Zajonc, 1968）．二つの無意味な図形 A と B をたくさんの人に見せてどちらが好きかを尋ねた時に五分五分になったとしても，片方の図形（例えば A）をあらかじめ何度も見せておくと多くの人がそちらを好むようになる，というデータである．驚くべきことに，この単純接触効果（親近性効果）はあらかじめ見せられた図形が意識に上らなくても起こる．最近の実験でも，2 人の人物の顔を並べてどちらが好きかを尋ねた時，被験者は「こちらが好き」という反応をする何秒も前から無意識に好きな方の顔へ視線を向け始めることが報告されている（Shimojo ら, 2003）．周波数スペクトルなどの自然画像の構造も意識に上らない潜在的情報であることを考えると，脳は「無意識のうちに処理し慣れてきた情報」に好ましさを感じるといえそうである．

3)　絵画様式の生態光学的起源

絵画の画像特徴を分析することにより，優れた絵画が普遍的に持つある種の構造が見えてきた．しかも，その構造は自然界の画像が普遍的に持つ構造と呼応するものだった．同様のアプローチで，芸術の重要な側面である多様性についても考察することができるかもしれない．地球上の様々な地域における伝統的な絵画の様式は実に多彩である．それらはどのように，そしてなぜ異なるのだろうか．ここでは，古くから繰り返し対比されてきた西洋と東洋の絵画様式とその起源を考察した研究を紹介しよう（Motoyoshi, 2011；2012）．

西洋と東洋の古典的な絵画の様式は様々な点で大きく異なる．いわゆるルネサンス以降の西洋の伝統絵画は非常に写実的で，画面の中には多くのモチーフが豊かな陰影や質感を伴って描かれている．一方，中国や朝鮮，日本など北アジアにおける絵画（簡単のため東洋画と呼ぶことにする）では，モチーフはまばらで線画のような輪郭により描かれており，陰影や質感の表現は強く抑制されている（ハイライトやキャストシャドウの描写は皆無に近い）．画像特徴を分析してみても，西洋画は東洋画に比べて，明暗や色のコントラストが強い，明暗の比率に歪みがある（暗い地に明るい図という構図），周波数スペクトルの変動が大きい，など歴然とした違いが認められる（Graham & Field, 2008；Motoyoshi, 2011；2012）．

アジア人とヨーロッパ人の間で眼や脳の構造に大きな違いがあるわけでもないのに，なぜこのような違いが生じたのだろうか．別の言い方をすれば，それぞれの地域でなぜあのような様式の芸術が好まれたのだろうか．芸術の様式というものは，政治や交通，宗教，材料，芸術論など，様々の要因が複雑にからまりあって決まるものではあるが，どちらが原因でどちらが結果なのかわかりにくいところがある．しかし必ず原因となるものが一つある．それは自然である．なかでも一つの究極要因として考えられるのが「気候」である．

ヨーロッパ，特にルネサンスの中心地であったイタリアは晴れの多い地中海性気候に属し，東洋画の発展の根っこの一つにあたる中国の太平洋岸は曇りや雨の多い典型的なモンスーン気候に属する．実は，この天候の違いは屋外における自然な照明の状態に大きく影響する（**口絵 12** 左）．晴れの日には主に太陽の方向から強い照明光がくるが（指向性の強い照明），曇りや雨の日だと光が雲を通して散乱されるため空全体がぼんやりと照らすような状態（拡散照明）になる．続いて，この照明環境の違いがあらゆる物体の陰影，立体感，質感に大きく影響することになる（Motoyoshi & Matoba，2012）．それぞれの照明環境のもとで同じ三次元の物体がどのように見えるかをシミュレートしてみると，それははっきりする（**口絵 12** 中央）．晴天の指向性の強い照明（地中海）のもとでは，物体は豊かな陰影と強い立体感を持つものとして目に映り，ハイライトとキャストシャドウがくっきりと現れる．一方，曇りあるいは霞の中のような拡散照明（モンスーン）のもとでは，物体は凹んだところ以外には陰影のない平坦な見えを呈し，ハイライトとキャストシャドウはほとんど消え去ってしまう．もうお気づきかもしれないが，これらの物体の陰影や質感の違いは，上で述べた西洋と東洋の絵画様式の違いと見事に一致する（**口絵 12** 右）．画像特徴を分析してみても，地中海風の照明にある物体のそれはどちらかというと西洋絵画に近く，モンスーン風の照明にある物体のそれは東洋絵画に近くなる（Motoyoshi，2012）．

以上をまとめると，ある地域に特有の絵画様式はその地域に特有の気候に起因する自然な照明環境と視覚世界の構造の反映である，ということである．この主張は「脳は見なれた世界の潜在的構造を好む」という上述の原理と少しも矛盾しないどころか，むしろそれを補強している．自然界の画像の構造には普遍的なものもあれば，地域により異なるものもある．絵画の様式が多様であるのは，それを鑑賞する人間が生息する視覚環境の構造がもともと多様であるからだと考えられる．

とはいえ，この分析は西ヨーロッパ（ルネサンス以降）と北アジアの古典絵画のみを対象としたものにすぎず，様々な反論がありうる．例えば，単に油彩と水彩の違いではないのか，イギリスは曇りが多い，アラブ地域の絵画をどう説明するのか，などである．これらの一部は地域間の伝播という点から説明できるかもしれないが（イギリスの絵画はイタリア絵画の巨大な影響下にあるなど），すべてに答えるには美術史や人類学の知識を総動員しなければならないだろう．だが重要なことは，このアプローチが，個人の主観的印象ではなく，脳の視覚情報処理を踏まえ客観的に定義された画像特徴に基づいているという点である．

e. 質感の美と快楽

本節では，芸術における質感について絵画に焦点を当てて論じてみた．脳の情報処理という新しい視点を導入することによって，質感の描写や絵画の画風などこれまで曖昧に語られてきた芸術の諸側面に科学のメスを入れることが可能であることがおわかりいただけたと思う．研究はまだ初歩的な段階にあるが，このようなアプローチが今後，陶磁器やテキスタイルの肌触りなどを含む多様なメディアとモダリティに広く適用され，芸術の科学的理解につながることを期待したい．

［本吉　勇］

文　献

Gatys LA, Ecker AS & Bethge M (2015) A neural algorithm of artistic style. arxiv preprint arxiv : 1508, 06576.

Graham DJ & Field DJ (2008) Variations in intensity statistics for representational and abstract art, and for art from the Eastern and Western hemispheres. *Perception*, **37** : 1341–1352.

Graham D, Schwarz B, Chatterjeec A et al. (2016) Preference for luminance histogram regularities in natural scenes. *Vision Research*, **120** : 11–21.

Graham DJ & Redies C (2010) Statistical regularities in art : Relations with visual coding and perception. *Vision Research*, **50** : 1503–1509.

Hockney D (2001) Secret Knowledge : Rediscovering the Lost Techniques of the Old Masters. 木下哲夫訳（2006）秘密の知識，青幻舎．

Lyu S, Rockmore D & Farid H (2004) A digital technique for art authentication. *Proceedings of the National Academy of Sciences of the United States of America*, **101** : 17006–17010.

本吉　勇（2008）質感知覚の心理学．心理学評論，**51**：235–249.

本吉　勇（2014）視覚認知と画像統計量．認知科学，**21**：304–313.

Motoyoshi I (2011) Ecological-optics origin of the style of European and East-Asian classical painting. *J Vis*, **11**(11) : 1188.

Motoyoshi I (2012) Climate, illumination statistics, and the style of painting. Visual Science of Art Conference, 2012.

Motoyoshi I, Nishida S, Sharan L et al. (2007) Image statistics and the perception of surface

qualities. *Nature*, **447**：206–209.
Motoyoshi I (2010) Highlight-shading relationship as a cue for the perception of translucent and transparent materials. *J Vis*, **10**(9)：6, 1–11.
Motoyoshi I & Matoba H (2012) Variability in constancy of the perceived surface reflectance across different illumination statistics. *Vision Research*, **53**：30–39.
Shimojo S, Simion C, Shimojo E et al. (2003) Gaze bias both reflects and influences preference. *Nature Neuroscience*, **6**：1317–1322.
Spehar B, Clifford CWG, Newell BR et al. (2003) Universal aesthetic of fractals. *Computers & Graphics*, **27**：813–820.
Taylor RP, Micolich AP & Jonas D (1999) Fractal analysis of Pollock's drip paintings. *Nature*, **399**：422.
Wallraven C, Kaulard K, Kürner C et al. (2007) Psychophysics for perception of (in) determinate art. In APGV 2007. ACM Press, pp. 115–122.
Yang J, Otsuka Y, Kanazawa S et al. (2011) Perception of surface glossiness by infants aged 5 to 8 months. *Perception*, **40**：1491–1502.
Zajonc RB (1968) Attitudinal effects of mere exposure. *Journal of Personality and Social Psychology*, **9**：1–27.

5.3 質感の言語表現

a. オノマトペを通して見る質感

日常見たり触れたりする様々なものの質感を表現する際，我々は無意識のうちに「つるつるの石」「すべすべの肌」「ふわふわの毛布」「きらきらしたガラス」というように，オノマトペ[†1]を用いている．オノマトペは，日常の言語使用においてのみならず，質感に関する研究論文の中でもしばしば目にする言語表現である．本節では，特に，触覚の質感を例にあげ，オノマトペによる質感の言語表現について述べる．

Guest ら（2010）は，英語の手触りを表す言語表現として，「粗い（rough)」「柔らかい（soft)」といった形容詞，「振動する（vibrating)」のような動詞や「粘つく（sticky)」などの動詞からの派生語，「砂のような（sandy)」といった直喩をあげている．国内外問わずこれまでの質感の定量化に関する研究では，多くの言語に共通して存在する形容詞が主に用いられ，「かたい―やわらかい」「冷た

[†1] 擬音語，擬態語の総称．擬音語は「コンコンとドアをたたく」というように実際の音を言語音で表現する場合，擬態語は「すべすべした手触り」というように音以外の様態を言語音で表現する場合が典型例である．音以外の質感を表す場合は，基本的には擬態語となるが，「ざらざらした手触り」といった場合，触れた時に生じる音の印象も無関係とは言えないため，ここでは擬音語と擬態語を区別せず「オノマトペ」とする．

い―温かい」など対立する複数の形容詞対で評価項目を構成し，対象の印象を5段階ないし7段階で評定するSD法（Semantic Differential method）（Osgoodら，1957）が多く用いられてきた（Okamotoら，2013）．特に，様々な形容詞対のうち「粗い／滑らかな（rough/smooth）」「かたい／やわらかい（hard/soft）」「冷たい／温かい（cold/warm）」といった項目は，触覚における主たる材質感の次元として多くの研究で使用されている．

一方で，質感の評価をどのような尺度を用いて捉えることが適切であるかを調査した結果，日本語では「ざらざら」「つるつる」などのオノマトペ表現の方が形容詞よりも多く用いられるとする報告もあり（北村ら，1998），オノマトペを用いた研究手法も近年注目されてきている．日本語では，特に触覚に関するオノマトペの種類が多く，実際，筆者らが“○○した手触り”（○○には“ふわふわ”などオノマトペが入る）を検索語としてインターネット検索を行い，ヒット数1000件以上のオノマトペを抽出した結果，表5.1のような43語のオノマトペが得られた（Sakamotoら，2013）．

欧米系言語には触覚や視覚的な質感を表すオノマトペという語彙カテゴリがないため，欧米を中心とした質感研究においてオノマトペを用いた手法は検討されてこなかったが，日本語をはじめ，アジア・アフリカ系言語には質感を表す言語が豊富である（Dingemanse & Majid，2012）ため，我々日本人がオノマトペに着目した質感研究を行うことによって，質感認知について新たな発見を得られる可能性がある．そこで本節では，オノマトペはそもそもどのような言語表現であり，質感研究にどのような貢献ができるのかについて述べたい．

形容詞よりもオノマトペを用いた方が素材ごとの触感の違いを多様に表現できるという可能性：坂本・渡邊（2013）は，触素材40種の触り心地を表現するオノマトペの種類と形容詞の種類を比較している．40種類の素材に対して被験者30名（全1200試行）が表現したオノマトペは279種類であったのに対し，形容詞は124種類と約半分であった．各被験者が40素材に使用した語数の平均も，オノマトペが21.7語であったのに対し，形容詞は15.6語と，有意にオノマトペが多かった．この結果は，形容詞よりもオノマトペを用いた方が素材ごとの触感の違いを多様に表現できるという可能性を示している．例えば，「冷たい」という形容詞一語で表される素材に対しても，「しとしと」「ぴちゃぴちゃ」「ひんやり」といった複数のオノマトペが用いられていた．

表 5.1 “○○した手触り”によるオノマトペの検索結果

	オノマトペ	検索件数		オノマトペ	検索件数
1	さらさら	144900	23	ばさばさ	8420
2	つるつる	73900	24	ふにふに	7544
3	すべすべ	58600	25	ぷりぷり	7200
4	ふわふわ	57700	26	きしきし	7000
5	ざらざら	38400	27	ふさふさ	6950
6	ごわごわ	36700	28	ちくちく	6280
7	ごつごつ	32200	29	もふもふ	6090
8	もちもち	21700	30	ほわほわ	5815
9	ぽこぽこ	15980	31	ぷるぷる	5310
10	もこもこ	15700	32	しゃりしゃり	5197
11	ふかふか	14220	33	ぺたぺた	4950
12	がさがさ	12260	34	ぎしぎし	3629
13	べたべた	12116	35	ふにゃふにゃ	2553
14	ぬるぬる	10830	36	べとべと	2332
15	するする	10820	37	じょりじょり	2158
16	かさかさ	10570	38	ぬめぬめ	1792
17	しゃかしゃか	9965	39	つぶつぶ	1684
18	ぐにゃぐにゃ	9899	40	ざくざく	1543
19	ぷにぷに	8870	41	しょりしょり	1293
20	こりこり	8760	42	さわさわ	1241
21	ぶつぶつ	8550	43	もさもさ	1095
22	ぼこぼこ	8520			

○○にはオノマトペが入り，検索したい言葉を完全一致で調べられるようにするためダブルクォーテーションで囲んでいる．検索日は 2012 年 7 月 6 日，OS は Windows7，ブラウザは Internet Explorer 9.0.

b. 音象徴性とオノマトペ

一般的に言語の持つ音と言語によって表される意味の関係は必然的なものではなく，恣意的なものである（Saussure，1916）．しかし，言語表現の中には，音韻や形態と意味の間に何らかの関係性が見られる場合があり，このような現象は音象徴性（sound symbolism），あるいは五感との共感覚的な結び付きがあることから音共感覚（phonoaesthesia）（Lyons，1977）と言われる．音象徴性については，言語学において，古くから研究が盛んに行われた．Jespersen（1922）は，音韻と明暗の関係について，母音［i］は明るさ（ドイツ語の“licht”など）を表すのに対し，母音［u］は暗さ（ドイツ語の“dunkel”など）を表すといった例を指摘している．同時期に，Sapir（1929）は英語の無意味語を構成する音韻から様態が連想される可能性について調査を行っている．無意味語である“mal”と“mil”にそれぞれ同一の「机」という意味を与え，被験者にどちらが大きい机であると感じるかを選択させており，その結果母音 /a/ を含む “mal” の方が大きいと感じるという結果を報告している．また，心理学では，ブーバ・キキ効果（Bouba/Kiki effect）として有名な，言語の持つ音と図形の視覚的な印象の間に発生する連想が言語的背景によらず一定であるとする実験結果も報告されている（Köhler, 1929；Ramachandran & Hubbard, 2001）．このように，音象徴性には，言語・文化を超えて一定の普遍性があることがわかっている．アメリカの構造主義言語学者 Bloomfield（1933）も，英語の音象徴的言語表現を数多く指摘しているが，これらの英語の表現と日本語のオノマトペの音に共通性も指摘されている（田守, 2002）．例えば，“glamour”，“glare”，“glass”，“glaze”，“gleam”，“glimpse”，“glint”，“glisten”，“glitter”，“glossy”，“glow”，“glimmer” における /gl/ は，日本語の「ぎらぎら」/gila-gila/ との共通性がある．

日本語オノマトペは，音象徴が体系的であり，特定の音や音の組み合せが語中の箇所によって特有の音象徴的意味を持ち，語の基本的な音象徴的意味は，その語を構成する音から予測できるとされる（Hamano，1998）．例えば，/a/ は平らさや広がりといった平面的な意味を，/i/ は一直線に延びるような線的な意味を喚起するとしているが，ブーバ・キキ効果において Bouba が平面的に丸みを帯びた図形と結び付き，Kiki が尖った図形と結び付くという現象とも共通している．筆者らは，このような音象徴性が触覚の材質感表現においても観察されることを示してきた（渡邊ら，2011）．例えば，/z/ は粗く乾いた触感（「ざらざら」など），/s/ は滑らかでかたい触感（「さらさら」など），/b/ はやわらかく湿った触感（「べちょべちょ」など）というように，特定の音と材質感の結び付きがみられる．

c. 感性的質感認知とオノマトペ

小松（2012）は，視覚，触覚，聴覚などの感覚刺激から物体の材質や表面の状態を推定する，価値判断と中立な情報処理機能が「質感認知」であるのに対し，質感認知に伴い刺激への情動反応が生じ，価値判断や意思決定がなされる情報処理機能を「感性的質感認知」としている．オノマトペの音象徴性は前述の「質感認知」だけでなく，快不快といった「感性的質感認知」においてもみられ，オノマトペによる感性評価の実験も行われている（コラム参照）．

このような実験が示すように手触りを表す日本語オノマトペでは，その音韻に材質の状態の推定のみならず，その材質を快と感じるか不快と感じるかといった

オノマトペによる感性評価の実験：渡邊ら（2011）は，30名の被験者を対象に，様々な触素材に触れた時の感覚をオノマトペで表現してもらうとともに，快・不快の評価（+3から−3の7段階）をしてもらう実験を行った．実験では，布，紙，金属，樹脂などの50素材に対して，1500通り（50素材×30名）のオノマトペと快・不快評価値の組み合せが得られた．回答されたオノマトペの形式は，2モーラ（拍）音が繰り返される形式（例えば「さらさら」では，「さ」が1モーラ目，「ら」が2モーラ目となる）が1268通りで全体の84.5%を占めた．分析では，2モーラ音の繰り返し形式の表現を対象に，感覚イメージと関連が強いとされる第1モーラ母音と第1モーラ子音について，その音韻を使用した時の素材の評価値が，1268通りの評価値の平均（0.38）と有意差があるかを調べた．その結果を表5.2に示す．母音では，/u/と/a/が快（評価値が正）と有意に結び付いた．/i/と/e/は使用数が少ないが，有意に不快と結び付いた．子音では，/h/，/s/，/m/，/t/が有意に快と結び付き，/z/，/sy/，/j/，/g/，/b/が有意に不快と結び付いた．

表5.2　第1モーラ母音（左），子音（右）の使用数と評価値（平均）

母音	数	評価値	子音	数	評価値
/u/	402	1.07**	/h/	82	1.43**
/o/	148	0.24	/tw/	6	1.33
/a/	579	0.18**	子音なし	4	1.25
/i/	42	−0.38**	/s/	246	1.02**
/e/	97	−0.76**	/m/	39	0.97*
			/w/	7	0.86
			/t/	245	0.79**
			/k/	44	0.05
			/d/	2	0.00
			/y/	4	0.00
			/p/	50	−0.02
			/z/	293	−0.10**
			/n/	20	−0.20
			/sy/	28	−0.21*
			/j/	47	−0.38**
			/g/	77	−0.43**
			/b/	72	−0.71**
			/ky/	2	−1.00

1268通りの評価値の平均（0.38）との検定の有意差が示されている．*：$p < .05$，**：$p < .01$（両側 t-test）．

感性的な評価も反映される．また，オノマトペの音韻と感性的評価との関係性は，評価対象となる感覚によらない比較的普遍的な性質であると考えられる．味覚とオノマトペの関係性に関する研究（Sakamoto & Watanabe, 2015）では，味や口触りの快不快評価が，用いられるオノマトペの音韻に反映されるという結果が示されている．そこでは，/a/，/h/，/s/，/sy/ が快評価と結び付き，/i/，/d/，/z/，/g/，/b/ が不快評価と結びつくなど，触覚の実験結果と若干の違いはあるものの，全体的に清音が快評価と結び付きやすく，濁音が不快評価と結び付きやすいことがわかっている．

d.　オノマトペの音象徴性による質感評価システム

短く簡潔な表現でありながら，材質から知覚された質感と快不快などの感性的評価まで多様な情報を表すことができるオノマトペの特長を活かし，坂本らのグループは，オノマトペによって表される触感を中心とした感性評価値を推定するシステム（清水ら，2014）を構築している．このシステムでは，オノマトペに対して材質感や感性評価に適した形容詞対（評価尺度）を用いて被験者に評価を行ってもらった結果に基づいて，オノマトペから評価を予測するモデルを導出し，任意のオノマトペが表す材質感や感性評価値を推定している（コラム参照）．

オノマトペによって表される材質感や感性的質感評価を予測するモデルを構築

先行研究からの評価尺度の選定：このシステムで採用する評価尺度は，オノマトペによって表される材質感や感性的質感を評価するために適したものである必要がある．そこで，オノマトペが頻繁に用いられる感性領域である，視覚および触覚に関する研究を行っている複数の文献を参照し，感性評価に適した評価尺度を以下の手順で選定した．視覚については，ファッション，インテリア・建築，プロダクトデザイン，色彩分野に関する研究を行っている文献から，感性評価に用いられている評価尺度 248 対を抽出した．同様に，触覚に関する研究を行っている文献から，触覚の感性評価に用いられている評価尺度 69 対を抽出した．抽出した評価尺度には類似する表現が見られたため，表現を統一（例えば「硬い—柔らかい」，「硬い—柔軟な」，「固い—軟らかい」を「かたい—やわらかい」に統一）するとともに，複数の文献で感性評価に用いられている尺度のみを残し，さらに『日本語大シソーラス—類語検索大辞典—』を用いて，類似する表現を統一し，図 5.13 ～ 5.17 に示す感性評価尺度 43 対を得た．

するにあたり，まずオノマトペを構成する音韻上の要素のカテゴリを定義し，日本語オノマトペの音韻を各カテゴリに分類した．田守（1998）によると，オノマトペの基本的な形態は「子音＋母音＋（撥音『ン』・促音『ッ』・長音化『ー』)」や「子音＋母音＋（撥音・促音・長音化）＋子音＋母音＋（撥音・促音・長音化・語末の『リ』）＋（反復)」のように記述できる（なお以降では，子音と母音の後に続く撥音や促音などの音韻要素を「語尾」と呼ぶこととする)．ここで，子音の部分から子音行と濁音・半濁音および拗音を分離する．例えば「カ」「キャ」「ガ」「ギャ」はいずれも子音行が「カ行」であり，それぞれ「カ」＝カ行＋濁音なし＋拗音なし，「キャ」＝カ行＋濁音なし＋拗音あり，「ガ」＝カ行＋濁音あり＋拗音なし，「ギャ」＝カ行＋濁音あり＋拗音あり，のように分離される．このように，音韻を子音行の種類ごとに分類し，集約したカテゴリを「子音行カテゴリ」と定義した．このようにして子音から分離された，濁音・半濁音の有無，拗音の有無の要素に加え，母音の種類や語尾の種類などその他の音韻要素についてもそれぞれカテゴリを定義した．なお，「フワ」と「モフ」の「フ」のように，同じ音韻であっても語中の位置によって全体の印象に異なる影響を与える可能性を考慮し，第1モーラ（拍）と第2モーラとで各々カテゴリを別とした．以上のカテゴリ定義により，オノマトペ表現を1モーラ目・2モーラ目ごとに「子音＋濁音・半濁音＋拗音＋母音＋小母音（小さいァ行）＋語尾（撥音・促音など)」といった形式で記述できる．これら各音韻特性の印象の線形和として，次式（1）のモデルによりオノマトペ全体が表す推定値が得られる．

$$\hat{Y} = X_1 + X_2 + X_3 + \cdots + X_{13} + \text{const.} \tag{1}$$

ここで，$\hat{Y}$はある評価尺度の推定値，$X_1 \sim X_{13}$は各音韻特性のカテゴリ数量（各音韻特性が印象に与える影響の大きさ）を表している．$X_1 \sim X_6$は1モーラ目の $X_7 \sim X_{12}$は2モーラ目の「子音行の種類」「濁音・半濁音の有無」「拗音の有無」「母音の種類」「小母音の種類」「語尾（撥音「ン」・促音「ッ」・長音「ー」）の有無」の数量である．X_{13}は「反復の有無」の数量である（const. は重回帰式の定数項)．

ここで，オノマトペを構成する各音韻特性がオノマトペの印象に与える影響の大きさを表す「各音韻特性のカテゴリ数量（評価尺度43対ごとの$X_1 \sim X_{13}$)」を決定するために，被験者にオノマトペ表現を提示した上で，その印象を評価してもらう実験を実施した（実験手順についてコラムを参照)．すべての音韻要素につ

オノマトペの印象評価実験の手順：まず，2モーラ繰り返し形のABAB型のオノマトペ表現（たとえば「ふわふわ」や「じょりじょり」など）に対応する，すべての音韻の組み合せ11,075通りの表現を作成した．11,075通りの表現から，最終的に，オノマトペの基本的形態をとり，かつすべての音韻要素が網羅された312語を実験刺激に用いるオノマトペとして選定した．選定されたオノマトペは，清水ら（2014）に示されている．

選定された実験刺激オノマトペ312語に対して，全43対の評価尺度対を用いて，7段階SD法で被験者にオノマトペの印象を評価してもらった．被験者は20～24歳までの大学生78名（男性51名・女性27名）で，13名ずつ六つのグループに分け，それぞれに実験刺激オノマトペ52語を割り当てた．実験の結果，オノマトペ312語×評価尺度43対×実被験者13名＝全174,408個の回答を得た．これらの回答について，回答上で左の尺度側を1，右の尺度側を7，中央の「どちらともいえない」を4として，1～7の数値を割り当てて集計した．ここから，被験者間でオノマトペの印象評価のばらつきが大きかった回答（標準偏差2.0以上のもの，全体の約2%）を削除し，残りの回答について評価値の平均をとることで被験者のデータを代表させた．

いてカテゴリ数量を得るためには，印象評価実験に使用する実験刺激オノマトペが日本語のすべての音韻を網羅している必要がある．一方で，オノマトペと認められない音韻系列はそもそも生み出されず，人工的に作り出されたとしても人は理解できないと推測される．したがって，この手法において重視したのは，日本語のオノマトペの音韻および形態的特徴を備えたオノマトペについて網羅的に扱えることができるようにする，ということであるのでオノマトペの基本的形態をとる表現のみを被験者実験では用いた．

被験者実験で得られたオノマトペの印象評価値から，オノマトペを構成する音韻とオノマトペ全体の印象の関係を定量化した．ここでは被験者の平均評価値を目的変数として，数量化理論I類（林，1993）によって，説明変数である各々の音韻要素のカテゴリ数量を評価尺度ごとに算出した．前述のように，このカテゴリ数量によって，音韻要素のオノマトペ全体の印象に与える影響の大きさが表される．得られたカテゴリ数量の一部を表5.3に示す．

以上により前述の式（1）に示される13個のカテゴリの各カテゴリ数量の線形和によって，オノマトペで表される材質感・感性的質感の評価を43対の評価尺度上のベクトルとして定量的に決定することができる．例えば「ふわふわ」という

表 5.3　音韻要素のカテゴリ数量（一部）（清水ら，2014）

評価尺度	第1モーラ											定数項
	子音行の種類					濁音の有無			母音の種類			
	カ行	タ行	ナ行	ハ行	マ行	なし	濁音	半濁音	イ	ウ	エ	
明るい—暗い	−0.13	−0.06	0.99	−0.38	−0.27	−0.31	0.78	−0.66	0.044	0.04	0.71	3.86
暖かい—冷たい	0.16	0.21	0.06	−0.28	−1.13	−0.08	0.18	−0.13	0.68	−0.11	0.42	3.89
かたい—やわらかい	−0.82	−0.07	0.66	0.29	1.11	0.14	−0.39	0.48	−0.08	0.55	0.16	4.43
湿った—乾いた	0.62	−0.74	−1.18	0.49	−0.32	0.33	−0.46	−0.68	0.17	−0.32	−0.50	3.63
滑る—粘つく	−0.19	0.04	0.72	−0.18	0.62	−0.30	0.62	−0.15	0.18	0.02	1.09	3.72
凸凹な—平らな	−0.06	0.31	−0.13	0.13	−0.60	0.36	−0.68	−0.22	0.18	0.22	0.15	3.37

表 5.4　「かたい—やわらかい」尺度上の「ふわふわ」の印象（清水ら，2014）

カテゴリ			音韻要素	数量
X_1	第1モーラ	子音行	「ハ行」	0.29
X_2		濁音	濁音・半濁音なし	0.14
X_3		拗音	拗音なし	0.01
X_4		小母音	小母音なし	−0.02
X_5		母音	「ウ」	0.55
X_6		語尾	語尾なし	−0.08
X_7	第2モーラ	子音行	「ワ行」	0.71
X_8		濁音	濁音・半濁音なし	0.12
X_9		拗音	拗音なし	−0.07
X_{10}		小母音	小母音なし	−0.02
X_{11}		母音	「ア」	0.07
X_{12}		語尾	「なし」	−0.15
X_{13}	反復		反復あり	0.23
		定数項		4.43
$\hat{Y}$	評価尺度上の印象予測値			6.21

オノマトペについて，音韻は「ふわ」（/h/，/u/，/w/，/a/）の反復で，第1モーラは「ハ行」「ウ」，第2モーラは「ワ行」「ア」となる．「かたい—やわらかい」の評価尺度上において，表 5.4 に示す印象予測値が得られる．

本モデルの印象予測値は，1～7の値を割り当てた7段階SD法の印象評価値をもとに算出したカテゴリ数量で設定されているため，予測値 6.25 は「かたい—やわらかい」（1～7）の評価尺度において「やわらかい」印象が強いことがわかる．被験者による印象評価実験で，「ふわふわ」を同尺度において評価させた実測値（被験者の回答した印象評価値の平均値）は 6.54 であり，予測値と実測値がおおよそ近い値となった．また，印象予測モデルとカテゴリ数量の精度を評価するために，43 対の評価尺度での実測値と予測値の間の重相関係数を算出した結果，評価尺度 43 対のうち 13 対で 0.9 以上となり，残りすべての 30 対で 0.8 以上 0.9 未満となり，被験者の実際の評価を非常によく推定できるモデルであることが示された．つまり，300 語程度の限られた数のオノマトペを用いた心理実験から，慣習的なオノマトペのみならず新規に作成された任意のオノマトペの印象まで推定することを可能にした．本システムの精度評価は，清水ら（2014）に詳述されている．

図 5.13 から図 5.17 はシステムの出力の具体例である（図では，1 ～ 4 ～ 7 の数値を，両極尺度であることをわかりやすくするために −1 ～ 0 ～ 1 に正規化している）．図 5.13 は，粘着性のある不快な手触りを表す時に使われる「べとべと」をシステムで出力した結果である．図 5.14 は，図 5.13 とは逆に，粘つきがなく滑らかで快適な手触りを表す時に使われる「さらさら」の出力結果である．「さらさら」と似た質感を表す「かさかさ」は，より乾いた感じが強く，滑らかと言うよりも伸びにくく，快適な手触りとは言えないものであることが，図 5.14 と図 5.15

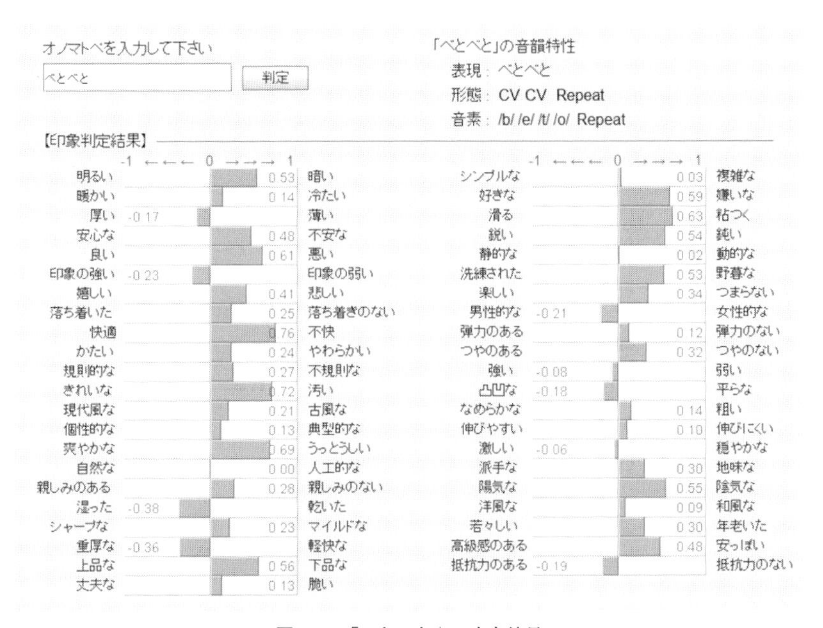

図 5.13　「べとべと」の出力結果

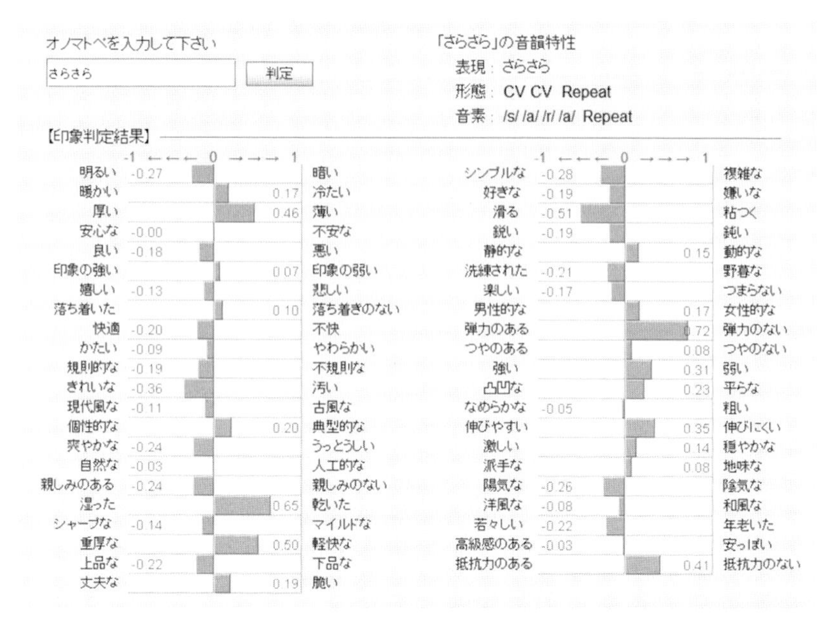

図 5.14 「さらさら」の出力結果

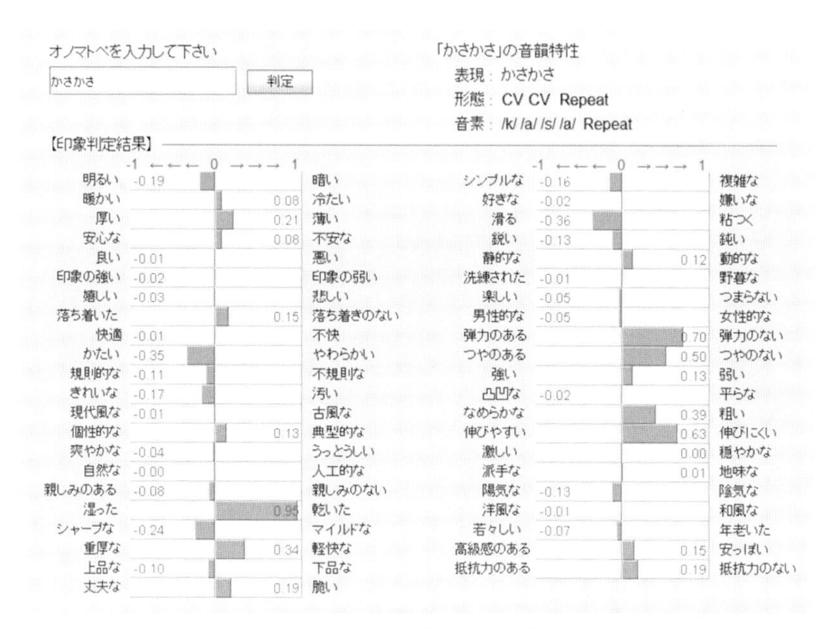

図 5.15 「かさかさ」の出力結果

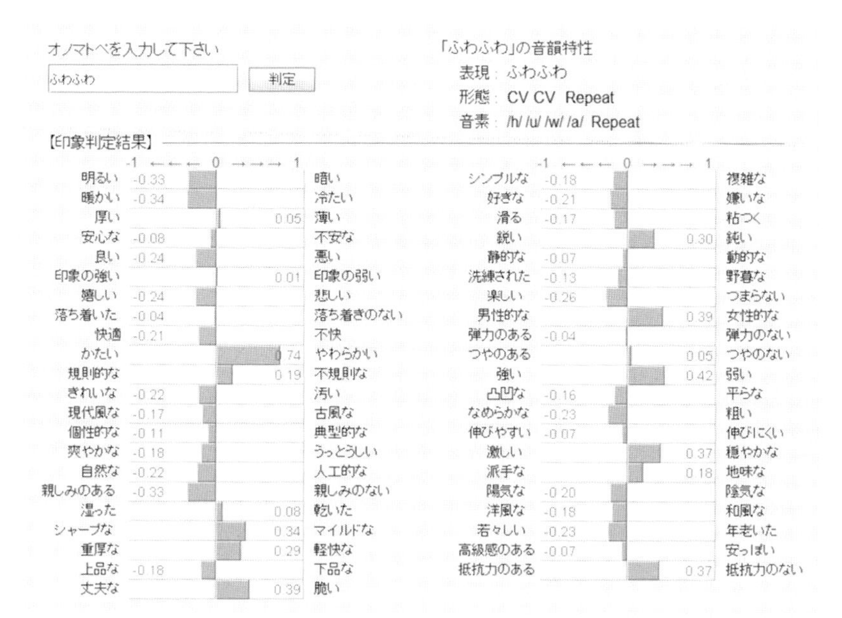

図 5.16　「ふわふわ」の出力結果

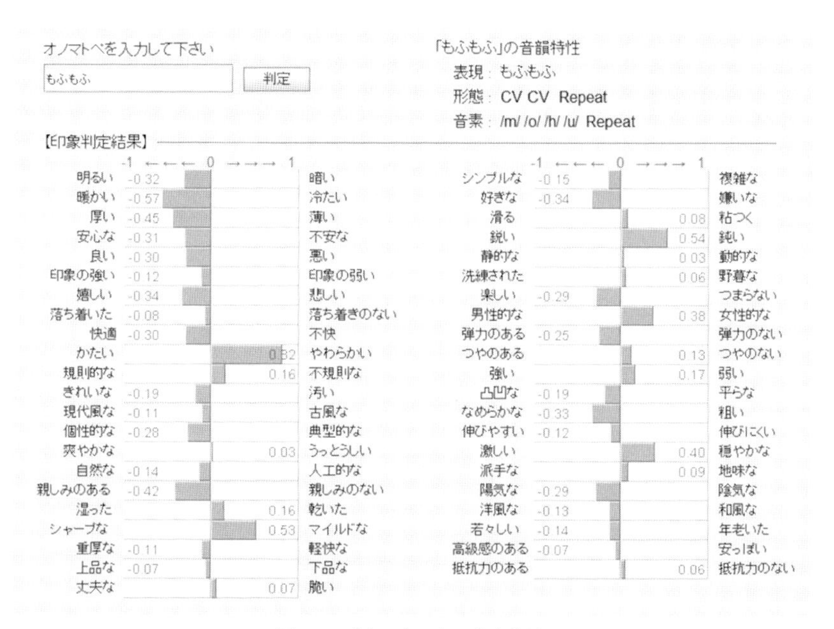

図 5.17　「もふもふ」の出力結果

を比較するとわかる．図 5.16 は，柔らかい手触りを表す際に用いられる「ふわふわ」の出力結果である．図 5.17 は，「もふもふ」という近年新しく生まれたオノマトペの出力結果である．「もふもふ」という言葉は猫などの動物の毛の感じを表す新語で，「もふる」という動詞まで存在する．柔らかいという点では「ふわふわ」と共通しているが，暖かさや厚み感がより強く表されている．

従来の実験において，被験者は，実験者が用意した任意の数の形容詞尺度で，分析的に質感評価を求められていたのに対し，以上紹介してきたシステムを質感研究に用いることにより，被験者が主観的かつ直感的に一言で表現した質感を尊重し，システム側で，その一言に込められた多次元の材質感や感性的質感を推定することが可能になる．また，オノマトペを構成する音韻には体系性が見られるため，以下で紹介するように，人の質感カテゴリの体系化や言葉で表される材質感の関係性，快不快との結び付きの可視化も可能になる．

e. オノマトペによる材質感と感性的質感の関係性の可視化

早川ら（2010）は，触覚のオノマトペ一つひとつがそれぞれ別の質感カテゴリを表現すると考え，それらの関係性を表したオノマトペの二次元分布図（以下，オノマトペ分布図）を作成している．このオノマトペ分布図は，触覚のオノマトペ 42 語に対して，それぞれの語が持つ「大きさ感」「摩擦感」「粘性感」という材質感に関するイメージを数値で回答してもらい（素材に触れるのではなく語の持つイメージを回答），その数値を分析することで作成された．この分布図は，日本語がどのように触覚の材質感を分類・構造化しているのかを二次元平面上に可視化したものといえる．そして，触素材をその触感に基づいてオノマトペ分布図上に配置すると，近い触感の素材が分布図上でも空間的に近く分布することになり，素材の触感の関係性を二次元平面上で可視化することが可能になる（可視化された触素材の関係図を「触相図」と呼ぶ）．

渡邊ら（2014）は，触素材に快不快の評価を行うとともに，その触素材をオノマトペ分布図上に配置することで，触素材の快不快（感性的質感）と材質感の関係性を二次元平面上に可視化している．オノマトペ分布図上に触素材を配置し，その感性的な違いを平面上の関係性として視覚化する手法は，人の感性的質感認知について論じるための新たな方法論である．触相図上に快不快の程度を重ねた結果を**口絵 13** に示す（作成方法はコラム参照）．

触素材の快不快の関係性を触相図上に視覚化する実験手続き：初めに，表5.5にある布，紙，金属，樹脂等の39種の実験素材をその質感に基づき，非階層的クラスタリング（あらかじめ分割するグループ数を決めてグループ分けする手法）を用いて八つのグループに分けた．実験では，被験者は，触素材に触れて快不快の判断を30秒以内に7段階（非常に快：+3，快：+2，やや快：+1，どちらともいえない：0，不快も同じく−1から−3までの3段階）で行い，さらに，その素材の触感をA4サイズの紙に印刷されたオノマトペ分布図上に定位した．オノマトペ分布図は，分布図全体が含まれるように20 × 20（各軸+10から−10）の升目を分布図上に描き，被験者には二次元の座標値を小数点一位まで口頭で回答してもらった（たとえば，ある素材の触感は分布図上で $X = 3.8$，$Y = 5.5$ など）．座標値は，分布図上でオノマトペが記されている位置だけでなく，オノマトペとオノマトペの間といった分布図上の任意の位置を回答可能とした．被験者30名の回答から，39素材それぞれの快不快評価の平均値とオノマトペ分布図上での平均位置が得られた．八つのグループごとに色を変えて示したのが**口絵13**である．表5.5の一番右の列がグループごとの快不快評価の平均値であり，グループ名の記号と合わせて記されている．触感の近い同じグループのバブルが，分布図上でも近く，同程度の評価値を持つことが確認できる．

表5.5　触素材の触感によるグループ分け（渡邊ら，2014）

グループ	素材No.	評価値平均
A	両面テープ1，両面テープ2	−1.50
B	へちまテクスチャ，人口芝生，タワシ，マジックテープ表	−0.83
C	硬質発泡スチロール板，網状ステンレス1，サンディングペーパ80，サンディングペーパ240，サンディングペーパ600，滑り止めゴム，皮	−0.23
D	網状ステンレス2，ダンボール（側面），丸太（表面）	−0.20
E	ウレタンフォーム，シープボア，ムートン，マジックテープ裏	1.61
F	ソフトボード，上質紙，和紙，ダンボール，バルサ材，スウェード裏，黒板	1.04
G	プレーンゴム，飴ゴム，シリコンゴム，衝撃吸収スポンジ，ジェル	0.35
H	アルミ板，ガラスタイル，アクリル板，石，光沢紙，皿，チョーク	1.28

触相図上に可視化された快不快の傾向をまとめると，分布図右上の粘性の触感を表すオノマトペ周辺に定位される素材群と，分布図左の粗さの触感を表すオノマトペ周辺に定位される素材群は両者とも不快と評価されている．ただし，これらは分布図上の距離が遠く，異なる触感の不快として評価された可能性が考えられる．一方，細やかな触感や滑らかな触感を表すオノマトペ周辺に定位される素

材群は快と評価され，分布図中央から右下へ連続的に分布している．このことは，快の触感はいくつかのグループがあるものの，それらは連続的に変化していることが考えられる．このように，触相図を作成することで，触覚の感性的質感をその材質感と合わせて体系的に議論することが可能になると考えられる．

f. 社会の様々な場面への応用

本節では，オノマトペを構成する音韻や形式が意味と結び付く性質（音象徴性）を利用し，オノマトペで表される材質感・感性的質感の評価を定量化するシステムと，オノマトペを利用した触感カテゴリの分析，感性的質感の関係性の視覚化（触相図）について紹介した．従来，個人差の大きい感性的質感認知を客観的に捉えることは難しいと考えられてきたが，本節で紹介した手法はそれに対する解決法であるといえる．オノマトペによる質感評価システムは，金属調加飾デザイン開発において模造金属を実金属に近づける加飾デザインの推薦（Sakamoto ら，2015）や色彩推薦への応用（土斐崎ら，2013）など企業との共同研究による製品開発現場での活用実績がある．オノマトペによって表される所望の質感を持つ商品検索への応用（土斐崎ら，2015），「ずきずき」などオノマトペで表される痛みの質を推定するシステム（上田ら，2013；Sakamoto ら，2014），「どろどろ」感を表す動画と静止画を推薦するシステム（鍵谷ら，2015）など，質感が重要な社会の様々な場面に貢献していける可能性がある．また，本節では紹介できなかったが，筆者らは，冒頭の節で述べたインターネット検索で検索数上位であった触感オノマトペ 43 語を用いて，網羅性・再現性のある標準化された触感サンプル 50 素材を企業と共同製作している（Sakamoto ら，2013）．これらを触相図上に配置することで，一般的な人の触覚に関わる感覚の体系的な把握も可能であるし，特定の製品を扱う製品開発現場においては，現存する商品を配置し，今後開発すべき製品の検討を行うことも可能である．オノマトペによる質感評価システムは，任意のオノマトペが表す情報を 43 対の質感評価尺度で定量化することができるため，いかなる新奇のオノマトペも触相図上に配置することが可能になる．製品開発においては，顧客が触り心地に関して「もっとぷにふわっとした質感がいい」と新しいオノマトペで要求を行うことがあり，その場合も，そのオノマトペの触相図上の配置から，所望の製品が既存のどのようなオノマトペ，さらには既存のどのような素材と関連するものであるか，推定することが可能である．筆者らが開発した素材とオノマトペの関係性を操作できるシステムを用いれば，個人差も可視化できる（坂本ら，2016）．また，筆者らは，入力された質感の評定値からオノマトペを提案するオノマトペ生成システムも実装している（清水ら，2015）．オノマトペ生成システムでは，ユーザが入力した任意の形容詞評価尺度ごとの印象評定値に適合した音素と形態を持ち，なおかつオノマトペとしての一般的な構造を保った表現の候補を複数パターン生成し，ユーザに提示する．この生成システムを用いれば，新たに開発した製品の物理特徴を入力として，その質感を効果的に表す音韻を用いた製品名や広告表現の提案を行うことも可能である．

[坂本真樹・渡邊淳司]

文　　献

Bloomfield L（1933）Language. George Allen & Unwin. 三宅　鴻，日野資純訳（1969）言語，大修館書店.

Dingemanse M & Majid A（2012）The semantic structure of sensory vocabulary in an African language. *Proc Ann Conf Cognitive Science*：300-305.

土斐崎龍一，飯場咲紀，岡谷貴之，坂本真樹（2015）オノマトペと質感印象の結び付きに着目した商品検索への画像・テキスト情報活用の可能性．人工知能学会論文誌，**30**：124-137.

土斐崎龍一，飯場咲紀，及川歩唯，清水祐一郎，坂本真樹（2013）オノマトペによる画像色彩推薦．日本バーチャルリアリティ学会論文誌，**18**：357-360.

Guest S, Dessirier JM, Mehrabyan A et al.（2010）The development and validation of sensory and emotional scales of touch perception. *Attention, Perception, & Psychophysics*, **73**：531-550.

Hamano S（1998）The sound-symbolic system of Japanese. CSLI publications and Kuroshio.

早川智彦，松井　茂，渡邊淳司（2010）オノマトペを利用した触り心地の分類手法．日本バーチャルリアリティ学会論文誌，**15**：487-490.

林知己夫（1993）数量化―理論と方法，朝倉書店.

Jespersen O（1922）Language：its nature, Developmen and Origin. George Allen & Unwin.

鍵谷龍樹，白川由貴，土斐崎龍一 ほか（2015）動画と静止画から受ける粘性印象に関する音象徴性の検討．人工知能学会論文誌，**30**：237-245.

北村薫子，磯田憲生，梁瀬度子（1998）質感の評価尺度の抽出および単純なテクスチャーを用いた質感の定量的検討．日本建築学会計画計論文集，**511**：69-74.

Köhler W（1929）Gestalt psychology．Liveright.

小松英彦（2012）質感の科学への展望．映像情報メディア学会誌，**66**：332-337.

Lyons J（1977）Semantics，Vol. 1. Cambridge University Press.

Okamoto S, Nagano H & Yamada Y（2013）Psychophysical dimensions of tactile perception of textures. *IEEE Trans Haptics*，**6**：81-93.

Osgood CE, Suci G & Tannenbaum P（1957）The measurement of meaning. University of Illinois Press.

Ramachandran VS & Hubbard EM（2001）Synaesthesia - a window into perception, thought,

and language. *J Consciousness Studies*, **8**：.3-34.
Sakamoto M, Ueda Y, Doizaki R et al. (2014) Communication support system between Japanese patients and foreign doctors using onomatopoeia to express pain symptoms. *J Advanced Computational Intelligence and Intelligent Informatics*, **18**：1020-1025.
坂本真樹，田原拓也，渡邊淳司（2016）オノマトペ分布図を利用した触感覚の個人差可視化システム．日本バーチャルリアリティ学会論文誌，**21**：213-216.
Sakamoto M & Watanabe J (2015) Cross-modal associations between sounds and drink tastes/textures：a study with spontaneous production of sound-symbolic words. *Chem Senses*, **4**：197-203.
坂本真樹，渡邊淳司（2013）手触りの質を表すオノマトペの有効性—感性語との比較を通して．日本認知言語学会論文集，**13**：473-485.
Sakamoto M, Yoshino J, Doizaki R et al. (2015) Metal-like texture design evaluation using sound symbolic words, *Int J Design Creativity and Innovation*, 1-14.
Sakamoto M, Yoshino J & Watanabe J (2013) Development of tactile materials representing human basic tactile sensations. *Proc Int Cong Int Assoc Societies of Design Research* (*IASDR 2013*)：1068-1074.
Sapir E (1929) A study of phonetic symbolism. *J Exp Psychol*, **12**：225-239.
Saussure F (1916) Cours de lingusitique generale. Payot. 小林英夫（訳）(1941) 一般言語学原論，岩波書店.
清水祐一郎，土斐崎龍一，鍵谷龍樹，坂本真樹（2015）ユーザの感性的印象に適合したオノマトペを生成するシステム．人工知能学会論文誌，**30**：319-330.
清水祐一郎，土斐崎龍一，坂本真樹（2014）オノマトペごとの微細な印象を推定するシステム．人工知能学会論文誌，**29**：41-52.
田守育啓（1998）日本語オノマトペ—多様な音と様態の表現—．日本音響学会誌，**54**：215-222.
田守育啓（2002）オノマトペ擬音・擬態語をたのしむ，岩波書店.
上田祐也，清水祐一郎，坂口明，坂本真樹（2013）オノマトペで表される痛みの可視化．日本バーチャルリアリティ学会論文誌，**18**：455-463.
渡邊淳司，加納有梨紗，坂本真樹（2014）オノマトペ分布図を利用した触素材感性評価傾向の可視化．日本感性工学会論文誌，**13**：353-359.
渡邊淳司，加納有梨紗，清水祐一郎 ほか（2011）触感覚の快・不快とその手触りを表象するオノマトペの音韻の関係性．日本バーチャルリアリティ学会論文誌，**16**：367-370.

5.4 手触りを人工的に生み出す技術

研究成果としての触感ディスプレイ（tactile texture display）を紹介する文献はこれまでにもあるが（下条ら，2014），それらの目的はおおむね先端技術の報告や研究動向の整理であるように思われる．対して，ここでは質感の科学に資する技術という観点に立って触感ディスプレイの紹介を行う．最初に，比較的導入が容易であり，質感の科学の各種実験に用いることが可能な触感提示方法を紹介する．ここには，すでに市販されている製品や，エンジニアの助けがあれば容易に導入できる方法が含まれる．次に，現在は研究段階であったり，一般に購入することが難しかったりするが，質感の科学に新しい研究課題と実験方法を提供する技術を紹介する．また，触感の意味を広く捉え，素材表面の粗さのみならず，硬軟，摩擦，温冷に関する触感提示技術も取り上げる．ここで紹介する技術は，研究用途にとどまるものではなく，触感ディスプレイの実用化においても基礎となる技術であり，その点については b 項でふれる．

本節では，皮膚刺激を提示する装置という意味で触覚ディスプレイ（tactile display）を，素材表面などの質的情報を提示するという意味で触感ディスプレイ（tactile texture display）という用語を使い分けるが，必ずしも合意があるわけではない．また，触覚研究者の間でも，テクスチャの意味が統一されていないことに注意を要する．狭義では素材の表面粗さの知覚をさし，広義では素材の熱伝導特性や剛性にそれぞれ依存する温冷知覚や硬軟知覚も含む．

a．実験に使える触感ディスプレイ技術

ここでは導入の敷居は低くて使いやすく，応用性の高い触感提示技術を紹介する．いずれも，知覚心理学や脳科学の実験で用いられた実績が豊富である．また，粗さ・硬軟・摩擦・温冷のいずれのモダリティに関心がある場合でも，実験装置を作成するヒントが得られるように，紹介する技術を選択した．

1)　点字ディスプレイ（粗さ知覚）

点字ディスプレイ（braille display）は，点字用のインタフェースとして開発されたものであり，複数の触知ピンが独立に上下に駆動されることによって任意の点字を提示する．市販されている点字ディスプレイの中には，パーソナル・コンピュータで動作するソフトウェアの提供により使用性に優れたものが多く，導入に際する技術的な障壁はほとんどない．点字の性質上，3 × 2 の長方形状にピンを配置したものがほとんどであり，指腹程度の面積に刺激を提示するように設計されているが，図 5.18 のように，大平面にピンが配置された製品も存在するため，模様や図形の提示も可能である．

点字ディスプレイは，ピンどうしの間隔が 2 ～ 3 mm であるから，提示可能な触感刺激は，マクロな表面粗さ刺激である．したがって，我々が日常生活で接する素材の細かな表面粗さを念頭にした刺激の生成には適さない．その代わり，ピンの空間分布を調整し，表面粗さが疎に異なる刺激を用意するという用法が想定

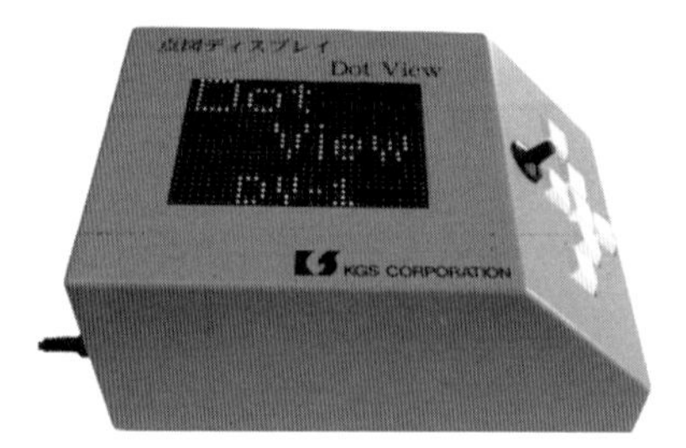

図 5.18 点字ディスプレイ（KGS 製ドットビュー DV-1）
触知ピンが上下に駆動し，点字を表現する．

される．また，ほとんどの製品について，ピンを駆動する機構の性質上，上から指で押さえるとピンが若干引っ込むという特性があり，ディスプレイの上に膜状の物を設置する場合などは注意が必要である．ただし，ピンを指で強く押すことによって刺激が感じられなくなるということはない．

2) 力覚ディスプレイ（粗さ・硬軟・摩擦知覚）

力覚ディスプレイ（force display）（図 5.19）は，直列や並列構成のリンク機構を経て，その先端に力を伝達する装置である．先端は，目標の位置または速度に従うように制御することも可能であるため，実際には力覚のみでなく運動感覚の提示も可能である．したがって，ハプティック・ディスプレイ（haptic display）というと，この力覚ディスプレイのことをさすことが多い．市販されている力覚ディスプレイはパーソナル・コンピュータに接続して用いることを前提としたものがほとんどであるが，これらを用いて任意の感覚刺激を生成するためには，プログラミングの経験と，力学・制御工学の知識が若干必要である．

力覚ディスプレイはその名の通り，触覚を提示するものではない．しかしながら，力覚ディスプレイは，ペン（スタイラス）や剛体を介して物体に触れた時に

図 5.19 力覚ディスプレイ（SensAble 製 Phantom Omni）

感じられる刺激を模擬しているとみなせるため，触覚の提示に頻繁に用いられてきた．例えば，粗い表面や凹凸面をスタイラスを介して触察する時に生じるペン先の変位と軌跡を力覚ディスプレイで提示することができる．また，ペンで摩擦のある素材を擦った時に生じる抵抗力や，柔軟物を押下した時の反力も提示可能であるから，生成可能な刺激の種類は豊富である．

力覚ディスプレイの中には，リンクの先端が動作可能な空間が著しく限られているものがある（例えば，直径数 cm の球程度）[†1]．また，先端で出力可能な力と速度が制限されているため，硬い素材を押す時に感じられる大きな反力や，硬い素材を叩く時に生じる撃力の提示が苦手である[†2]．同じ理由で，高速な手先運動を生成する必要がある，細かな表面粗さの表現も限定される．表現能力の目安の一つとなるのは，力覚ディスプレイの応答速度と制御周期であり，販売されているものはおおむね 100 ～ 200 Hz 程度までの信号を表現しうると考えるのがよい．また，コンタクト・メカニクス（接触の機械力学）に忠実にペン先と素材の相互作用を模擬する手法は，現在も精力的に研究されており，ハプティック・レンダリング（haptic rendering）の分野として知られる．力覚ディスプレイによって提示される刺激はあくまでもシミュレートされたものであるということに留意して実験計画を立てる必要がある．例えば，表面粗さを表現する場合は，想定しているペン先の形状が非常に重要である．通常，指で格子状の粗さ試料を擦ると，格子間隔が 3 ～ 4 mm 程度まで増加するにつれ，粗さ知覚も増加する（Yoshioka ら，2001）．格子間隔がこれよりも大きい場合には，逆に粗さ知覚が減少し，むしろ滑らかに感じられる．しかしながら，ペンで同様の試料を擦ると，ペン先の径によって粗さ知覚と格子間隔の関数が著しく変化し，粗さ知覚のピークは，ペン先の径と格子の溝幅が一致するところに位置する（Unger ら，2011；Yoshioka ら，2007）．このように，ハプティック・レンダリングで触知覚特性を調査する際には，シミュレートされている現象によく注意する必要がある．力覚ディスプレイを用いて，表面粗さや摩擦，柔軟性を有する物体との相互作用を表現する方法は，例えば Klatzky ら（2013）が，良い導入の資料となる．

---

†1 動作範囲が大きい製品としては，ForceMASTER®がある．

†2 市販の力覚ディスプレイを用いて，硬い物体との衝突の感覚を高いリアリティで表現しようとする研究（Kuchenbecker ら，2006）もある．

3) ペルチェ素子（温冷知覚）

ペルチェ素子（peltier device/element）は，半導体を接合した電子部品であり，電流を流すことによって熱の移動を生じさせる．発熱と冷却の両方を同一素子にて生じさせることができるため，温冷知覚の実験装置もしくは試料を皮膚の温度まで上昇させるなどの温度管理装置として重宝される．ペルチェ素子に接続し，その温度を制御するためのコントローラ（通常は温度センサも含む）が安価で市販されており，これらを用いることで安定した加熱冷却の制御が容易に実現される．

ペルチェ素子で提示可能な刺激は温冷刺激であるが，実験にこれを導入するときはいくつかの注意が必要である．まず，素子の温度制御にはある程度の時間を要する．特に，素子単体ではそれ自身を冷却することができないため，コントローラを用いても冷刺激の生成には数秒程度を要することがある．温と冷の刺激を素早く切り替えたい場合には工夫が必要である．例えば，複数の素子を用いて，それらを温刺激のみを生成する素子と，冷刺激のみを生成する素子に切り分けることで刺激の切り替えの応答性を高めることができる（Sato & Maeno, 2013）（図5.20）．また，コントローラが制御するのは素子の温度であることに注意を要する．素材の温冷特性の知覚は，素材の温度そのものよりも，素材と皮膚が接した時の熱移動によって生起する（Yamamoto ら，2004；Kawabata & Akagi, 1977）．素子の温度を一定に保つことは，通常の皮膚と物体間に生じる熱移動とは振る舞いが異なる．

ほかに，電気ヒータや冷却水を循環することによる温冷刺激の生成がありうる．また，赤外線やハロゲンランプの照射によって温刺激を皮膚の局所面もしくは大域面に提示することも可能であり，非接触で熱刺激を提示する必要がある場合には有用である．

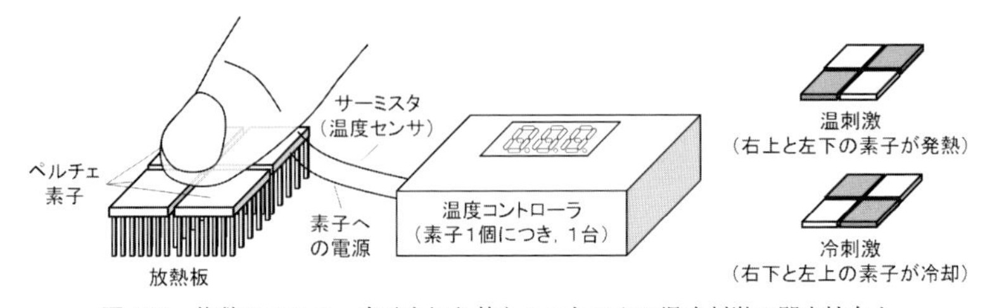

図5.20 複数のペルチェ素子を切り替えることによる温冷刺激の即応性向上

4)　素材添付型触感提示装置（粗さ，摩擦，硬軟，温冷知覚）

素材添付型触感提示装置は，回転や平行移動する機構に本物の素材や試料片を添付したものであり（図 5.21），触知覚の実験ではしばしば用いられる（Vega-Bermudez ら，1991；Connor ら，1990）．機構を駆動することで，実験参加者が触れる素材を切り替えることができる．また，参加者の手は動かさずに機構のみを駆動することによって，参加者の触察運動に依存しない受動的な触感刺激を提示することができる．市販のモータ・コントローラには，回転速度を制御可能であるものがあり，モータに負荷が加わった状態でも等速で機構を駆動することができる．

このタイプの装置は本物の素材を実験参加者に提示することができ，その点において，他の触感ディスプレイとは全く異なる．触刺激を厳密に制御したい，もしくは任意の刺激をプログラムしたいという要望がある時は，これ以外の装置を用いる利点があるが，刺激の質にこだわる場合には，このように本物の素材を提示する装置を使うのがよい．

MRI 状況下で触知覚実験をする時，永久磁石とコイルからなる電磁モータが敬遠される．その場合，超音波モータ（ultrasonic motor）を用いて装置を構成する場合が多い．電磁モータに比べて，商品の種類は少ないが，導入の障壁は高くない．

5)　硬軟覚ディスプレイ

硬軟の知覚には素材のヤング率（Young's modulus）や物体の見かけのばね係数が大きく関与している．特に皮膚感覚による硬軟知覚の場合には，ヤング率のような量がむしろ関与する．一方で，筋や腱に存在する細胞で受容される力に基づいた硬軟知覚の場合は，物体を押し込んだ量と反力で定義されるばね係数が関与する．しかし，ヤング率を制御するような触感ディスプレイの実現は困難である．そのため，硬軟刺激を最も簡易かつ統制された条件で提示するには，市販の

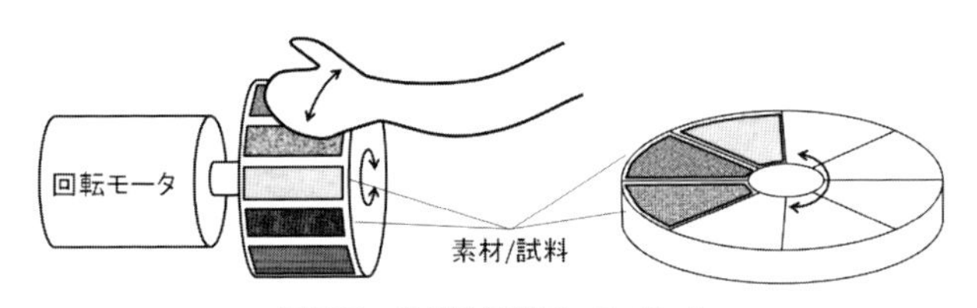

図 5.21　素材添付型ディスプレイ

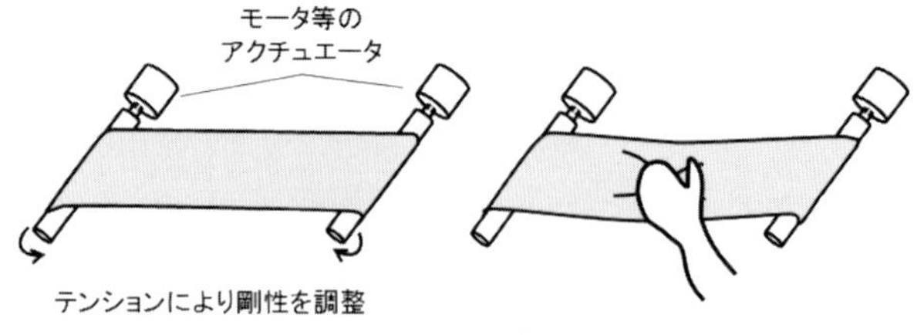

図 5.22 シート状の硬軟覚ディスプレイ

シリコーンゴムやウレタンゴムを調合して硬度の異なる試料片を作成することを勧める．また，見かけのばね係数を制御して，硬軟刺激を生成する場合には，2)項の力覚ディスプレイが便利である．また，硬軟刺激を制御する装置が必要な場合には，例えば図 5.22 のようなゴムシートに張力を掛けた機構（Inoue ら，2013）がありうる．これは，シートの張力もしくはシートを引張する量を制御することにより，シート面の硬さを可変とする装置である．

6) 摩擦覚ディスプレイ

一般に摩擦の触知覚実験を実施することは難しい．なぜならば，何らかの装置を用いて，指腹とディスプレイ間の摩擦特性の違いを制御することが困難だからである．また，たとえディスプレイでなく，本物の素材を刺激として用いたとしても，摩擦特性のみが異なる素材を集めることが困難であり，通常は素材の表面粗さや弾性などの特性も変わってしまう．そのため，潤滑剤を用いて，指腹と素材の間の摩擦を低減する（Taylor & Lederman，1975）などの方法がとられてきた．一つの有効な方法は，力覚ディスプレイを用いて，制御された摩擦力を提示することであるが，この場合，弾性体である皮膚と素材の間で発生する摩擦現象とは乖離するという問題がある．

摩擦を可変とするための比較的導入が容易な方法は，超音波振動を用いる方法である（Watanabe & Fukui，1995；Winfield ら，2007）．超音波振動する素材と指腹の間に発生する空気膜（スクイーズ膜）が，摩擦を低減する．振動の強度を変えることによって，摩擦低減の程度を変えられる．超音波振動は人間には知覚されないため，振動感覚は生じない．超音波振動を用いれば，極端に摩擦が低減された状況を用意することができ，この特性を利用すれば，面白い知覚実験が行えそうである．なお，摩擦を増加させるための方法としては，後述の静電気触感ディスプレイが利用できる．

摩擦を簡易に提示するためのもう一つの方法は，指腹のスキン・ストレッチ（skin stretch）を利用することであり，近年，力覚フィードバックを簡易に実現するユーザ・インタフェースとして注目を浴びている[†3]（Minamizawa ら，2007；Guinan ら，2013）．スキン・ストレッチとは，指腹（皮膚）が摩擦力などの外力を受けた時に引きつれる現象であり，これが比較的小さな外力の知覚に大きな役割を果たしている（Provanchar & Sylvester，2009；Matsui ら，2014）．具体的には，**口絵 14** のように指腹を何らかのアクチュエータを用いて直接的に変形させることで，摩擦力を提示する．ただし，素材の表面を擦ることによって発生する実際の摩擦力は相当に複雑であり，現在もハプティック・レンダリングの主要課題となっている．

7）まとめとファイン粗さ覚ディスプレイ

表 5.6 の通り，ここまでに紹介したディスプレイを用いれば，もしくは応用すれば，かなりの触感知覚実験に対応できる．ところで，素材の触感空間を構成する要素には，細かい表面粗さの知覚（ファイン粗さ），マクロな表面粗さの知覚，摩擦知覚，温冷知覚，硬軟知覚が含まれるとする考えがある（Okamoto ら，2013）．上記で紹介したディスプレイを用いてもファイン粗さの提示は難しい（本物の素材を刺激として用いることはもちろん可能である）．ファイン粗さは，素材表面の突起の間隔がおおむね 1 mm ～数百マイクロメートルよりも小さいような

表 5.6　導入しやすい触感ディスプレイ技術

分類	提示可能な情報の質	入手方法・製品名など
点字ディスプレイ	マクロな粗さ，図形，模様の提示	オプタコン，ドットビューなど
力覚ディスプレイ	スタイラスペンなどを介した粗さ，硬軟，摩擦力，複雑な形状	Phantom，Omega，ForceMASTER など
ペルチェ素子	温冷	電子部品販売店で購入可能
素材添付型ディスプレイ	あらゆる素材や試料片を張り付けることが可能	電磁モータ，超音波モータなどを購入し，組み立てる
摩擦感ディスプレイ	摩擦の低減（超音波による空気膜） 摩擦の増加（スキン・ストレッチ）	超音波を発生させる装置を購入する．スキン・ストレッチを発生させる装置は製作する必要がある

[†3] ここでは，摩擦力を提示するための方法として紹介しているが，他の外力を提示するためにも用いられる．

表面粗さのことである．このような細かな表面の特長をディスプレイにて模擬するためには，ある程度の洗練された技術が必要である．したがって，ファイン粗さを提示するためのディスプレイは次項に譲る．

b. 新しい知覚実験に供する触感ディスプレイ

ここでは，これまでに述べたよりも洗練され，かつ質感の科学の発展に重要であると思われる触感ディスプレイ技術を紹介する．それぞれについて，新しい知覚実験の可能性と技術の普及性にも言及する．このような技術は非常に多く提案されているが，その中でも，質感の科学にいくらかの刺激を与えるものを紹介する．

1) 静電気力を利用した触感ディスプレイ

静電気力触感ディスプレイ（Yamamoto ら，2006）は，導体パネル表面と人体を帯電させ，両者の間に働く静電気の引力によって摩擦現象を操作する．図 5.23 のように，パネルと人体の間には絶縁体があり，実際に体内を電流が流れることはない．両者に電荷が蓄えられている時は，静電気力が指とパネルの間に働く．このこと自体は何ら触知覚に結び付かないが，この状態で指を走査させようとすると，両者の固着から脱するためにより大きなせん断力が必要となり，結果としてより大きな摩擦力が感じられる．このような摩擦力の生成を，指の触察運動に応じて切り替えることによって，分布的な触覚刺激が生成される．例えば，図 5.23 右のように，パネル上に表示された画像や模様に応じて，その上を通過する指とパネル間の静電気力を制御すると，画像に対応した摩擦を提示できる．静電気型触感ディスプレイは，個人で購入することは難しいものの，製品化の段階にある．近い将来，タッチパネルを搭載したコンピュータ端末に標準装備される可能性がある．

この型のディスプレイの最大の特徴は，タッチパネルに触覚刺激を重畳することができるという点である．パネルや面に表示された素材の画像に触覚刺激を付与することは触感ディスプレイ研究の大きなテーマの一つである．これまで，プロジェクタで触覚提示装置に画像を投影する手法や，視覚ディスプレイを振動させる手法などが多く試みられてきたが，静電気力触感ディスプレイはタッチパネルの普及と相まって一つの理想型であると言える．摩擦の強度しか変更できないが，起伏の小さな凹凸面や細かい表面粗さであれば，十分な品質の触感が提示で

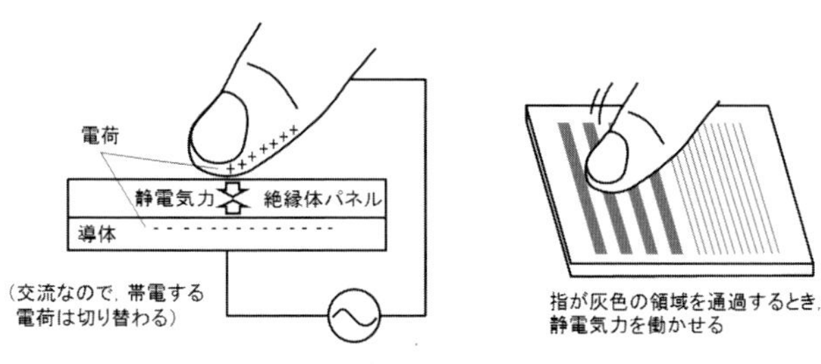

図 5.23　静電気力触感ディスプレイ

きそうである（刺激の計算手法の研究が進むことも条件である）.

もっとも，視覚刺激と触覚刺激の重ね合せという意味では，本物の素材を用いる方が圧倒的に良い．また，この静電気力触感ディスプレイを用いれば，視覚刺激と触覚刺激を乖離させることが可能になるが，これ以前にもヘッド・マウント・ディスプレイやハーフ・ミラーを用いた様々な実験方法が提案されており（Ernst & Banks，2002），この装置でなければ実現できないような知覚実験は多くないだろう．むしろ興味深いのは，静電気力触感ディスプレイの原理は導体パネルでなくとも実装可能であり，自由な形状をした物体表面の摩擦特性を可変にするという利用方法である（Bau & Poupyrev，2012）．このような特性は，新しい実験パラダイムにつながる可能性が高い．

静電気力触感ディスプレイを知覚実験に用いるとすれば，技術的な課題もある．静電気および摩擦を利用するという性質上，感じられる刺激の個人差が著しい．特に，皮膚の乾湿状態に大きな影響を受けることが知られている．実験に際しては，提示されている刺激が実験の参加者間で，また実験中に一貫して同程度であることを何らかの方法で保証しなければならない．また，指腹のような皮膚でパネルに直接触れるよりも，パネルとの接触状態の安定したパッドなどを介することで，摩擦の提示は安定する（Yamamoto ら，2006）．これは製品化には問題があるが，知覚実験には差し障りなく利点になると考えられる．

2)　機械的刺激を利用した触感ディスプレイ

この型の触感ディスプレイは，機械的変位を生成するアクチュエータを用いて指腹を変形させることによって触感を生成する．実装例は非常に変化に富んでいるが，ここでは振動触刺激型とピン配列型に大別して紹介する．

①　**振動触刺激型触感ディスプレイ**　　最も研究例と製品化の実績があり，テ

クスチャの表現のみならずボタンの押下感の生成など，様々な刺激生成手法が提案されているのが振動触刺激型触感ディスプレイ（vibrotactile texture display）である．アクチュエータとしては，応答特性に優れたボイス・コイル・モータ[†4]や圧電素子が研究の対象となっており，これらを情報端末に搭載するための触覚刺激生成用ドライバ IC も製品化され，技術の標準化が進んでいる．タッチパネルを駆動することによって触覚フィードバックを生成する製品が，ATM 端末やカーナビゲーション・システム向けに販売されている．いずれも組み込みシステムを念頭にしており，個人の消費者がこれらを購入して利用することはできない．個人で購入し，利用することが可能な製品としては，スマート・フォンに搭載し，ゲームなどにおいて触覚フィードバックを付与するための製品がある．振動触刺激型は，先の静電気力を利用した触感ディスプレイと並んで，情報端末の触覚フィードバック機能を実現するための本命である．なお，振動という用語が誤解を招くことが多いが，古くから携帯端末に搭載されている偏心モータを用いた振動子は，応答特性に劣り，操作者のオペレーションに連動した触覚フィードバックの生成には全く不向きである．

振動触刺激型触感ディスプレイが最も得意とするのは，物体との衝突の感覚（叩いた時の撃力も含む感覚），ボタンやダイヤル，スライダを操作する感覚，物体を擦る感覚の生成である．テクスチャでは，細かい表面粗さの感覚を得意とする．研究段階では，摩擦覚（Konyo ら，2008），柔軟物体との接触覚（Yamauchi ら，2010），マクロな凹凸覚（Asano ら，2014）を生起する刺激法がある．細かい表面粗さの感覚を生成する基本戦略は，図 5.24 の通り，触察運動に同期して指腹に機械的変位を生成することである．細かな凹凸面を指腹が走査した時に生じる皮膚変形を（図 5.24 左），計測された触察運動の情報を用いながらアクチュエータによって再生する（図 5.24 右）．このように，指腹の変形と触察運動の関係を模擬的に再現する．アクチュエータに接触している指腹の接触面に画一的な刺激が与えられるため，剛体を介して素材に触れているような触感が生起されるとも言われる．

振動触刺激型触感ディスプレイを知覚実験に用いる時には，静電気力触感ディ

[†4] ボイス・コイル・モータとばねを組み合わせたリコイル型アクチュエータや LRA（Linear Resonance Actuator）というものもあり，アクチュエータの共振特性を陽に利用する場合にはこれらが好まれる．

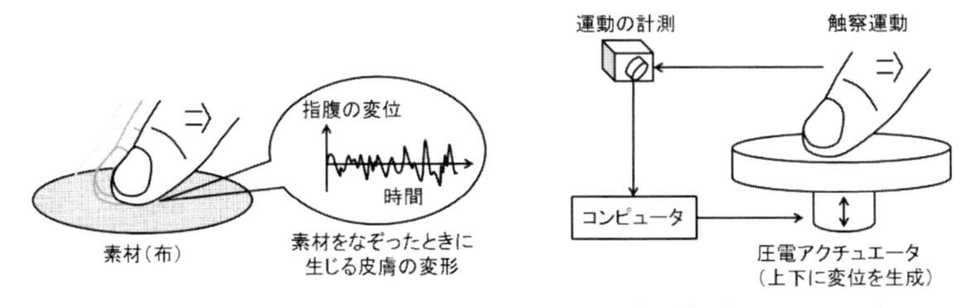

図 5.24 機械的刺激を利用した触感ディスプレイ(振動触覚ディスプレイ)

スプレイ同様に，プログラム可能という特性が役に立つ．そのため，基礎的な実験にも役に立つが，応用的な実験パラダイムで特に活躍すると考えられる．例えば，触刺激が実験参加者の振舞によってインタラクティブに変化する場合などがこれに相当する．

② **ピン配列型触感ディスプレイ**　ピン配列型触感ディスプレイは，構造としては先の点字型触感ディスプレイと同じである．違いは，点字の提示を目的とせず，指腹に圧力分布を生じさせることを狙いとし，集積性を高めていることである．1 cm^2 以内に数百本以上という高密度でピンを配置したものもある（Killebrew ら，2007；Summers & Chanter，2002）．ピンを駆動するためには，集積度の向上と応答性の観点から，ピエゾ素子や形状記憶合金が用いられる．並べられたピンによって任意の表面形状を静的に表現する方法が一般的だが，ペンの把持部に搭載して（Kyung & Lee，2009），触察に連動した刺激を生成する方法もある．

3) 装着型触感ディスプレイ

様々な原理の触感ディスプレイがあることはすでに述べた通りであるが，ディスプレイの実施形態にも工夫がなされてきた．ここまでに紹介したディスプレイは，環境に装備するものがほとんどであったが，使う人にディスプレイを装備するという考え方がある．図 5.25 のように，ディスプレイを手指に装着すれば，その手で触れた物体表面の触感を変化させることができる．触感ディスプレイとしては，触察運動を検知するためのシステムも必要であるが，角速度計や加速度計を併せて装着することは容易である．

装着型の触感ディスプレイでは，振動刺激を用いるものと（Niwa ら，2010；Asano ら，2014），経皮電流刺激を用いるもの（Yoshimoto ら，2014）が実装さ

図 5.25　装着型触感ディスプレイ

れた例がある．どちらのタイプも，指の甲側や側面に刺激子を取り付けるが，大きな違和感なく，指腹で触れたような触感が体験できる．また，機械的刺激や電気的刺激を単体で用いる触感ディスプレイよりも，より複雑で本物らしい触刺激を提示できる．例えば，ある素材に触れている時に，指に装着されたボイス・コイル・モータを用いて触刺激を重畳し，その素材の粗さ知覚を増加させることが可能である（Asano ら，2014）．

これらの装着型のディスプレイを用いれば，机の上に限られていた実験環境を大幅に広げることが可能である．場合によっては，参加者を実験室の外に連れ出し，自由な素材に触れながら実験を行うこともありうる．

4）　触察由来の変位の周波数特性に基づいたテクスチャの再生

不規則で細かな表面粗さを有する素材と，ペン先や指との相互作用は大変複雑であり，現在のシミュレーション技術とコンタクト・メカニクスによって，これをモデル化した上で実時間で計算し，触感ディスプレイにて再生することはできない．しかしながら，素材らしさを表現するためには必ずしも正しい物理演算は必要でない．触感の場合，指で素材を擦る時に生じる皮膚変形の周波数スペクトラムが素材らしさの情報を保持していることが知られている．例えば，絹を擦った時のスペクトラムと，木材のそれとは著しく異なり，触感の違いはスペクトラムの違いで表現される（Bensmäia ら，2005；Bergmann ら，2007；Okamoto & Yamada，2011）．そこで，様々な素材を擦る時に生じる皮膚変形のスペクトラムをあらかじめ計測しておき，触感ディスプレイでそれを再生する方法がしばしばとられてきた．一例を示すと，図 5.26 のように，素材を擦った時のスタイラス先端の加速度を観測し，その結果から周波数スペクトラムに準じる情報を素材ごと

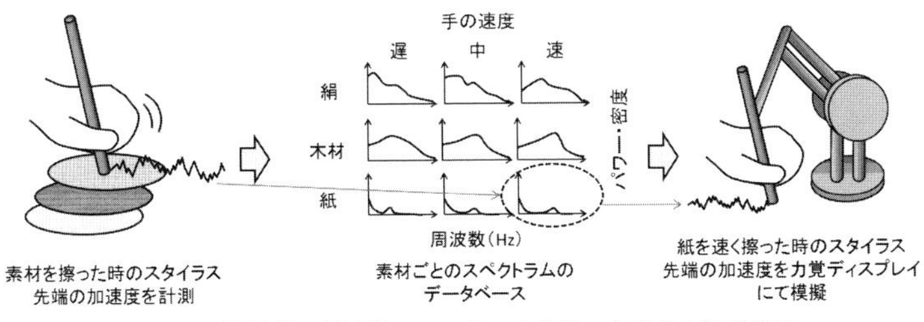

図 5.26　触刺激の周波数スペクトラムを用いた素材の触感提示

に作成する（Culbertson ら，2013）．スペクトラムはスタイラスを素材に押し付ける強度などに応じて形が変化するので，スタイラスの運動情報の関数とするのが良い．一度このようなスペクトラムが得られれば，力覚ディスプレイや振動触覚ディスプレイの変位や加速度が，事前に計測されたスペクトラムに従うように触覚刺激を生成すればよい．

5)　画像・写真から触感を生成する方法

画像や写真に触り心地を付加し，それから受ける感動や体験をより鮮明なものにしたいと，多くの研究者が考えてきた．その代表的な考え方について紹介する．

①　**輝度勾配をピン配列で表現する方法**　　画像に触感を付与するための代表的な考え方の一つは，画像の輝度値に応じて触感ディスプレイにて凹凸を表現するということである．例えば，ピン配列型の触感ディスプレイを用いる方法がわかりやすい（Ikei ら，1997）．図 5.27 左のように，画像とピン配列型ディスプレイを重ね合わせ，画像の輝度が高いところのピンを上方に変位させる．他に，ピンを振動させたり，俯瞰画像から表面の凹凸を推定する技術を併用するなど，多くのバリエーションがある．

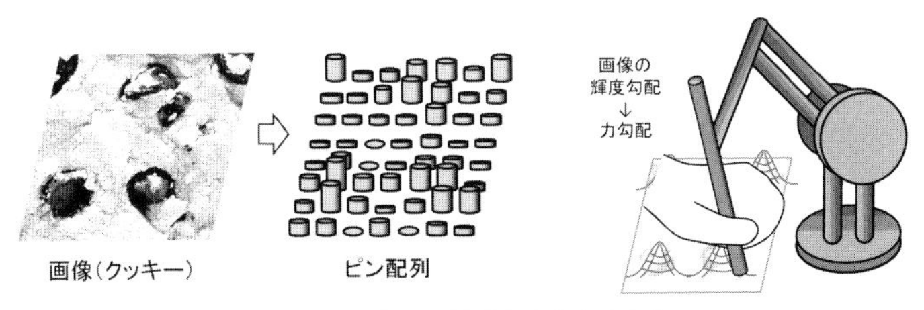

図 5.27　画像から触感を生成する方法
左：ピン配列で画像の凹凸を模擬．右：力覚ディスプレイで画像の勾配に応じた力場を表現．

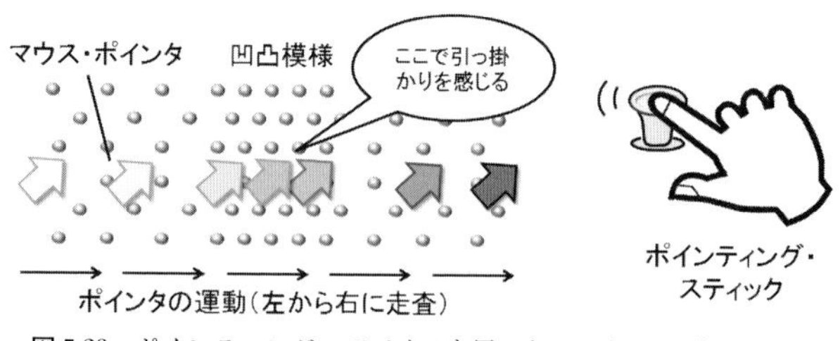

図 5.28　ポインティング・デバイスを用いたスード・ハプティクス

② **輝度勾配を力覚ディスプレイで表現する方法**　力覚ディスプレイを用いて，画像に触感を付与することも行われる．先と同様に色々な方法があるが，基本的な考え方の一つは，やはり画像の輝度を用いることである．図 5.27 右のように，画像の輝度勾配に応じて力覚ディスプレイで写真上に摩擦場を分布させる方法がある（Saga & Raskar，2013）．力覚ディスプレイを使っていれば，さらに柔らかさなどを付加することも可能であり，応用の幅は広い．

③ **スード・ハプティクスによって凹凸を表現する方法**　スード・ハプティクス（pseudo hapitcs）とは，視覚と運動感覚の融合によって凹凸面などの形状やテクスチャの錯覚が生じるという現象のことであり，またこれを利用した触力覚提示原理のことである（Lécuyer ら，2000；Lécuyer，2009）．脳から身体に対して運動指令を送った時に，予測されたものと異なる結果が視覚的に確認された場合，その差異が環境要因にあると知覚されることがある．例えば，図 5.28 のようにポインティング・スティックやタッチパッドで，視覚ディスプレイ上のポインタを左から右に一定の速度で走査しているとする．この時，ディスプレイ上のある範囲でポインタの動きが遅くなると，あたかもその部分に昇り傾斜や，抵抗があるように感じられる．実際に，三次元的に傾斜した面の絵や，大きな摩擦を連想させる素材の絵がその部分にあると，非常に鮮明な錯覚が生じる．

c. 今後の触感ディスプレイの動向

これまで触感ディスプレイは本物の素材や試料ではなし得ないような，統制された刺激を生成することによって，人の触知覚メカニズムを明らかにしてきた．しかし，皮膚と素材の複雑なコンタクト・メカニクスを触感ディスプレイで完全に再現するためにはまだ多くの課題が残っており，現在も活発な研究が行われている．その一方で，触感ディスプレイ研究が向かっている一つの方向は，触覚単体に着目した知覚現象よりも，視覚や運動との連携を明らかにする方向の研究である．また，電子機器のユーザ・インタフェースとして触感ディスプレイを活用するため，多くの触感ディスプレイの研究者が，ディスプレイ技術そのものと同じほどに，触感ディスプレイによって運動と感覚のループに介入することが，利用者にどのような新しい体験を与えるかということに関心を示している状況にある．このような方向の研究は今後急速に発展すると思われる． **［岡本正吾］**

文　献

下条　誠，前野隆司，篠田裕之，佐野明人 編（2014）触覚認識メカニズムと応用技術 - 触覚センサ・触覚ディスプレイ 増補版，S&T 出版.

Asano S, Okamoto S & Yamada Y（2014）Toward quality texture display：vibrotactile stimuli to modify material roughness sensations, *Advanced Robotics*, **28**(16)：1079–1089.

Bau O & Poupyrev I（2012）REVEL：Tactile feedback technology for augmented reality. *Proc SIGGRAPH*, **31**：89.

Bensmäia SJ, Hollins M & Yau J（2005）Vibrotactile intensity and frequency information in the Pacinian system：a psychophysical model. *Perception & Psychophysics*, **67**(5)：828–841.

Bergmann Tiest WM & Kappers AM（2007）Haptic and visual perception of roughness. *Acta Psychologica*, **124**：177–189.

Connor CE, Hsiao SS, Phillips JR et al.（1990）Tactile roughness：neural codes that account for psychophysical magnitude estimates. *J Neuroscience*, **10**(12)：3823–3836.

Culbertson H, Unwin J, Goodman BE et al.（2013）Generating haptic texture models from unconstrained tool-surface interactions. *Proc IEEE World Haptics Conf*：295–300.

Ernst MO & Banks MS（2002）Human integrate visual and haptic information in a statistically optimal fashion. *Nature*, **415**(6870)：429–433.

Guinan AL, Hornbaker NC, Montandon MN et al.（2013）Back-to-back skin stretch feedback for communicating five degree-of-freedom direction cues. *Proc IEEE World Haptics Conf*：13–18.

Ikei Y, Wakamatsu K & Fukuda S（1997）Vibratory tactile display of image-based textures. *IEEE Comput Graph and Applications*, **17**：53–61.

Inoue K, Shimoe M & Lee S（2013）Haptic feedback of real soft objects with haptic device using flexible sheet, *Proc IEEE/RSJ Int Conf Intelligent Robots and Systems*：4970–4976.

Kawabata S & Akagi Y（1977）Relation between thermal feeling and thermal absorption property of clothing fabric. *J Textile Machinery Society of Japan*, **30**(1)：T13-T22.

Killebrew JH, Bensmäia SJ, Dammann JF et al.（2007）A dense array stimulator to generate arbitrary spatio-temporal tactile stimuli. *J Neuroscience Methods*, **161**(1)：62–74.

Klatzky R, Pawluk D & Peer A（2013）Haptic perception of material properties and implications for applications. *Proc IEEE*, **101**(9)：2081–2092.

Konyo M, Yamada H, Okamoto S et al.（2008）Alternative display of friction represented by tactile stimulation without tangential force Haptics：perception, devices and scenarios

(Ferre M ed.), Springer, pp. 619–629.
Kuchenbecker KJ, Fiene J & Niemeyer G (2006) Improving contact realism through event-based haptic feedback, *IEEE Tran Visualization and Computer Graphics*, **12**(2) : 219–230.
Kyung K & Lee J (2009) Ubi-Pen : a haptic interface with texture and vibrotactile display, *IEEE Computer Graphics and Applications*, Jan/Feb : 56–64.
Lécuyer A, Coquillart S, Kheddar A et al. (2000) Pseudo-haptic feedback : Can isometric input devices simulate force feedback? *Proc IEEE Virtual Reality* : 83–90.
Lécuyer A (2009) Simulating haptic feedback using vision : A survey of research and applications of pseudo-haptic feedback. Presence : *Teleoperators and Virtual Environments*, **18** (1) : 39–53.
Matsui K, Okamoto S & Yamada Y (2014) Relative contribution ratios of skin and proprioceptive sensations in perception of force applied to fingertip. *IEEE Tran Haptics*, **7**(1) : 78–85.
Minamizawa K, Kajimoto H, Kawakami N et al. (2007) Wearable haptic display to present gravity sensation. *Proc IEEE World Haptics Conf* : 133–138.
Niwa M, Nozaki T, Maeda T et al. (2010) Fingernail-mounted display of attraction force and texture, Haptics : generating and perceiving tangible sensations, Part I (Astrid MLK, van Erp JBF, Bergmann Tiest WM & Van Der Helm FCT ed.), Springer, pp. 3–8.
Okamoto S, Nagano H & Yamada Y (2013) Psychophysical dimensions of tactile perception of textures. *IEEE Tran Haptics*, **6**(1) : 81–93.
Okamoto S & Yamada Y (2011) An objective index that substitutes for subjective quality of vibrotactile material-like textures, *Proc IEEE/RSJ Int Conf Intelligent Robots and Systems* : 3060–3067.
Provancher WR & Sylvester ND (2009) Fingerpad skin stretch increases the perception of virtual friction. *IEEE Tran Haptics*, **2**(4) : 212–223.
Saga S & Raskar R (2013) Simultaneous geometry and texture display based on lateral force for touchscreen. *Proc IEEE World Haptics Conf* : 437–442.
Sato K & Maeno T (2013) Presentation of rapid temperature change using spatially divided hot and cold stimuli. *J Robotics and Mechatronics*, **25**(3) : 497–505.
Summers IR & Chanter CM (2002) A broadband tactile array on the fingertip. *J Acoustical Society of America*, **112**(5) : 2118–2126.
Taylor MM & Lederman SJ (1975) Tactile roughness of grooved surfaces : a model and the effect of friction. *Attention, Perception & Psychophysics*, **17**(7) : 23–36.
Unger B, Hollis R & Klatzky R (2011) Rovghness perception in virtial textures. *IEEE Trans Haptics*, **4**(2) : 122–133.
Vega-Bermudez F, Johnson KO & Hsiao SS (1991) Human tactile pattern recognition : active versus passive touch, velocity effects, and patterns of confusion. *J Neurophysiology*, **65** : 531–546.
Watanabe T & Fukui S (1995) A method for controlling tactile sensation of surface roughness using ultrasonic vibration. *Proc IEEE International Conf Robotics and Automation* : 1134–1139.
Winfield L, Glassmire J, Colgate JE et al. (2007) T-PaD : tactile pattern display through variable friction reduction. *Proc IEEE World Haptics Conf* : 421–426.
Yamamoto A, Nagasawa S, Yamamoto H et al. (2006) Electrostatic tactile display with thin

film slider and its application to tactile telepresentation systems. *IEEE Transactions on Visualization and Computer Graphics*, **12**(2) : 168–177.

Yamamoto A, Cros B, Hashimoto H et al. (2004) Control of thermal tactile display based on prediction of contact temperature. *Proc IEEE International Conf Robotics and Automation*, **2** : 1536–1541.

Yamauchi T, Okamoto S, Konyo M et al. (2010) Real-time remote transmission of multiple tactile properties through master-slave robot system. *Proc IEEE International Conf Robotics and Automation* : 1753–1760.

Yoshimoto S, Kuroda Y, Uranishi Y et al. (2014) Roughness modulation of real materials using electrotactile augmentation, Haptics : Neuroscience, Devices, Modeling, and Applications, Part I (Auvray M & Duriez C ed.), Springer, 15.

Yoshioka T, Bensmaïa S, Craig CJ et al. (2007) Texture perception through direct and indirect touch : an analysis of perceptual space for tactile textures in two modes of exploration. *Somatosensory and Motor Research*, **24** : 53–70.

Yoshioka T, Gibb B, Dorsch A et al. (2001) Neural coding mechanisms underlying perceived roughness of finely textured surfaces. *J Neuroscience*, **21** : 6905–6916.

索　引

欧　文

ア　行

カ　行

サ　行

タ　行

ナ 行

ハ 行

マ 行

ヤ　行

ラ　行

ワ　行

編者略歴

小松英彦（こまつ ひでひこ）

1952年　和歌山県に生まれる
1982年　大阪大学大学院基礎工学研究科博士課程修了
現　在　自然科学研究機構生理学研究所感覚認知情報研究部門 教授
　　　　工学博士
著　書　『脳の情報処理』（共著）（朝倉書店，2002年）
　　　　『芸術と脳—絵画と文学，時間と空間の脳科学』（共著）（大阪大学出版会，2013年）

質感の科学
—知覚・認知メカニズムと分析・表現の技術—　定価はカバーに表示

2016年10月25日　初版第1刷

編　者　小　松　英　彦
発行者　朝　倉　誠　造
発行所　株式会社　朝　倉　書　店
東京都新宿区新小川町6-29
郵便番号　162-8707
電　話　03(3260)0141
FAX　03(3260)0180
http://www.asakura.co.jp

〈検印省略〉

新日本印刷・渡辺製本

ISBN 978-4-254-10274-1　C 3040　Printed in Japan